U0616059

高职高专电子信息类专业系列教材

电视技术

主　编　张建国
副主编　戴树春　郭永禄　方惠蓉
　　　　余燕娟　霍英杰

西安电子科技大学出版社

内 容 简 介

本书是根据高职高专教育教学改革的要求，按照高教部颁布的教学大纲要求，紧跟当前电视技术的新发展，为适应加强实践性环节的要求，由具有丰富教学经验和实践经验的教师编写的。

本书以 I^2C 总线控制 CRT 彩色电视机和液晶电视机为主，全面、系统、深入地讲述了彩色电视机(CRT 和液晶)电路组成、电路分析和数字电视机的组成原理及电视机维修技术，具体内容包括广播电视技术基础知识、兼容制彩色电视技术、模拟 CRT 彩色电视技术、液晶电视技术、数字电视技术、彩色电视机的检修技术、彩色电视机检修与组装实训等。

本书为强化学生职业能力的培养和训练，并结合职业技能的要求，编写了"彩色电视机的检修技术"和"彩色电视机检修与组装实训"这两章，可以帮助读者结合理论知识，使用常用的电视机检测仪器，掌握电视机的检测方法以及有关电视机的故障判断和排除方法。除第 7 章外各章后都附有思考题与习题，以帮助读者复习和巩固所学知识。

本书内容新颖，理论丰富，实用性、实践性强，适于教学和自学，可作为高职高专电子类、信息类、无线电技术类专业教材，也可作为电视机生产、维修人员的参考书。

图书在版编目(CIP)数据

电视技术/张建国主编. —西安：西安电子科技大学出版社，2020.6
ISBN 978 - 7 - 5606 - 5593 - 2

Ⅰ. ① 电…　Ⅱ. ① 张…　Ⅲ. ① 电视—技术—高等职业教育—教材　Ⅳ. ① TN94

中国版本图书馆 CIP 数据核字(2020)第 061308 号

策划编辑　刘小莉
责任编辑　雷鸿俊
出版发行　西安电子科技大学出版社(西安市太白南路 2 号)
电　　话　(029)88242885　88201467　　邮　编　710071
网　　址　www.xduph.com　　　　　电子邮箱　xdupfxb001@163.com
经　　销　新华书店
印刷单位　陕西天意印务有限责任公司
版　　次　2020 年 6 月第 1 版　2020 年 6 月第 1 次印刷
开　　本　787 毫米×1092 毫米　1/16　印张 16.5
字　　数　389 千字
印　　数　1～3000 册
定　　价　41.00 元
ISBN 978 - 7 - 5606 - 5593 - 2/TN
XDUP 5895001 - 1

* * * 如有印装问题可调换 * * *

前　　言

　　本书主要讲述电视原理与电视接收机技术。全书共 7 章。第 1 章和第 2 章简明扼要地叙述了广播电视技术基础知识和兼容制彩色电视技术，为全书奠定了理论基础。第 3 章讲述了模拟 CRT 彩色电视机各单元电路及整机线路的工作原理、电路分析。第 4 章讲述了液晶电视技术及整机线路的工作原理和电路分析。第 5 章讲述了数字电视技术及工作原理。第 6 章讲述了彩色电视机的故障检修技术和方法。第 7 章为彩色电视机检修与组装实训项目。

　　本书是以彩色电视技术（CRT 和液晶）为主线来安排各章节内容的，同时阐明了数字电视技术。为适应电视技术的发展以及培养高级应用型、技能型人才的需要，本书以 I^2C 总线控制彩色电视机（CRT 和液晶）电路为内容，选用厦华彩色电视机 XT—2196 机型和创维 32 寸液晶电视机为典型机型。第 3 章和第 4 章均设有实际电路分析。除第 7 章外各章后均有小结及思考题与习题。电视技术是一门实践性很强的专业课，应加强课程的实训。为强化学生职业能力的培养和训练，并结合职业技能的要求，在本书第 7 章配有各章相应的实训内容及综合实训项目。本书的参考学时数为 90 学时（含实训）。

　　本书由漳州职业技术学院张建国、戴树春、郭永禄、方惠蓉、余燕娟、沈梅香、林隽生及漳州理工职业学院霍英杰、福建广电网络集团公司漳州分公司张磊和厦门日华科技股份有限公司柯志勇等共同编写，由张建国担任主编并统稿，戴树春、郭永禄、方惠蓉、余燕娟、霍英杰担任副主编。张建国编写第 1、4、5、6 章，约占全书 55％的内容；戴树春、方惠蓉编写第 2 章；郭永禄、余燕娟、沈梅香、霍英杰编写第 3 章；林隽生、张磊、柯志勇编写第 7 章。在此，对关心、帮助本书编写、出版、发行的各位同志一并表示感谢！

　　由于电视技术发展迅速，加之编者水平有限，书中难免有不妥之处，恳请广大读者批评指正。

编　者

2020 年 1 月

目　　录

第 1 章　广播电视技术基础知识

学习目标：

(1) 了解电视图像的分解与重现以及电视信号的发送与接收过程。

(2) 熟悉全电视信号的组成、特征及参数。

(3) 掌握黑白电视机的各部分组成、工作原理。

能力目标：

(1) 能够正确理解电视信号的发送与接收过程。

(2) 能够正确分析黑白电视机的工作过程和典型故障判断。

电视是 20 世纪人类最伟大的发明之一。在现代社会里，没有电视的生活不可想象。各种类型和型号的电视机从一条条流水线上源源不断地流入世界各地的工厂、学校、医院、宾馆和家庭，正在奇迹般地迅速改变着人们的生活。形形色色的电视，把人们带进了一个五光十色的奇妙世界。电视已从黑白走向彩色，显示屏幕从 CRT 走向 LCD 等平板显示器，从模拟走向数字化，从数字标清走向数字高清化。电视机也从固定式的台式、壁挂式电视发展到移动的手机电视。

1958 年 5 月 1 日我国黑白电视广播诞生，从此翻开了我国电视广播的第一页。1975年 5 月 1 日中央电视台正式开始彩色电视广播。20 世纪 80 年代是我国卫星电视广播发展时期，90 年代是我国有线广播大发展时期。20 世纪末，广播电视发展进入数字电视时代。

从 2003 年开始，世界各国的主要电信运营商纷纷推出手机电视业务。所谓手机电视，就是利用具有操作系统和视频功能的智能手机观看电视节目。

1.1　广播电视系统的组成

1.1.1　广播电视系统

电视是同时传输图像与声音的电子技术，是广播或通信的一种重要方式。广播电视系统是一种用于广播的非专用电视系统。由于它一般采用无线电方式进行信号传输，因此，广播电视系统也可称为无线电视系统或开路电视系统。目前，广播电视系统主要是广播这一单一业务。广播电视系统的组成如图 1-1 所示。广播电视系统主要由彩色电视摄像机、电视信号的处理器、电视信号的形成电路、电视信号的发射机和电视信号的接收机组成。

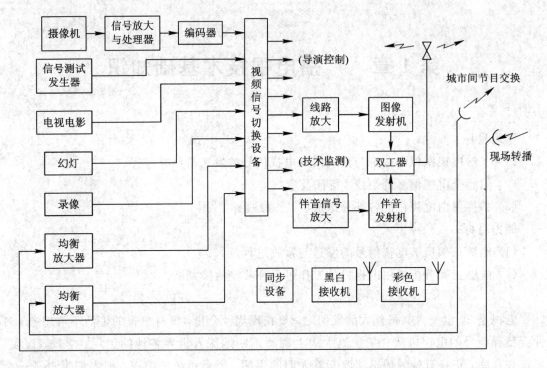

图 1-1 广播电视系统的组成方框图

1.1.2 电视图像传送的过程

传送活动景物的电视系统，通常由摄像、传输和显像三部分组成。其中涉及信号形式变换、信号选择与编码、各种参量的确定、失真的校正等一系列传输、处理信息的方法与原理。

电视技术就是传送和接收图像的技术。电视图像的传送基于光电转换原理。实现光电转换的关键器件是传送端的摄像管和接收端的显像管。

电视广播的基本过程如图 1-2 所示。在发送端，根据光电转换原理将图像（光信号）经过摄像机转变为电信号（视频信号），再经过放大，耦合到图像发射机。图像信号及伴音信号在发射机中分别调制到各自的载波上，从而形成图像高频信号和伴音高频信号，然后用

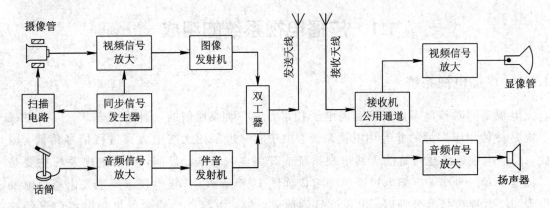

图 1-2 电视广播过程

同一发射天线发送出去。在接收端，由电视接收天线将高频图像和伴音信号一起接收下来，在接收机中对信号进行处理（放大及检波），取出反映图像内容的视频信号，并经视频放大后送显像管重现出图像；同时取出反映伴音内容的音频信号，在扬声器中还原出声音。

1.1.3 图像的顺序传送

任何一幅图像都是由许多密集的细小点子组成的。例如，照片、图画、报纸上的画面等，用放大镜仔细观察就会发现它们都是紧密相邻的、黑白相间的细小点子的集合体。这些细小点子是构成一幅图像的基本单元，称为像素。像素越小，单位面积上的像素数目越多，图像就越清晰。一幅图像有 40 多万个像素。

由于一幅图像包含 40 多万个像素，因此不可能同时被传送，只能按一定的顺序分别将各像素的亮度变换成相应的电信号，并依次传送出去；而在接收端按同样的顺序把电信号转换成一个一个相应的亮点重现出来。只要顺序传送速率足够快，利用人眼的视觉惰性和发光材料的余辉特性，人眼就会感觉到是一幅连续的图像。这种按顺序传送图像像素信息的方法，是构成现代电视系统的基础，因此现代电视系统也被称为顺序传送系统。图 1-3 是该系统的示意图。

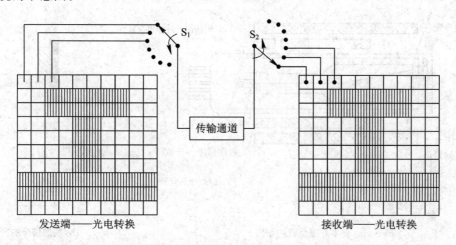

图 1-3 顺序传送电视系统示意图

在电视技术中，将一帧图像的像素按顺序转换成电信号的过程称为扫描。扫描如同读书一样，从左到右、自上而下地依次进行。图 1-3 中的开关 S_1、S_2 是同时运转的，当它们接通某个像素时，那个像素就被发送和接收，并使发送和接收的像素位置一一对应，这称为同步。在实际电视技术中是采用电子扫描方式代替开关 S_1、S_2 工作的。

1.2 摄像与显像

1.2.1 摄像

摄像的实质是基于光与电的转换，由摄像机来完成。摄像机的核心是一只摄像管，它的作用是把图像的光信号变成相应的电信号。摄像管种类很多，但主要结构和工作原理大体相同。下面以光电导摄像管为例，说明图像摄取的原理。

光电导摄像管的结构主要包括光电靶和电子枪两部分，在外部还装有偏转线圈、聚焦线圈和校正线圈，如图 1-4(a)所示。

在摄像管的前方玻璃内壁上，镀有一层透明的、导电性能良好的金属膜，在金属膜内有一层光电导层，称为光电靶，它由半导体光敏材料制成。被摄景物通过光学镜头正好在光电靶面上成像。由于光像各部分的亮度不同，使靶面各部分的电导率不同，与光像较亮的部分对应的靶像素电导较大，与光像较暗部分对应的靶像素电导较小，于是"光像"就变成了"电像"。

电子枪装在真空玻璃管内，产生的电子束由阴极射到光电靶，电子束在行、场偏转磁场的作用下，沿靶面从上到下、从左到右地进行扫描，拾取光电靶上各点的信号，产生回路电流，如图 1-4(b)所示。当电子束扫描到亮光点对应的靶像素时，因靶像素电导较大，故产生的回路电流较大，输出的图像信号电平较低；当电子束扫描到暗光点对应的靶像素时，因靶像素电导较小，放产生的回路电流较小，输出的图像信号电平较高。这样，就完成了把一副图像分解成像素，并且把各像素的亮度转变成电信号的光电转换过程。

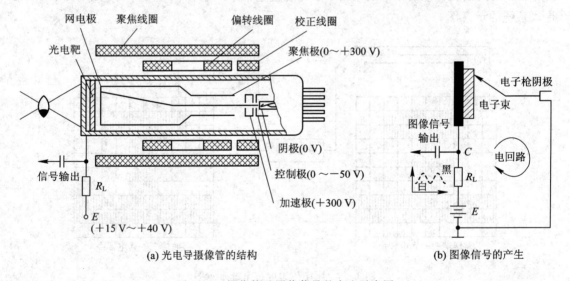

(a) 光电导摄像管的结构　　　　　　　　　(b) 图像信号的产生

图 1-4　摄像管及图像信号的产生示意图

1.2.2　显像

电视图像的重现是由显像管来实现的。显像管与摄像管一样，也是一种电真空器件，它主要由电子枪和荧光屏两部分组成，其结构如图 1-5 所示。

电子枪被封装在玻璃管壳内，由灯丝、阴极、栅极、加速极(第一阳极)、聚焦极(第三阳极)和高压阳极(第二、四阳极)组成。在显像管屏面玻璃内壁涂有一层荧光粉，使之成为荧光屏。

电子枪的作用是发出一束聚焦良好的电子束，以高速轰击荧光屏上的荧光粉，使之发光。荧光屏的发光亮度除了与荧光粉的发光效率有关外，还与电子束电流的大小和轰击的速度有关。

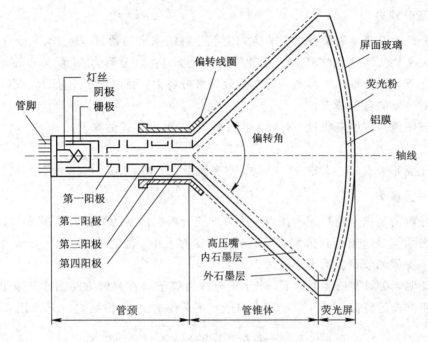

图 1 - 5　显像管结构示意图

在显像管电子枪各极加上适当的直流电压，会产生一个聚焦良好的电子束高速轰击荧光屏，在屏幕中心将产生一个亮点。这时，如果给套在管径上的偏转线圈中通入合适的电流，则形成偏转磁场，控制电子束对荧光屏进行扫描，形成亮度均匀的光栅。在形成光栅的基础上，再在显像管的阴极和栅极之间叠加上图像电信号，控制电子束电流的大小，使电子束电流的变化与发送端被摄景物的亮度变化一致，并保证电子束扫描与发送端的扫描同步，就可在荧光屏上重现被摄景物的图像。

1.3　人眼的视觉特性与电视参数

1.3.1　视力范围与电视机屏幕

人眼视觉最清楚的范围约为垂直夹角 15°、水平夹角 20° 的一个矩形面积。因此，电视机屏幕的宽高比多为 4：3。为增强临场感与真实感，也可适当增加宽高比，例如高清晰度电视屏幕的宽高比一般为 16：9。

显像管屏幕的大小常用对角线尺寸来表示，一般家用彩电有 32 英寸(约 81 cm)、42 英寸(约 107 cm)、55 英寸(约 40 cm)等。(注：1 英寸＝2.54 cm)

1.3.2　主观清晰度与图像扫描行数

图像清晰度是人们主观感觉到的图像细节的清晰程度。它与电视系统传送图像细节的能力有关，这种能力称为电视系统的分解力，常用多少"线"表示。分解力又分为垂直分解力和水平分解力。

1. 垂直分解力

垂直分解力是指沿着图像的垂直方向上能分解的像素的数目。显然，它受每帧屏幕显示行数 Z'（或者总行数 Z）的限制。在最佳的情况下，垂直分解力 M 就等于显示行数 Z'。在一般情况下，并非每一屏幕显示行都代表垂直分解力，而取决于图像的状况以及图像与扫描线相对位置的各种情况。

考虑到图像内容的随机性，有效垂直分解力 M 可由下式估算出：

$$M = KZ' \tag{1.1}$$

K 值通常取 $0.5 \sim 1$，若取 $K = 0.76$，则有效垂直分解力 $M = 0.76 \times 575 = 437$ 线。

2. 水平分解力

水平分解力是指电视系统沿图像水平方向能分解的像素的数目，用 N 表示。水平分解力取决于图像信号通道的频带宽度及电子束横截面大小。也就是说，水平分解力与电子束直径相对于图像细节宽度的大小有关。

实验证明，在同等长度条件下，当水平分解力等于垂直分解力时图像质量最佳。由于一般电视机屏幕的宽高比为 4∶3，因此有效水平分解力 N 可根据式(1.1)求出：

$$N = \frac{4}{3}M = \frac{4}{3}KZ' = \frac{4}{3} \times 0.76 \times 575 = 583 \text{ 线}$$

由于扫描电子束存在一定的截面积而造成电视系统水平分解力下降的现象，称为孔阑效应。减小电子束直径可以提高水平分解力，但电子束直径的大小要适当。

实验证明，水平分解力与垂直分解力相当时图像质量最佳。

3. 每帧图像扫描行数的确定

为了获得图像的连续感，克服闪烁效应并不使图像信号的频带过宽，我国电视标准规定帧频为 25 Hz，采用隔行扫描，场频为 50 Hz。这样的场频恰好等于电网频率，还可以克服当电源滤波不良时图像的蠕动现象。

由于扫描行数决定了电视系统的分解力，从而决定了图像的清晰度，因此在电视标准中确定扫描行数是一个极为重要的问题。我国规定每帧含 625 行。

1.3.3　亮度感觉与电视图像的亮度、对比度和灰度

亮度是指人眼对光的明暗程度的感觉。其大小不仅与光的辐射能量有关，还与人眼的主观感觉有关。

客观景物的最大亮度与最小亮度之比称为对比度。电视机显示图像的对比度，主要取决于图像中最大亮度与最小亮度之比，还与环境亮度有关，环境亮度越亮，对比度越低。

黑白图像从黑色（最暗）到白色（最亮）之间的过渡色统称为灰色。灰色所划分的能加以区分的亮度层次数，称为灰度等级。灰度等级越多，图像就越清晰、逼真。电视信号发生器发出的彩条信号具有 8 级灰度等级。

电视重现图像没有必要也不可能达到客观景物的实际亮度，只要与客观景物有相同的对比度和适当的亮度层次，就可以给人以真实的亮度感觉。

1.3.4　视频图像信号的频带宽度

1. 一帧图像的像素

全电视信号的频带宽度与一帧图像的像素个数和每秒扫描的帧数有关。我国的电视扫描行数为 625 行，其中正程 575 行，逆程 50 行。因此，一帧图像的显示扫描行数为 575 行。也就是说，一帧图像由 575 行像素组成。一般电视机屏幕的宽高比为 4：3，因此一帧图像的总像素个数约为

$$\frac{4}{3} \times 575 \times 575 \approx 44 \text{ 万个} = 4.4 \times 10^5 \text{ 个}$$

2. 图像信号的频带宽度

图像信号包括直流成分和交流成分。其中，直流成分反映图像的背景亮度，它的频率为零，反映了图像的最低频率。交流成分反映图像的内容，图像越复杂，细节变化越细，黑白电平变化越快，其传送信号的频率就越高。显然，图像信号频带宽度等于其最高频率。如果播送一幅左右相邻像素为黑白交替的脉冲信号画面，显然这是一幅变化最快的图像，每两个像素为一个脉冲信号变化周期，而我国电视规定一秒传送 25 帧画面，因此该图像的最高频率为

$$f_{\max} = \frac{4.4 \times 10^5}{2} \times 25 \approx 5.5 \text{ MHz}$$

我国电视技术标准规定，视频图像信号的频带宽度为 0～6 MHz。

1.4　电视扫描

在电视技术中，电子束在电磁场的作用下在摄像管和显像管的屏面上按一定规律做周期性的运动叫扫描。摄像管利用电子束扫描，完成图像的光电转换。显像管也是利用电子束扫描来重现图像的。传送和接收图像是由电子束一行一行扫描完成的，目前存在两种扫描方式：逐行扫描和隔行扫描。

1.4.1　逐行扫描

所谓逐行扫描，就是电子束自上而下逐行依次进行扫描的方式。这种扫描的规律为电子束从第一行左上角开始扫描，从左到右，然后从右回到左边，再扫描第二行、第三行，直到扫完一幅（帧）图像为止。接着电子束由下向上移动到开始的位置，又从左上角开始扫描第二幅（帧）图像。上述电子束作水平方向的扫描叫行扫描，其中电子束自左到右的水平扫描叫行扫描的正程，自右回到左的水平扫描叫行扫描的逆程。电子束作垂直方向的扫描叫场扫描，其中沿垂直方向自上而下的扫描叫场扫描的正程，沿垂直方向自下而上的扫描叫场扫描的逆程。电子束在扫描的正程时间传送和重现图像，而扫描逆程只为下次扫描正程做准备，不传送图像内容。因此，电子束扫描正程时间长，逆程时间短，并且扫描逆程时不能在屏上出现扫描线（回扫线），要设法消隐掉。

在电视技术中，电子束的行扫描和场扫描是同时进行的，即电子束在水平扫描的同时也要进行垂直扫描。由于行扫描速度远大于场扫描的速度，因此在荧光屏上看到的是一条

一条稍向下倾斜的水平亮线形成的一幅均匀的白色图像，这称为光栅，如图 1-6 所示。从图 1-6 中可以看出，电子束在垂直方向从 A 到 B 完成一帧扫描，即为帧扫描正程，再从 B 回到 A 准备开始下一帧扫描的过程，即为帧扫描逆程。由于帧扫描逆程时间远大于行扫描周期，所以从 B 回到 A 的扫描轨迹不是一条直线，而是进行了多次扫描，如图 1-7 所示。

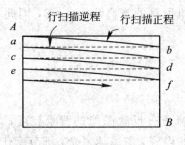

图 1-6　逐行扫描

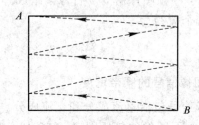

图 1-7　帧逆程扫描

一帧图像的传送和重现是靠电子束经过行、场均匀扫描完成的。而电子束要完成扫描任务，必须依靠偏转磁场。在显像管中，电子束的扫描，就是由其管颈上的两种偏转线圈所产生的磁场作用实现的。两偏转线圈分别通入线性锯齿波电流，产生线性变化的磁场，从而控制电子束作水平和垂直方向的扫描，如图 1-8 所示。其中使电子束作水平方向扫描的偏转线圈叫行偏转线圈，使电子束作垂直方向扫描的偏转线圈叫场偏转线圈。

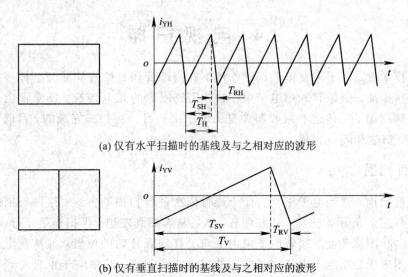

(a) 仅有水平扫描时的基线及与之相对应的波形

(b) 仅有垂直扫描时的基线及与之相对应的波形

图 1-8　水平和垂直扫描示意图

在电视技术中，每秒传送 25 帧图像就可以达到传送活动图像的目的，即帧频 $f_z = 25$ Hz。但是逐行扫描存在这样一个问题，如果每秒传送 25 帧图像，则会有闪烁感；如果每秒传送 50 帧图像，虽然可克服闪烁感，却使电视信号所占频带太宽，使电视设备复杂化，且在一定电视波段范围内使可容纳的电视台数目减少。因此，电视广播不采用逐行扫描方式，而采用隔行扫描方式。

1.4.2　隔行扫描

隔行扫描就是把一帧图像分为两场来扫描。第一场扫描 1、3、5 等奇数行，形成奇数场图像；然后，进行第二场扫描时，才插入 2、4、6 等偶数行，形成偶数场图像。奇数场和偶数场图像镶嵌在一起，由于人眼的视觉暂留特性，看到的是一幅完整的图像，如图 1-9 所示。

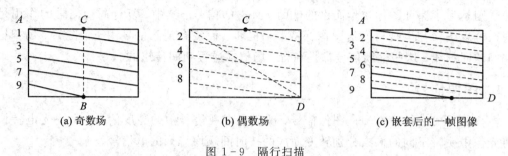

图 1-9　隔行扫描

采用隔行扫描，如果每秒传送 25 帧图像，则每秒扫描 50 场，即帧频为 25 Hz，场频为 50 Hz。由于人眼每秒依次看到 50 幅画面，因此不会有闪烁的感觉。

我国电视技术标准规定：帧频为 25 Hz，一帧图像分 625 行传送，所以行扫描频率为 $f_H = 25 \times 625 = 15\ 625$ Hz。隔行扫描电子帧频较低，电子束扫描图像时所占的频带宽度较窄（约 6 MHz），对电视设备要求不高，因此它是目前电视技术中广泛采用的方法。

隔行扫描的关键是要保证偶数场正好嵌套在奇数场中间，否则会降低图像清晰度，甚至出现并行现象。要保证隔行扫描准确，每帧扫描行数一般选择为奇数。我国电视技术标准规定为每帧 625 行，一场要扫 312.5 行。这要求奇数场扫描正程结束于最后一行的半行，偶数场扫描正程则起始于屏幕最上边的中央处，从而保证相邻两场的扫描线不重合。

1.4.3　我国广播电视扫描参数

我国广播电视采用隔行扫描方式，其主要扫描参数如下：

- 行周期 $T_H = 64\ \mu s$；
- 行频 $f_H = 15\ 625$ Hz；
- 行正程时间 $T_{SH} = 52\ \mu s$；
- 行逆程时间 $T_{RH} = 12\ \mu s$；
- 场周期 $T_V = 20$ ms；
- 场频 $f_V = 50$ Hz；
- 场正程时间 $T_{SV} = 287 T_H + 20(\mu s) = 18.388$ ms ≈ 18.4 ms；
- 场逆程时间 $T_{RV} = 25 T_H + 12(\mu s) = 1.612$ ms ≈ 1.6 ms；
- 帧周期 $T_Z = 40$ ms；
- 每帧行数 $Z = 625$ 行（其中正程 575 行）；
- 帧频 $f_Z = 25$ Hz；
- 每场行数为 312.5 行（其中正程 287.5 行）。

1.5 全电视信号

全电视信号包括图像信号、复合同步信号和复合消隐信号。黑白图像信号反映了电视系统所传送图像的信息，是电视信号的主体，它是在行、场扫描正程期间传送的。其他几种信号则是为了保证图像质量而设的辅助、必需的信号。其中，复合同步信号的作用是使电视机重现图像与电视台发送图像保持严格同步，而复合消隐信号用于消除行、场扫描逆程期间的回扫线。这些辅助信号都是在行、场扫描逆程期间传送的。

1.5.1 图像信号

电视信号的主体信号——图像信号，即彩色电视信号中的亮度信号，是由光电转换器件将光像中明暗不同的像素分别转变而成的按时间顺序排列的电信号。

1. 图像信号及其特征

图像信号是由摄像管将明暗不同的景像转变而得的电信号。由图 1－10 可见，图像信号具有如下特征：

（1）含有直流，即图像信号具有平均直流成分，其数值确定了图像信号的背景亮度。

（2）对于一般活动图像，相邻两行或相邻两帧信号间具有较强的相关性。

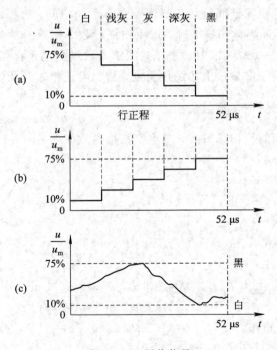

图 1－10　图像信号

图像信号的幅度在电视信号相对幅度的 75％以下，一般为 10％～75％。其中，幅度为 12.5％的电平称为白电平，幅度为 75％的电平称为黑电平。图像信号是以 64 μs 为周期的周期性信号，其中每行显示 52 μs。

2. 图像信号的基本参量

亮度、对比度和灰度是电视图像转换中三个十分重要的参量。图像质量的好坏，可由它们给予完整的描述。

所谓亮度，是指光作用于人眼时所引起的明亮程度的感觉。它主要取决于光的强度，还与人眼的光谱响应特性有关。它通常是指单位面积的光通量。

对比度是客观景物最大亮度 B_{max} 与最小亮度 B_{min} 之比。当以 K 表示对比度时，有

$$K = \frac{B_{max}}{B_{min}}$$

对于重现的电视图像，其对比度不仅与显像管的最大亮度 B_{max} 和最小亮度 B_{min} 有关，还与周围的环境亮度 B_D 有关，其对比度 K 为

$$K = \frac{B_{max} + B_D}{B_{min} + B_D} \approx \frac{B_{max}}{B_{min} + B_D}$$

显然，周围环境越亮，电视图像的对比度就越小。

为了使重现图像逼真，必须以保持重现图像的对比度与原景物的对比度接近相等为前提。很显然，图像信号的黑、白电平差别越大，则对比度越高。

灰度即亮度级差，也称亮度层次，它反映电视系统所能重现的原图像明、暗层次的程度。通常电视台发送一个具有 10 级灰度的阶梯信号（或称级差信号），接收系统经调整后在重现图像中能加以区分的从黑到白的层次数，称为该系统具有的灰度级。由于显像管调制特性的非线性，电视接收机一般都达不到 10 级灰度，一般只要能达到 6 级灰度，就可收看到明暗层次较满意的图像了。

实际上，电视系统重现图像受到显像管发光亮度的限制，不可能达到客观景物的实际亮度，但只要能反映客观景物的对比度和灰度，便可获得满意的效果。

1.5.2　消隐信号

复合消隐信号包括行消隐和场消隐信号。行消隐信号出现在行扫描逆程期间，用来消除行回扫线；场消隐信号出现在场逆程期间，用来消除场回扫线。复合消隐的电压波形如图 1－11 所示。

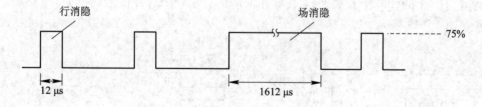

图 1－11　复合消隐信号波形图

复合消隐脉冲的相对电平为 75％，相当于图像信号黑电平。行消隐脉宽为 12 μs，周期为 64 μs，场消隐脉宽为 1612 μs，周期为 20 ms。

1.5.3　复合同步信号

电视系统中，收、发扫描必须严格同步，即收、发扫描对应的行、场起始和终止位置必

须严格一致，否则就会出现画面失真或不稳定现象。

复合同步信号包括行同步脉冲、场同步脉冲、开槽脉冲和前后均衡脉冲。

1. 电视扫描的同步

所谓同步，是指接收端与发送端的扫描点保持一一对应的几何位置，它要求收、发两端的电子束扫描必须同频、同相。

当收、发两端的电子束扫描不同步时，重现图像就不稳定或无法收看。如果接收端与发送端行扫描频率不一致，就会出现行不同步的故障；接收端与发送端场扫描频率不一致，就会出现场不同步的故障。图 1-12 列出了图像收送不同步造成接收图像异常的情况。

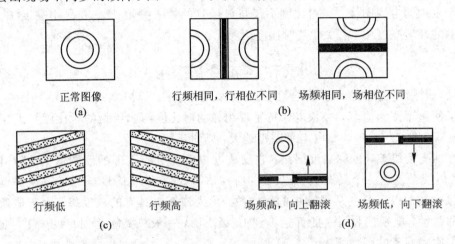

图 1-12　收送不同步造成接收图像异常

为了保证发送信号和接收信号在相位和频率上一致，电视台设有同步机，用来产生行、场同步信号，与图像信号一起发送出去。

2. 行、场同步信号

行、场同步信号是在行、场消隐期间传送的脉冲信号，用于保证电视机的行、场扫描与发送端同步。行、场同步信号的电平高于消隐电平 25%，占据电视信号 75%～100% 的位置。行同步脉冲的宽度为 4.7 μs，其脉冲前沿滞后行消隐脉冲前沿约为 1.3 μs；场同步脉冲的宽度为 160 μs（2.5 个行周期），其脉冲前沿滞后场消隐脉冲前沿约为 160 μs。行、场同步信号如图 1-13 所示。

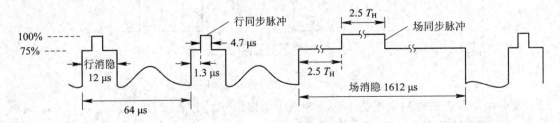

图 1-13　行、场同步信号波形图

3. 槽脉冲和均衡脉冲

由于场同步脉冲持续 2.5 个行周期，如果不采取措施就会丢失 2～3 个行同步脉冲，使行扫描失去同步，直到场同步脉冲过后，再经过几个行周期，行扫描才会逐渐同步，从而造成图像上边起始部分不同步。为了避免上述情况发生，可在场同步脉冲期间开 5 个小槽来延续行同步脉冲，这就是槽脉冲。

槽脉冲宽度与行同步脉冲相同，它的后沿与行同步脉冲前沿（上升沿）相位一致。这样，在场同步脉冲期间，槽脉冲起行同步脉冲的作用，从而消除了图像上部的不同步现象。

为了保证隔行扫描中偶数场正好镶嵌在奇数场之间，不出现并行现象，在场同步脉冲前、后还各加有 5 个窄脉冲，分别称为前、后均衡脉冲。均衡脉冲的间隔为行周期的一半，脉宽为 2.35 μs，其作用是使奇数场和偶数场的复合同步信号通过积分电路而得到的场同步信号波形一致，从而保证了隔行扫描的准确性。

槽脉冲与前、后均衡脉冲如图 1-14 所示。

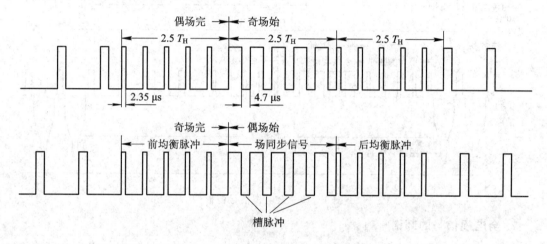

图 1-14　槽脉冲与前、后均衡脉冲

1.5.4　全电视信号波形及频谱

1. 全电视信号波形

将以上介绍的图像信号、复合同步、复合消隐、槽脉冲和均衡脉冲等叠加，即构成全电视信号，通常也称其为视频信号，其波形如图 1-15 所示。

全电视信号有如下三个特点：

（1）脉冲性。全电视信号由图像信号、复合同步、复合消隐、槽脉冲和均衡脉冲等多种信号组成。虽然图像信号是随机的，既可以是连续渐变的，也可以是脉冲跳变的，但辅助信号均为脉冲性质，这使全电视信号成为非正弦的脉冲信号。

（2）周期性。由于采用周期性扫描的方法，因此全电视信号成为以行频和场频重复的周期性脉冲信号。

（3）单极性。全电视信号是正极性或负极性的单极性信号，这是由图像信号的单极性所决定的。

全电视信号中各辅助脉冲参数如下：

· 行消隐脉宽：12 μs；

· 行同步脉宽：4.7 μs；

- 场消隐脉宽：1612 μs;
- 场同步脉宽：160 μs;
- 槽脉冲脉宽：4.7 μs;
- 均衡脉冲宽：2.35 μs。

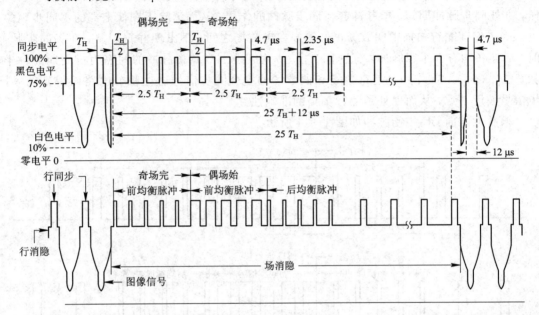

图 1-15　全电视信号波形

2. 全电视信号的频谱

所谓频谱，就是电信号的能量按频率分布的曲线。全电视信号的频谱应是它所包含的主体信号(图像信号)与辅助信号的频谱之和。图像信号、各辅助脉冲信号的频谱如图 1-16、图 1-17 所示，全电视信号频谱如图 1-18 所示。

归纳起来，图像信号的频谱具有如下特征：

(1) 以行频及其谐波为中心，组成梳齿状的离散频谱。

(2) 随着行频谐波次数的增加，谱线幅度逐渐减小。

(3) 实践证明，无论是静止或活动图像，围绕行谱线分布的场频谐波次数不大于 20 (即图 1-17 中 $m \leqslant 20$)。按 $m=20$ 计算，各谱线群所占频谱宽度仅为 $2m \times f_V = 20 \times 20 \times 50 = 2$ kHz，相邻两主谱线间距为 15.625 kHz。可见，各群谱线间存在着很大的空隙。

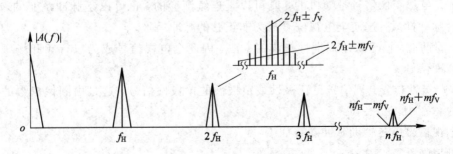

图 1-16　全电视信号的频谱

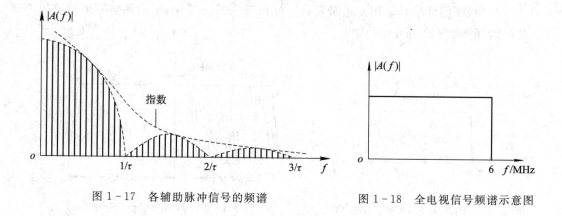

图 1-17　各辅助脉冲信号的频谱　　　　　　图 1-18　全电视信号频谱示意图

1.6　电视信号的发送

　　全电视信号和伴音信号均通过调制在高频载波再发送。图像信号采用调幅方式，伴音信号采用调频方式，这两种高频信号在频域中保持着特定的间隔，统称为全射频电视信号。

1.6.1　全电视信号的调制

1. 图像信号的调幅

　　对图像载频调制有两种情况：一种是用正极性的图像信号对载频进行调制，称为正极性调制，如图 1-19(a)所示；另一种是用负极性的图像信号对载频进行调制，称为负极性调制，如图 1-19(b)所示。

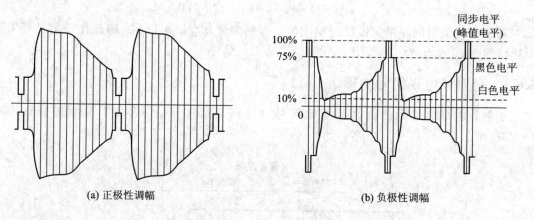

(a) 正极性调幅　　　　　　　　　　　　　(b) 负极性调幅

图 1-19　图像信号的调幅

　　我国电视技术标准规定，图像信号采用负极性调制。采用负极性调制具有抗干扰能力强、便于实现自动增益控制、节省发射功率等优点。

2. 残留边带发送

　　图像信号的最高频率为 6 MHz，所以已调波频谱宽度为 12 MHz，如图 1-20 所示。载波信号上、下边带携带的信息相同，故单边带发送就可完成全电视信号的传输，但单边带完全滤除会使电视设备复杂化，因此，电视广播采用残留边带的发送方式来压缩频带，即对 0～0.75 MHz 图像信号采用双边带发送，对 0.75 MHz～6 MHz 图像信号采用单边带发送。其频谱如图 1-21 所示。

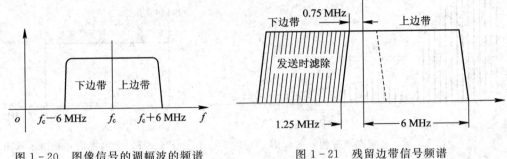

图 1-20　图像信号的调幅波的频谱　　　　　图 1-21　残留边带信号频谱

1.6.2　伴音信号的调频

传送的伴音信号去调制载波的频率，使载波的瞬时频率随伴音信号的幅度变化而变化。伴音信号调频传送方式音质好，抗干扰能力强。

为了不失真地传送伴音调频波，所需频带宽度在理论上应是无限宽，但实际上的伴音调频波频次增高，频谱幅度很快减少。所以伴音调频波的能量大部分集中在载波附近的几对边频中，其他更高次边频幅度几乎可忽略不计。因此，伴音信号调频波的有效带宽 BW 可近似表示为

$$BW = 2(\Delta f + f_{am})$$

式中，Δf 为调频波的最大频偏，f_{am} 为伴音信号的最高频率。我国电视技术标准规定：最大频偏 $\Delta f = 50$ kHz，伴音信号的最高频率 $f_{am} = 15$ kHz，则已调频波的带宽为

$$BW = 2 \times (50 + 15) = 130 \text{ kHz}$$

调频伴音信号的频带宽度比调幅图像信号的频带宽度要小很多，因此伴音信号可采用双边带传送。

1.6.3　全射频电视信号的频谱

全射频电视信号由已调高频图像信号和已调高频伴音信号组成，其频谱分布如图 1-22所示。

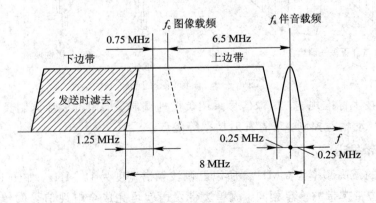

图 1-22　全射频电视信号的频谱

　　我国电视技术标准规定，伴音载频 f_s 比图像载频 f_c 高 6.5 MHz，高频图像信号采用残留边带方式传送，高频伴音信号采用双边带方式传送。由图 1-22 可知，由于滤波特性不可能太陡，因此高频图像信号下边带在 1.25 MHz 处衰减 20 dB；伴音信号带宽为 ±0.25 MHz，由于 f_s 比 f_c 高 6.5 MHz，而图像信号带宽为 6 MHz，因此伴音信号在图像信号频带之外，从而有效地防止了相互干扰。从图 1-22 中还可知，每个频道所占带宽为 8 MHz(1.25+6.5+0.25=8 MHz)。

1.6.4　电视频道划分

1. 我国无线广播电视频道的划分

　　目前，我国无线电电视广播包括米波段(甚高频 VHF)的 1~12 频道和分米波段(特高频 UHF)的 13~68 频道，具体如表 1-1 所示。

表 1-1　我国广播电视频道的划分

波段		频道编号	频道带宽/MHz	图像载频/MHz	伴音载频/MHz	接收机本振频率/MHz
米波段	I 波段	1	48.5 ~ 56.5	49.75	56.25	87.75
		2	56.5 ~ 64.5	57.75	64.25	95.75
		3	64.5 ~ 72.5	65.75	72.25	103.75
		4	76 ~ 84	77.25	83.75	115.25
		5	84 ~ 92	85.25	91.75	123.25
	III 波段	6	167 ~ 175	168.25	174.75	206.25
		7	175 ~ 183	176.25	182.75	214.25
		8	183 ~ 191	184.25	190.75	222.25
		9	191 ~ 199	192.25	198.75	230.25
		10	199 ~ 207	200.25	206.75	238.25
		11	207 ~ 215	208.25	214.75	246.25
		12	215 ~ 223	216.25	222.75	254.25
分米波段	IV 波段	13	470 ~ 478	471.25	477.75	509.25
		14	478 ~ 486	479.25	485.75	517.25
		15	486 ~ 494	487.25	493.75	525.25
		16	494 ~ 502	495.25	501.75	533.25
		17	502 ~ 510	503.25	509.75	541.25
		18	510 ~ 518	511.25	517.75	549.25
		19	518 ~ 529	519.25	525.75	557.25
		20	526 ~ 534	527.25	533.75	565.25
		21	534 ~ 542	535.25	541.75	573.25
		22	542 ~ 550	543.25	549.75	581.25
		23	550 ~ 558	551.25	557.75	589.25
		24	558 ~ 566	559.25	565.75	597.25
		25	606 ~ 614	607.25	613.75	645.25

波段		频道编号	频道带宽/MHz	图像载频/MHz	伴音载频/MHz	接收机本振频率/MHz
分米波段	V波段	26	614 ～ 622	615.25	621.75	653.25
		27	622 ～ 630	623.25	629.75	661.25
		28	630 ～ 638	631.25	637.75	669.25
		29	638 ～ 646	639.25	645.75	677.25
		30	646 ～ 654	647.25	653.75	685.25
		31	654 ～ 662	655.25	661.75	693.25
		32	662 ～ 670	663.25	669.75	701.25
		33	670 ～ 678	671.25	677.75	709.25
		34	678 ～ 686	679.25	685.75	717.25
		35	686 ～ 694	687.25	693.75	725.25
		36	694 ～ 702	695.25	701.75	733.25
		37	702 ～ 710	703.25	709.75	741.25
		38	710 ～ 718	711.25	717.75	749.25
		39	718 ～ 726	719.25	725.75	757.25
		40	726 ～ 734	727.25	733.75	765.25
		41	734 ～ 742	735.25	741.75	773.25
		42	742 ～ 750	743.25	749.75	781.25
		43	750 ～ 758	751.25	757.75	789.25
		44	758 ～ 766	759.25	765.75	797.25
		45	766 ～ 774	767.25	773.75	805.25
		46	774 ～ 782	775.25	781.75	813.25
		47	782 ～ 790	783.25	789.75	821.25
		48	790 ～ 798	791.25	797.75	829.25
		49	798 ～ 806	799.25	805.75	837.25
		50	806 ～ 814	807.25	813.75	845.25
		51	814 ～ 822	815.25	821.75	853.25
		52	822 ～ 830	823.25	829.75	861.25
		53	830 ～ 838	831.25	837.75	869.25
		54	838 ～ 846	839.25	845.75	877.25
		55	846 ～ 854	847.25	853.75	885.25
		56	854 ～ 862	855.25	861.75	893.25
		57	862 ～ 870	863.25	869.75	901.25
		58	870 ～ 878	871.25	877.75	909.25
		59	878 ～ 886	879.25	885.75	917.25
		60	886 ～ 894	887.25	893.75	925.25
		61	894 ～ 902	895.25	901.75	933.25
		62	902 ～ 910	903.25	909.75	941.25
		63	910 ～ 918	911.25	917.75	949.25
		64	918 ～ 926	919.25	925.75	957.25
		65	926 ～ 934	927.25	933.75	965.25
		66	934 ～ 942	935.25	941.75	973.25
		67	942 ～ 950	943.25	949.75	981.25
		68	950 ～ 958	951.25	957.75	989.25

由表 1-1 可以看出：

(1) 各频道的伴音载频始终比图像载频高 6.5 MHz。

(2) 频道带宽的下限始终比图像载频 f_p 低 1.25 MHz，上限则始终比伴音载频 f_s 高 0.25 MHz。

(3) 各频道的本机振荡频率始终比图像载频高 38 MHz，比伴音载频高 31.5 MHz。

(4) 表中，92～167 MHz、566～606 MHz 为供调频广播和无线电通信等使用的波段，不安排电视频道，即 12～13 频道之间、24～25 频道之间频率并未连续。

(5) 每个频道的中心频率及所对应的中心波长是估计天线尺寸和调试电视机时的参数。

2. 我国有线电视增补频道的划分

从无线广播电视频道划分可知：Ⅰ 波段为 1～5 频道（又称 L 频段），频率范围为 48.5 MHz～92 MHz；Ⅲ 波段为 6～12 频道（又称 H 频段），频道范围为 167 MHz～223 MHz；Ⅳ、Ⅴ 波段（又称 U 频段）为 13～68 频道，频率范围为 470 MHz～958 MHz。在 L、H 频段及 H、U 频段之间有部分未使用的空频段。这一部分空频段作为增补频段，供有线电视系统传输节目。在 L、H 频段之间 110 MHz～167 MHz 范围定为增补 A 频段，共有 7 个增补频道 Z_1～Z_7；在 H、U 频段之间，223 MHz～295 MHz 范围定为增补 B_1 频段，增补频道为 Z_8～Z_{16}；295 MHz～447 MHz 范围定为增补 B_2 频段，增补频道为 Z_{17}～Z_{35}；447 MHz～470 MHz 范围定为增补 B_3 频段，增补频道为 Z_{36}～Z_{38}。全部增补频道范围包括 A、B_1、B_2、B_3 四个频段共 38 个增补频道，如图 1-23 所示。

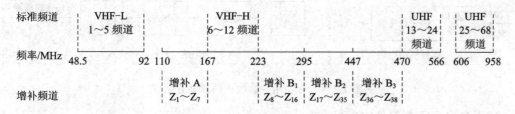

图 1-23　增补频道划分示意图

目前，我国有线电视广播的传输系统以传输系统的上限频率来分，可分为以下四种：

(1) 300 MHz 传输系统，可传送节目数为 28 套，即标准频道 VHF(1～12)和增补频道 Z_1～Z_{16}。

(2) 450 MHz 传输系统，可传送节目数为 47 套，即标准频道 1～12 和增补频道 Z_1～Z_{35}。

(3) 550 MHz 传输系统，可传送节目数为 60 套，即标准频道 1～22 和全部增补频道 Z_1～Z_{38}。

(4) 870 MHz 传输系统，可传送节目数为 95 套，即标准频道 1～57 和全部增补频道 Z_1～Z_{38}。

1.7　电视信号接收技术

电视信号的接收系统接收信号，并将信号还原成图像和声音。电视接收机简称电视机。下面以黑白电视机为例说明电视机的组成、作用及工作原理。

1. 黑白电视机的组成

图 1-24 为黑白电视机的原理方框图。从图中可看到黑白电视机主要由公共通道、伴音通道、扫描电路和电源供电电路等部分组成。

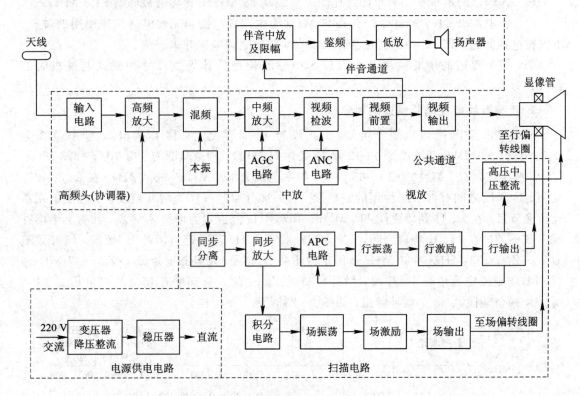

图 1-24 黑白电视接收机的原理方框图

2. 黑白电视机各部分的作用

1) 高频调谐器（高频头）

由天线收到的高频图像信号与高频伴音信号经馈线进入高频头。高频头由输入电路、高频放大器、本振和混频级组成。其主要作用是：选择并放大所接收频道的微弱电信号；抑制干扰信号；与天线实现阻抗匹配，保证信号能最有效传输；进行电视信号频率变换，完成超外差作用。

输入电路由无源网络组成，对天线接收到的信号进行频道选择，把所要接收到的信号最有效地传送给高放级。高频头中有频道选择机构，可选择所需要接收的频道。

高频放大电路将输入电路所选择的频率信号进行放大，提高信号功率对机内噪声功率的比值（即信噪比），减少信号受到机内噪声的干扰，其增益约为 20 dB，同时将所放大的高频信号送入混频级。

本机振荡器产生本机振荡频率送至混频级，该振荡频率总比所接收的电视图像载频高一个固定中频（38 MHz）。

在混频级中，高放级送来的图像和伴音信号与本振信号完成混频作用，产生出频率较低的图像和伴音中频,并送至中放通道。

中频频率为本振频率减去所接收电视图像和伴音的载频,得到 38 MHz 的图像中频信号和 31.5 MHz 的第一伴音中频信号。

这样,高频头将高频电视信号接收进来并进行处理,变为固定的图像中级和伴音中频,然后送往中频放大器。

2) 中频放大器

中频放大器将混频器送来的图像中频和伴音中频按一定频率特性进行放大。对图像中频信号放大达 60 dB 左右;而对伴音中频信号的放大则小得多,只有 34 dB 左右。压低伴音中频放大量是为了防止伴音干扰图像。

由于增益高,在中放级要相应地设有抑制干扰的电路(如声表面波滤波器)与自动增益控制(AGC)电路,以提高稳定性。

3) 视频检波器

视频检波器有两个作用:一是从图像中频信号中检出视频信号,即通过它把高频图像信号还原为视频图像信号,然后送至视放级;二是利用检波二极管的非线性作用,将图像中频(38 MHz)和伴音中频(31.5 MHz)信号混频,得到 6.5 MHz 差额,即产生 6.5 MHz 的第二伴音中频信号(调频信号)。

4) 视频放大器

视频放大器一般由预视放和视放输出级两级组成。

预视放作为信号分配电路,将检波器检出的视频信号送至视放输出级、AGC 电路、同步分离电路和伴音中放电路,并作为第二伴音中频的第一级放大器。

视放输出级将预视放送来的视频信号放大到峰峰值 60 V 左右,以负极性视频图像信号输出,送给显像管阴极,以控制电子束电流强弱,使之在屏幕上重现图像。

另一方面,在视放级中取出一部分信号,经 ANC 电路通过 AGC 检波电路转换成直流控制信号。用它控制中放级和高放级增益,使检波输出信号电平稳定在 1 V～1.5 V,从而保证图像稳定。

ANC 电路又称抗干扰电路,主要用来消除混入电视信号中的大幅度窄脉冲的干扰。

5) 同步分离和扫描电路

同步分离电路由同步分离和同步放大两部分组成。该电路从 ANC 电路中取出视频信号,利用幅度分离原理分离出复合同步信号(行同步、场同步、均衡脉冲和槽脉冲)。复合同步信号经过放大整形后送至扫描电路。

扫描电路分为场扫描与行扫描两部分。

6) 伴音通道

第二伴音中频信号(6.5 MHz)送入伴音中放,做进一步放大,经过限幅,送入鉴频器。鉴频器将伴音调频信号进行解调,检出原始音频信号,送至伴音低放,伴音低放将鉴频器送来的音频信号进行电压和功率放大,然后推动扬声器,还原出电视伴音。

7) 电源

电视机所需电源分直流低压、中压和高压三大类。

低压电源由交流 50 Hz、220 V 经变压器降压、整流、滤波和稳压获得,其值一般为

+12 V，作为整机供电的主要电源。

高压（12 kV 左右）和中压（400 V、100 V 等）电源的取得由行输出级整流得到。

本 章 小 结

1. 光与电的相互转换是电视图像摄取与重现的基础。在现代电视系统中，光电转换是由发送端的摄像管和接收端的显像管来实现的。

2. 图像清晰度与电视系统的分解力有关，垂直分解力取决于扫描行数及图像与扫描线间的相对位置，水平分解力则取决于图像信号通道的频带宽度及扫描电子束横截面积的大小。

3. 在电视技术中，电子束在电磁场的作用下在摄像管或显像管的屏面上按一定规律的周期性运动叫扫描。我国广播电视采用隔行扫描方式。

4. 全电视信号由图像信号、复合同步信号和复合消隐信号组成，其中，复合同步信号包括行同步脉冲、场同步脉冲、开槽脉冲和前后均衡脉冲。

5. 全电视信号有脉冲性、周期性和单极性的特点。

6. 图像信号采用调幅方式，伴音信号采用调频方式，通过发射天线，以高频电磁能量的形式辐射出去。

7. 图像信号采用负极性调制。采用负极性调制具有以下优点：

（1）抗干扰能力强；

（2）便于实现自动增益控制；

（3）节省发射功率。

8. 全射频电视信号由已调高频图像信号和已调高频伴音信号组成。伴音载频 f_s 比图像载频 f_c 高 6.5 MHz，高频图像信号采用残留边带方式传送，高频伴音信号采用双边带方式传送。

9. 在我国无线电电视广播包括米波段（甚高频 VHF）的 1~12 频道和分米波段（特高频 UHF）的 13~68 频道，共有 68 个标准电视频道和 38 个增补频道，每一频道高频电视信号的带宽为 8 MHz，各频道伴音载频都比图像载频高 6.5 MHz。

10. 黑白电视机主要由公共通道、视频通道、伴音通道、扫描电路系统和电源电路等部分组成。

思考题与习题

1. 简述顺序传送电视图像的过程。

2. 简述摄像管的光电转换过程和显像管的电光转换过程。

3. 什么叫扫描？逐行扫描和隔行扫描各有什么特点？我国广播电视扫描的主要参数有哪些？

4. 什么是图像清晰度与电视系统分解力？垂直分解力和水平分解力各与什么因素有关？

5. 全电视信号由哪些信号组成？各信号分别有什么作用？

6. 全电视信号的特点是什么？全电视信号中各辅助脉冲的参数有哪些？（列出参数值）

7. 什么是射频电视信号？图像信号为什么采用负极性调制？

8. 为什么高频图像信号采用残留边带发送？它与双边带调幅发送有什么不同？

9. 画出第六频道射频电视信号的频谱图，并标明各主要指标的参数值。

10. 我国电视频道是怎样划分的？

11. 我国广播电视系统规定伴音信号采用什么调制方式？图像信号又采用什么调制方式？

12. 试画出黑白电视接收机的组成框图（单通道超外差式），并定性画出被传送信号的波形及频谱的变化情况。

13. 根据电视接收方框图判断下列情况下故障可能产生在哪一部分：

（1）有光栅，有伴音但没有图像；

（2）有图像，但没有伴音；

（3）有伴音，但荧光屏上只有一条横亮线；

（4）图像在水平与垂直方向均不稳定。

第 2 章　兼容制彩色电视技术

学习目标：

(1) 熟悉三基色原理及其应用。

(2) 掌握兼容制彩色电视信号的编码、解码及调制发送的工作原理。

(3) 熟悉彩色电视的三种制式，了解彩色电视系统的多制式。

能力目标：

(1) 能够正确分析彩色电视信号的编码、解码过程。

(2) 能够正确认识彩色电视的三种制式。

2.1　三基色原理

2.1.1　可见光与彩色三要素

1. 光与色

光是一种物质，它可以电磁波的形式进行传播，它是电磁辐射中的一小部分。电磁波的频率范围很宽，其范围为 $10^5\,\text{Hz}\sim10^{25}\,\text{Hz}$。在整个电磁辐射波谱上，只有极小一部分能够被人眼所看到，即能产生视觉，将这一小部分称为可见光谱，其波长范围为 380 nm～780 nm，如图 2-1 所示。

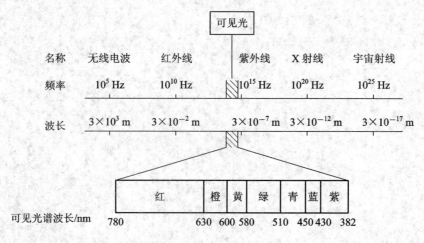

图 2-1　电磁波频谱图

彩色是光作用于人眼而引起的一种视觉反应。所以，在可见光谱中，不同波长的光射入人眼时，会引起不同彩色的感觉。

由图 2-1 可知，随着波长的缩短，所呈现的彩色分别为红、橙、黄、绿、青、蓝、紫。

如果将上述彩色混在一起，便呈现白光。

2. 物体的颜色

彩色来源于光，所以人眼对于一个物体的彩色感觉必然与照射该物体的光源有着密切的关系。物体呈现的颜色就是物体表面对照射光源中某些光谱成分的反射光对人眼所引起的视觉效果。对于透明物体，则是透射光所引起的视觉效果。所以，物体呈现的颜色不仅与物体本身吸收与反射某种光谱的属性有关，同时与照射光源的属性也有关。在没有任何光源照射的黑夜里，任何物体都呈现为黑色。

3. 彩色三要素

亮度、色调和色饱和度称为彩色三要素。任何一种彩色对人眼引起的视觉作用，都可以用彩色三要素来描述。

（1）亮度是指人眼所感觉的彩色的明暗程度，亮度主要取决于光的强度，还与人眼的光谱响应特性有关。

（2）色调是指彩色的颜色类别，如红、橙、黄、绿、青、蓝、紫分别表示不同的色调。它是彩色最基本的特性。物体的色调主要取决于物体的吸收特性和透射或反射特性，还与光源的光谱分布有关。不同波长的光具有不同的色调。

（3）色饱和度是指彩色的深浅程度。同一色调的彩色，其色饱和度越高，颜色越深。色饱和度与彩色中所掺入的白光比例有关，掺入的白光越多，色光越浅，色饱和度越低。色饱和度用百分数表示，如某色光中若掺入一半的白光，则色饱和度为 50%，未掺入白光的纯色光，其色饱和度为 100%。白光的色饱和度为 0。

色调和色饱和度统称为色度。彩色电视系统不仅像黑白电视系统那样能够传送景物的亮度信息，还能传送景物的色度信息。

2.1.2　三基色原理及其应用

1. 三基色原理

在彩色电视技术中，以红(R)、绿(G)、蓝(B)为三基色。国际上规定红光的波长取 700 nm，绿光的波长取 546.1 nm，蓝光的波长取 435.8 nm 为物理三基色。

三基色原理的主要内容有：

（1）自然界的所有彩色几乎都可用三种基色按一定的比例混合而成；反之，任何彩色也可分解为比例不同的三种基色。

（2）三种基色必须是相互独立的，即任一基色不能由另外两种基色混合而成。

（3）用三基色混合成的彩色，其色调和色饱和度皆由三基色的比例决定。

（4）混合色的亮度等于参与混色的基色的亮度的总和。

根据这一原理，要传送和重现自然界中的各种彩色，无须逐一去传送波长各异的各种彩色信号，而只要将各种彩色分解成不同比例的三基色，并只传送这三基色信号。在彩色重现时将这比例不同的三基色信号相加混色，即可产生与被传送对象相同彩色的视觉效果。三基色原理是彩色电视广播得以实现的基本原理之一。

2. 混色法

利用三种基色按不同比例混合来获得彩色的方法就是混色法。一般有相加混色和相减混色两种方法。彩色电视技术中使用的是相加混色法。

将红、绿、蓝三束光投影到白色屏幕上，调节它们的比例，可得到如图 2-2 所示的相加混色效果，即

红＋绿＝黄；红＋蓝＝紫；蓝＋绿＝青；红＋绿＋蓝＝白

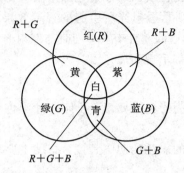

图 2-2　相加混色圆图

如果改变三种基色光的强度比例，几乎可以混合出自然界中所有的颜色。

所谓基色的补色，是指当该基色与某种彩色光进行等量相加时，如果产生的为白光，则称此彩色是该基色的补色。由此可见，黄、青、紫分别为蓝、红、绿的补色，当然也可以认为蓝、红、绿分别为黄、青、紫的补色。实现相加混色有三种不同方式，下面分别给予介绍。

1）空间混色法

当将三种基色光分别投射到同一表面相邻近的三个点上时，由于人眼的彩色分辨力较差，因此只要这三个点的距离足够近，人眼就分辨不清是由三个基色小点构成的，而感觉到的则是三种基色的混合色，这就是空间混色法。空间混色法是现代彩色电视同时制传送的基础，也是制造彩色显像管荧光屏所依据的理论基础。

2）时间混色法

当将三种基色光按一定顺序快速轮换地投射到同一位置时，如果轮换的速度足够快，则由于人眼视觉的暂留效应，人眼所感觉到的将是三种基色光的混合色，这就是时间混色法。时间混色法为彩色电视的顺序制传送奠定了理论基础。

3）生理混色法

当两只眼睛分别看两个不同彩色的景物时，也会产生混色观觉，这便是生理混色法。

彩色电视图像的传输与重现就是利用空间混色和时间混色来实现的，前者用于同时制电视系统，后者用于顺序制电视系统。

3. 亮度方程

显像三基色要混合成白光，所需光通量之比是由所选用的标准白光和所选三基色的不同而决定的。目前彩色电视中，NTSC 制显像三基色荧光粉配制光通量为 1 lm（流明）的白光的方程式为

$$Y = 0.299R + 0.587G + 0.114B$$

由于彩色电视制式不同，因此所规定的标准白光和选择的显像三基色荧光粉也不一样。PAL 制的亮度方程为

$$Y=0.222R+0.707G+0.071B$$

但因 NTSC 制使用较早，故 PAL 制中没有采用它本身的亮度方程，而是沿用了 NTSC 制的亮度方程。实践表明，由此引起的图像亮度误差很小，完全能满足视觉对亮度误差的要求。

亮度方程通常近似写成：

$$Y=0.30R+0.59G+0.11B$$

亮度方程中，0.30、0.59、0.11 分别是 R、G、B 的可见度系数。这表明三基色光在组成亮度中的作用是不同的，绿光最大，占 59％，蓝光最小，占 11％，这是由于人眼对三基色的亮度感不同引起的。

当 $R=G=B=1$ 时，为白光；当 R、G、B 取不同的值时，可以配出各种不同的颜色，以及饱和度不同但色调不变的颜色。

在彩色电视信号传输过程中，亮度信号和三基色信号以电压的形式来代表，亮度方程可改写成电压的形式，即

$$U_Y=0.30U_R+0.59U_G+0.11U_B$$

这里，U_Y、U_R、U_G、U_B 各代表亮度信号、红信号、绿信号和蓝信号的电压且分别独立，已知任意三种，可通过加、减法矩阵电路来合成第四种。

2.2　彩色电视机的兼容技术

所谓兼容，是指黑白与彩色电视机可以相互接收对方电视台的信号。

1. 兼容的必备条件

由于彩色电视是在黑白电视技术的基础上发展起来的，因此，要实现彩色与黑白电视兼容，彩色电视应满足以下基本条件：

(1) 所传送的电视信号中应有亮度信号和色度信号两部分。亮度信号包含了彩色图像的全部亮度信息，当黑白电视机收到该信号后能重现黑白图像。色度信号包含了彩色图像的色调与色饱和度信息，当彩色电视机收到亮度信号和色度信号后可重现彩色图像。

(2) 彩色电视信号通道的频率特性应与黑白电视通道的频率特性基本一致，而且应该有相同的频带宽度、图像载频和伴音载频。

(3) 彩色电视与黑白电视应有相同的扫描方式及扫描频率、相同的辅助信号及参数。

(4) 应尽可能地减小黑白电视机收看彩色节目时的彩色干扰，以及彩色电视中色度信号对亮度信号的干扰。

2. 兼容制彩色电视发送的信号

兼容制彩色电视发送的图像信号是一个亮度信号和两个色差信号。兼容的条件之一就是要求彩色全电视信号和黑白电视信号都同样占有 6 MHz 的带宽。这就是说，对彩色电视来说，一般不直接传送三个基色信号。因为单从占用频带来看，为了保证图像清晰度，每一基色信号带宽应与黑白图像信号相同，则三个基色所占频带总和为 18 MHz，因此，为了达到兼容目的，彩色电视中最好直接含有仅代表亮度信息而不含色度信息的亮度信号，然后再选择两种基色信号。

对于彩色电视机而言，可将亮度信号与被选的两种基色信号组合获得三基色信号送至彩色显像管。例如，选用 U_Y、U_R、U_B 三种信号，U_G 是可以通过亮度方程和已知二基色信号的值解得的。但这样做有个很大的缺点，即亮度信号 U_Y 已经代表了被传送彩色光的全部亮度，而 U_R、U_B 本身也含有亮度，这显然是多余的，且在传输过程中易干扰 U_Y 信号。为了克服这一缺点，一般不选基色本身作为色度信号，而是对基色信号进行编码，从基色信号中减去亮度信号，编码后的信号称为色差信号，如 U_{R-Y}、U_{B-Y}、U_{G-Y}。

1）彩色图像的分解与三基色信号

为了传送彩色图像，必须用摄像机将所摄景物分解成红、绿、蓝三基色，并转换成电信号，如图 2-3 所示。

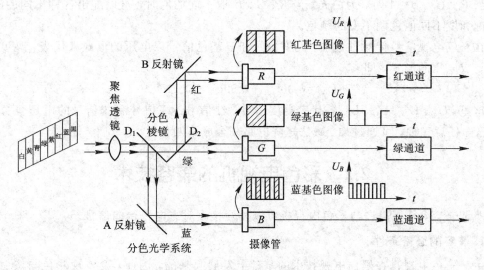

图 2-3　彩色图像的分解与转换

2）亮度信号

为了实现兼容，彩色电视广播必须传送一个亮度信号。亮度信号是依据亮度公式由三基色电信号通过矩阵电路产生的，如图 2-4 所示。

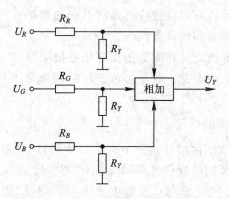

图 2-4　亮度信号矩阵电路图

只要合理选取 R_Y 与 R_R、R_G、R_B 的比值，就可得到亮度信号 U_Y。摄像机将如图 2-5（a）所示的彩条信号转换成如图 2-5（b）所示的 R、G、B 电信号。亮度信号的带宽为

$0 \sim 6$ MHz，其电压波形如图 $2-5$(c)所示。

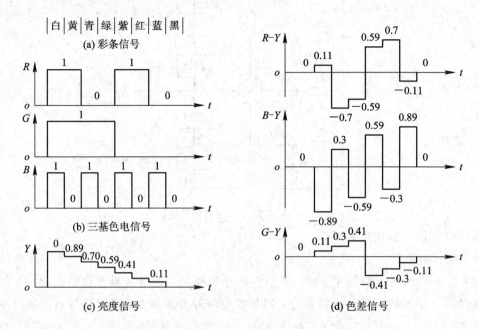

图 $2-5$　100％幅度、100％饱和度彩条信号

3）色差信号

色差信号就是用基色信号减去亮度信号，其电压波形如图 $2-4$(d)所示。

由亮度方程

$$U_Y = 0.3U_R + 0.59U_G + 0.11U_B \tag{2.1}$$

可得

$$U_{R-Y} = U_R - U_Y = U_R - (0.30U_R + 0.59U_G + 0.11U_B)$$
$$= 0.70\ U_R - 0.59U_G - 0.11U_B \tag{2.2}$$
$$U_{G-Y} = 0.41U_G - 0.30\ U_R - 0.11U_B \tag{2.3}$$
$$U_{B-Y} = 0.89U_B - 0.30\ U_R - 0.59U_G \tag{2.4}$$

兼容制彩色电视传送的代表色度信息是 U_{R-Y}、U_{B-Y} 两个色差信号，而不是 U_R、U_G、U_B 三基色信号。因为三基色信号的大小决定彩色的亮度，三基色的比例决定彩色的色度，所以三基色信号中既包含了彩色的亮度信息又包含了彩色的色度信息。根据兼容的要求，必须传送一个亮度信号，而它已经包含了彩色图像的全部亮度信息。如果再传送基色信号，就会造成亮度信息的重复传送。再就是采用色差信号传送方式，当传送黑白信号时，因 $U_R = U_G = U_B = U_Y$，而色差信号为零，这时不存在色度信号对亮度信号的干扰，所以不传送基色信号而传送色差信号。那么，为什么只传送 U_{R-Y} 和 U_{B-Y}，而不传送 U_{G-Y} 呢？这是因为，三个色差信号并不是完全独立的，只要传送其中的两个即可。又由于 U_{G-Y} 信号数值较小，作为传输信号对改善信杂比不利。若传输另外两个色差信号，则在终端只要用简单的电阻矩阵就能恢复出 U_{G-Y} 信号。所以，通常选用 U_Y、U_{R-Y}、U_{B-Y} 作为传输信号，如图 $2-6$所示。其中，U_Y 仅代表亮度信息，U_{R-Y}、U_{B-Y} 代表色度信息。显然，这给兼容电视提供了方便与可能。

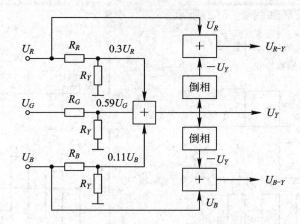

图 2-6 亮度信号和色差信号的产生

传送色差信号的优点如下：

(1) 兼容效果好。

(2) 能够实现恒定的亮度原理。所谓恒定亮度原理，是指被摄景物的亮度，在传输系统是线性的这一前提下均应保持恒定，即与色差信号失真与否无关，只与亮度信号本身的大小有关。

(3) 有利于高频混合。选用色差信号是有利于高频混合的。为了在接收端能够得到带宽为 6 MHz 的三个基色信号，只要将窄带的色差信号混入一个 6 MHz 全带宽的亮度信号就可以达到混合高频的目的。用亮度信号中的高频分量代替基色信号中未被传送的高频分量。接收端由矩阵电路把收到的 U_{R-Y} 和 U_{B-Y} 按式(2.3)恢复出 U_{G-Y}，再以矩阵电路使之分别与 U_Y 信号相加，从而恢复出三基色，即

$$U_{R-Y} + U_Y = U_R \tag{2.5}$$

$$U_{B-Y} + U_Y = U_B \tag{2.6}$$

$$U_{G-Y} + U_Y = U_G \tag{2.7}$$

在传送黑白电视信号时，因色度信号为零，故 U_R、U_G、U_B 应相等。设 $U_R = U_G = U_B = E_X$，则利用亮度方程可求得

$$U_Y = 0.3E_X + 0.59E_X + 0.11E_X = E_X \tag{2.8}$$

$$U_R - U_Y = E_X - E_X = 0 \tag{2.9}$$

$$U_B - U_Y = E_X - E_X = 0 \tag{2.10}$$

这就说明，对于黑白电视信号，反映色调与饱和度(即色度)的色差信号为零，且亮度 U_Y 的电压值与三个基色电压值相等，即

$$U_Y = U_R = U_G = U_B$$

3. 频带压缩与频谱间置

为了实现兼容，彩色电视台既要传送一个亮度信号，又要传送两个色差信号，而占有的带宽又不能超过黑白电视所规定的 0~6 MHz 范围。这个问题要分两步来解决：一是压缩色差信号的频带宽度，二是频谱间置。

1) 色差信号频带的压缩

经实验证明，人眼对彩色细节的分辨能力要比对黑白亮度的分辨能力低。根据这一特性，在传送亮度信号和色差信号的时候，就可以区别对待。

我们知道，黑白电视图像信号是由 $0\sim6$ MHz 频带内不同频率的分量组成的，其中高频分量将重现图像的轮廓和细节，低频分量将重现大画积的明暗变化。这样，可按兼容的要求，用 $0\sim6$ MHz 频带来传送亮度信号，重现图像的细节和轮廓；色差信号只传送其中的低频分量，以保证图像的大面积着色。我国规定，亮度信号的频带宽度为 $0\sim6$ MHz，色差信号的频带宽度为 $0\sim1.3$ MHz。

由亮度矩阵和色差矩阵形成的亮度信号和色差信号的频带宽度都是 $0\sim6$ MHz。为了获得 $0\sim1.3$ MHz 的色差信号，需要用两个低通滤波器将色差信号的高频分量滤除，如图 2-7 所示。

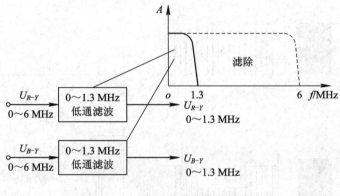

图 2-7　色差信号频带的压缩

2) 频谱间置

(1) 亮度信号的频谱。

所谓频谱，就是信号能量按频率排列的图形。

当传送上半屏为白、下半屏为黑的静止图像时，它的信号波形为按场频变化的矩形脉冲波。矩形脉冲波可用频率等于它的 1，3，5，… 奇次倍的正弦波来合成，这些正弦波称为谐波。也就是说，矩形脉冲波含有 1，3，5，… 奇次谐波。所以，该静止图像的频谱以场频 f_V(50 Hz) 为基波频率，它的频谱包含 f_V，$3f_V$，$5f_V$，…，nf_V 谱线，如图 2-8(a) 所示。

如果传送左半屏为白、右半屏为黑的静止图像，则它的信号波形为按行频变化的矩形脉冲波。其信号波形和频谱与图 2-8(a) 相似，但频谱的基波频率等于行频 f_H(15 625 Hz)，含有 f_H，$3f_H$，$5f_H$，…，nf_H 谱线，如图 2-8(b) 所示。

如果传送的图像在垂直方向上和水平方向上都有变化(如图 2-8(c) 所示)，则其频谱是在图 2-8(b) 频谱的基础上(即各行频谱线的左右)对称地分布着场频频谱线。这些行频谱线称为主谱线。

实际上，图像的变化是任意的。但由于图像信号是摄像管按行频、场频规律扫描而取得的，因此它是上述简单分布的组合。图 2-9 是复杂的活动图像的频谱。它是以行频和它的各次谐波为主谱线，场频及其谐波对称地分布在它两侧的离散频谱群。在 0～6 MHz 范围内，共有 384 条主谱线。

可见，亮度信号虽然占据了 0～6 MHz 带宽，但并没有占满，在各主谱线之间存在大量空隙，而且频率越高，空隙越大。

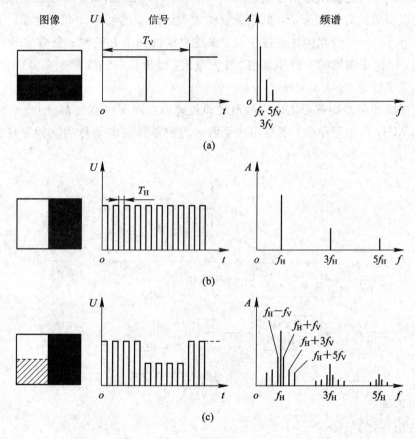

图 2－8　典型图像信号及其频谱图

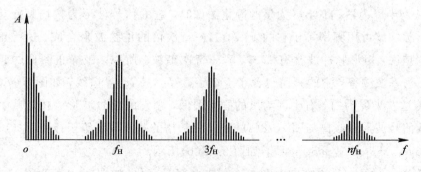

图 2－9　活动图像信号的频谱图

（2）频谱间置。

色差信号与亮度信号具有相同的频谱结构，如图 2－10（a）、(b)所示，只是色差信号频带为 0～1.3 MHz，有 83 条主谱线。

既然亮度信号和色差信号主谱线之间都有较大的空隙，就可以把色差信号的频谱平移，插到亮度信号频谱空隙中。为此，要选择一个较高频率的载波，称为色副载波 f_{SC}。用色差信号对 f_{SC} 进行调幅，形成的调幅波主谱线为 $f_{SC} \pm f_H$，$f_{SC} \pm 2f_H$，$f_{SC} \pm 3f_H$，…。频谱结构如图 2-10 所示。这样，再把亮度信号和调幅后的色差信号相加，色差信号正好插在亮度信号频谱空隙中，这叫做频谱间置（或频谱交替），如图 2-10 所示。

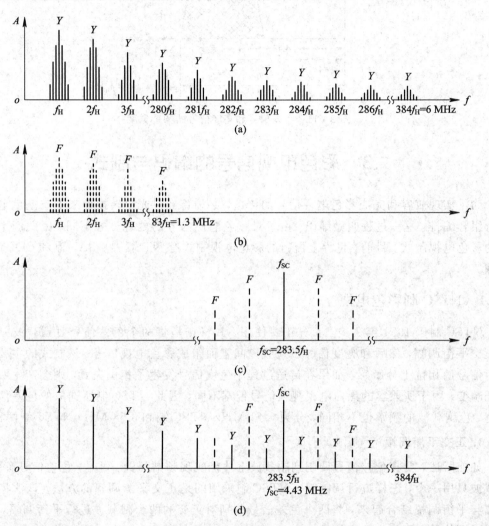

图 2-10　频谱间置示意图

为了使色差信号和亮度信号的频谱错开，NTSC 制选择的副载波频率为半行频的奇数倍，称半行频间置，即

$$f_{SC} = (2n-1)\frac{f_H}{2}$$

式中，n 为自然数，取 284。

NTSC 制选择的副载波频率是

$$f_{SC} = 283.5f_H = 4.429\,687\,5 \text{ MHz} \approx 4.43 \text{ MHz}$$

调幅后的色度信号的频率范围是 4.43 ± 1.3 MHz。它在亮度信号频带中所占的位置如图 2-11 所示。

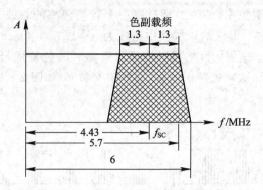

图 2-11　色差信号和亮度信号的频带宽度

2.3　彩色电视信号的编码与制式

为了实现兼容和完成彩色电视信号的传送,必须将经过光电转换而来的三基色电信号进行组合编排,这一过程叫做编码。由于对彩色电视信号的处理方式不同,因此产生了不同的彩色电视制式。目前,世界上流行的彩色电视制式有 NTSC 制、PAL 制和 SECAM 制三种。

2.3.1　NTSC 制彩色电视

NTSC 制于 1954 年在美国首先正式使用。其特点是将两个色差信号对副载波频率进行正交平衡调幅,然后和亮度信号进行频谱间置而组成彩色电视信号。该制式的主要缺点是对信号的相位十分敏感,如果在传送过程中色度信号发生了相位失真,则会产生明显的色调畸变。由于所兼容的黑白电视视频信号带宽不同,因此 NTSC 制所选取的色差信号的带宽、色副载波的频率也不相同,分为 4.43 MHz NTSC 制和 3.58 MHz NTSC 制两种。

1. 正交平衡调幅

如前所述,要将色差信号调制到副载波上才能实现频谱间置。可是,色差信号有两个,副载波只用一个,怎样进行调制呢? NTSC 制采用的是正交平衡调幅的方法。该法将正交调幅与平衡调幅结合起来,将两个色差信号分别对正交的两个副载波进行平衡调幅,由此得到已调信号,称其为色度信号。

1) 平衡调幅

所谓平衡调幅,是指抑制载波的一种调制方式。它与普通调幅不同之处在于:平衡调幅不输出载波。

设调制信号为 $u_{\mathrm{m}} = U_{\mathrm{m}}\cos\Omega t$,载波信号为 $u_{\mathrm{s}} = U_{\mathrm{s}}\cos\omega t$,则调幅后形成的一般调幅波为

$$
\begin{aligned}
u &= (U_{\mathrm{s}} + U_{\mathrm{m}})\cos\omega t \\
&= (U_{\mathrm{s}} + U_{\mathrm{m}}\cos\Omega t)\cos\omega t \\
&= U_{\mathrm{s}}\cos\omega t + U_{\mathrm{m}}\cos\Omega t\cos\omega t
\end{aligned}
\tag{2.11}
$$

或

$$u = U_s \cos\omega t + \frac{1}{2}U_m\cos(\omega+\Omega)t + \frac{1}{2}U_m\cos(\omega-\Omega)t \qquad (2.12)$$

式(2-12)说明，普通调幅波的频谱是由载频 ω 和两个边频 $\omega+\Omega$、$\omega-\Omega$ 三个分量组成的，其频谱如图 2-12(a)所示。

平衡调幅波抑制载波分量，使得平衡调幅波中没有 $U_s\cos\omega t$ 这一项，因而它的表达式为

$$u' = U_m\cos\Omega t\cos\omega t \qquad (2.13)$$

或

$$u' = \frac{1}{2}U_m\cos(\omega+\Omega)t + \frac{1}{2}U_m\cos(\omega-\Omega)t \qquad (2.14)$$

其频谱如图 2-12(b)所示。

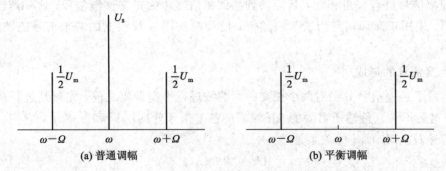

图 2-12　调幅波频谱

色差信号采用平衡调幅的方式，可以减小色副载波对亮度信号的干扰。图 2-13 所示为调制信号是正弦波的平衡调幅波波形图。

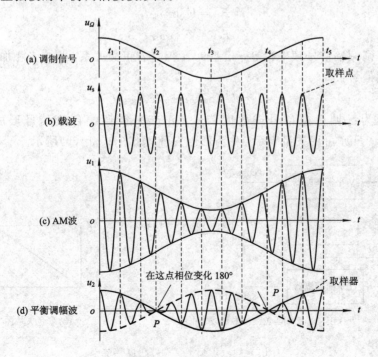

图 2-13　调幅波波形

由图 2-13 可以看出平衡调幅波具有如下特点：

（1）平衡调幅波的幅度取决于调制信号的幅度，而与载波的幅度无关。当调制信号为零时，平衡调幅波的幅度也为零。

（2）平衡调幅波的相位由调制信号和载波共同决定。当调制信号为正值时，平衡调幅波与载波同相；当调制信号为负值时，平衡调幅波与载波反相。

（3）平衡调幅波的包络不再是原来的调制信号，因而不能用普通的包络检波器检出原来的调制信号。必须使用同步检波器才能解调出原调制信号。

2）正交调幅

将两个调制信号分别对频率相等、相位相差 90° 的两个正交载波进行调幅，然后再将这两个调幅信号进行矢量相加，从而得到的调幅信号称为正交调幅信号，这一调制方式称正交调幅。采用正交调幅是为了节约频带，使调制在同一载频上的两个信号能彼此独立，串扰最小。

2. 色度信号的形成

在将两个色差信号分别对两个正交的副载波进行平衡调幅之前，先对其进行适当的幅度压缩，这是不失真传输所需要的。压缩后的色差信号分别用 U 和 V 表示，它们与压缩前的色差信号 U_{R-Y} 和 U_{B-Y} 的关系是

$$U = 0.493U_{R-Y} \tag{2.15}$$

$$V = 0.877U_{B-Y} \tag{2.16}$$

式中，0.493 和 0.877 称为色差信号的压缩系数。压缩后的色差信号分别对两个正交副载波 $\sin\omega_{SC}t$ 和 $\cos\omega_{SC}t$ 进行平衡调幅，从而得到两个平衡调幅信号：

$$F_U = U\sin\omega_{SC}t \tag{2.17}$$

$$F_V = V\cos\omega_{SC}t \tag{2.18}$$

这两个平衡调幅信号频率相等，相差 90°，保持着正交关系，将二者相加便得到正交平衡调幅的色度信号：

$$F = U\sin\omega_{SC}t + V\cos\omega_{SC}t \tag{2.19}$$

F 常被称为已调色差信号或色度信号。正交平衡调幅色度信号形成方框图如图 2-14(a)所示。F 亦可用矢量表示，称为彩色矢量，如图 2-14(b)所示。

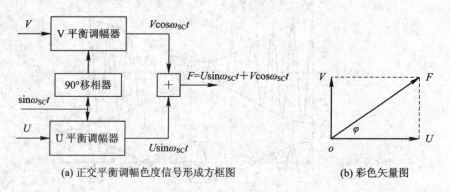

(a) 正交平衡调幅色度信号形成方框图　　　　　　(b) 彩色矢量图

图 2-14　正交平衡调幅色度信号

由图 2-14(b)可见，色度信号的振幅和相角分别为

$$F_\mathrm{m} = \sqrt{U^2 + V^2}$$

$$\varphi = \arctan \frac{V}{U}$$

色度信号的振幅 F_m 由两个色差信号的大小来确定，它决定了色饱和度；色度信号的相角 φ 由两个色差信号的比值来确定，它决定了彩色的色调。

3. NTSC 制彩色全电视信号

彩色全电视信号由亮度信号、色度信号、行场同步信号和行场消隐信号以及色同步信号组成。图 2 - 15 给出了彩色全电视信号的波形。

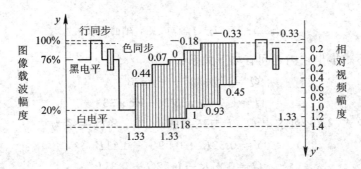

图 2 - 15　彩色全电视信号的波形

彩色全电视信号中的行场同步和行场消隐信号与黑白电视信号中的一样，下面仅对色同步信号进行说明。

色同步信号位于行同步后肩消隐电平上，与行同步脉冲前沿相隔 (5.6 ± 0.1) μs，它由 9~11 个副载波周期构成，持续时间为 (2.25 ± 0.23) μs，其峰-峰值与行同步脉冲幅度相同，如图 2 - 16 所示。

NTSC 制色同步信号的初相位是 $180°$。

色同步信号携带着发射端被抑制掉的副载波的频率和相位信息，在接收机中利用它控制副载波振荡器，使其恢复的副载波与发送端同频同相，以实现对 U、V 信号的同步检波。

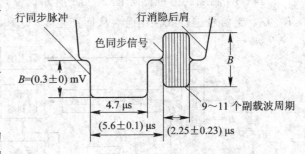

图 2 - 16　色同步信号的波形

4. NTSC 制的色差信号及编码过程

NTSC 制是世界上第一个用于彩色电视广播，并在商业上取得成功的彩色电视制式。这一制式是正交平衡调制之前，将被压缩的色差信号 U、V 又进行了一定的变换，从而产生了 I、Q 信号，这样做可对色差信号的频带进行进一步的压缩。

视觉特性研究表明，人眼对红、黄之间颜色的分辨力最强，而对蓝、紫之间颜色的分辨力最弱。在色度图中以 I 轴表示人眼最为敏感的色轴，而以与之垂直的 Q 轴表示最不敏感的色轴。这样，倘若采用坐标变换，将 U、V 信号变换为 I、Q 信号，就可对 I 所对应的色度信号采用较宽的带宽（不对称边带：$+0.5$ MHz、-1.5 MHz），而对 Q 信号对应的色度信号则只采用很窄的带宽（± 0.5 MHz）来进行传输，这就是进行这一变换的目的。

定量地说，I、Q 正交轴与 U、V 正交轴有 33°夹角的关系，如图 2-17 所示。

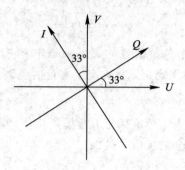

图 2-17 I、Q 轴与 U、V 轴的关系

通过几何关系不难推出它们之间有如下关系：

$$\begin{cases} Q = U\cos33° + V\sin33° \\ I = U(-\sin33°) + V\cos33° \end{cases} \tag{2.20}$$

利用亮度方程及式(2.20)可求出 Q、I 与三基色 R、G、B 的关系为

$$\begin{cases} Y = 0.30R + 0.59G + 0.11B \\ Q = 0.21R - 0.52G + 0.31B \\ I = 0.60R - 0.28G - 0.32B \end{cases} \tag{2.21}$$

5. NTSC 制的编码器

NTSC 制编码方框图如图 2-18 所示。编码器中，矩阵电路按式(2.20)、式(2.21)对 R、G、B 信号进行线性组合，从而产生 I、Q 和 Y 信号。

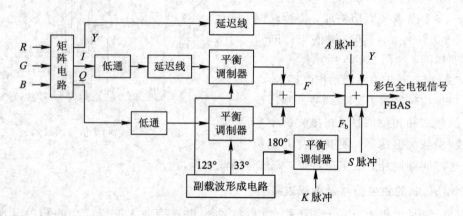

图 2-18 NTSC 制编码方框图

副载波形成电路分别输出相位为 33°、123°、180°的三个副载波，供 Q 调制器、I 调制器和色同步平衡调制器之用。色同步平衡调制器的调制信号为 K 脉冲，已调波为色同步信号 F_b。I 路和 Q 路平衡调制器输出相加得到色度信号 F。最后将 Y、F、F_b 及复合同步信号 S 脉冲和复合消隐信号 A 脉冲相加，组成彩色全电视信号输出，用于对图像载波进行调制。

6. NTSC 制的主要性能

(1) 现有的三种兼容制彩色电视制式中，NTSC 制色度信号组成方式最为简单，因而

解码电路也最为简单，易于集成化，特别是在许多场合需要对电视信号进行各种处理，因此 NTSC 制在实现各种处理时比较简单。

（2）NTSC 制中采用 1/2 行间置，使亮度信号与色度信号频谱以最大间距错开，亮度串色影响因之减小，故兼容性好。

（3）NTSC 制色度信号每行都以同一方式传送，与 PAL 制和 SECAM 制相比，不存在影响图像质量的行顺序效应。

（4）采用 NTSC 制的一个最严重的问题是存在相位敏感性，即存在色度信号的相位失真对重现彩色图像的色调的影响。

2.3.2　PAL 制彩色电视

PAL 制即逐行倒相制，由德国的研究人员研制成功，并于 1967 年正式投入使用。它是针对 NTSC 制相位误差敏感的缺点而提出的。它是 NTSC 制的一种改进形式，实质是逐行倒相的正交平衡调幅制。PAL 制虽然也是把两个色差信号进行正交平衡调幅，但红色差信号采取了逐行倒相的调制方式。该制式有效地克服了由于色度信号相位失真而引起的色调畸变，但接收机彩色解码电路较为复杂。

1. 逐行倒相

PAL 制的色度信号也是由 F_V 和 F_U 两个分量合成的。逐行倒相是指色度信号中的 F_V 分量逐行倒相。它发送的色度信号如第 n 行不倒相，$F = F_V + F_U$；第 $n+1$ 行倒相，$F = F_V - F_U$；第 $n+2$ 行又不倒相，$F = F_V + F_U$；以此类推，于是，PAL 制色度信号的表达式为

$$F = F_U \pm F_V = U\sin\omega_{SC}t \pm V\cos\omega_{SC}t = \sqrt{U^2 + V^2}\sin(\omega_{SC}t \pm \varphi)$$

可以看出，不倒相行的色度信号与 NTSC 制完全相同，把不倒相行称为 N 行，倒相行称为 P 行。

实现逐行倒相的方法很多，比较简单的办法是将副载波逐行倒相，如图 2-19 所示。它与 NTSC 制正交平衡调幅的区别是增加了一个 PAL 开关、一个 90°移相器和一个倒相器。PAL 开关是一个由半行频方波控制的电子开关，它能逐行改变开关的接通点。N 行时方波为正值，使开关接通 1 点，输出 $\cos\omega_{SC}t$ 副载波信号；P 行时方波是负值，使开关接通 2 点，输出 $-\cos\omega_{SC}t$ 副载波信号。这样，V 平衡调幅器就输出了 $\pm\cos\omega_{SC}t$，实现了 F_V 的逐行倒相。

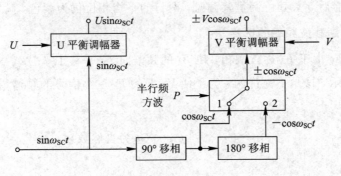

图 2-19　逐行倒相原理图

在接收端，应将 P 行的 $-F_V$ 再倒过来，使其相位还原。

2. PAL 制对色调畸变的校正原理

PAL 制采用逐行倒相方式传送色度信号，是为了补偿 NTSC 制色度信号传输过程中产生相位失真而引起的色调畸变。现结合图 2-20 说明其校正原理。

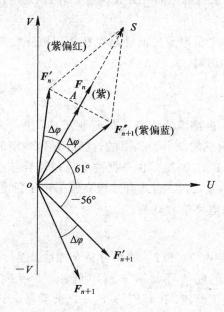

图 2-20 PAL 制对色调畸变的校正原理

设传送相位角 φ 为 61° 的紫色信号，第 n 行不倒相，其矢量为 F_n：第 $n+1$ 行倒相，为 $-61°$，其矢量为 F_{n+1}。假设传输通道使信号发生了超前 5° 的相位失真，即 $\Delta\varphi = 5°$，则接收机接收到第 n 行信号相位角 φ' 是 66°，其矢量用 F'_n 表示；接收第 $n+1$ 行信号时，相位角是 $-61°+5° = -56°$，其矢量用 F'_{n+1} 表示。根据 PAL 制的要求，接收机必须把 F'_{n+1} 倒相，变为 F''_{n+1}，相位角 $\varphi'' = 56°$。这样，相邻两行 F'_n 与 F''_{n+1} 的平均相角 $\bar{\varphi} = (\varphi' + \varphi'')/2 = (66° + 56°)/2 = 61°$，这与原来传送的紫色相位相同，补偿了由于传输通道的附加相移带来的色调失真。

从视觉过程来说，n 行矢量 F'_n 相位超前 5°，呈紫偏红色，$n+1$ 行（倒相行）经接收机倒相后，F''_{n+1} 相位滞后 5°，其色调呈紫偏蓝，两行的平均相位仍为紫色。

3. PAL 制色副载波频率的选择

在 PAL 制中，由于 F_V 逐行倒相，使 F_V 的频谱向 f_{SC} 平移了 $f_H/2$，与 Y 的频谱重叠，如图 2-21(a) 所示，这是不允许的。为了使 Y、F_U、F_V 三个信号的频谱错开，PAL 制采用 1/4 行频间置，即

$$f_{SC} = \left(n - \frac{1}{4}\right)f_H \quad （n \text{ 为自然数}）$$

通常选 $n = 284$。

在 NTSC 制中，亮度信号和色度信号的频谱是以最大间距 $f_H/2$ 错开的，它们之间的

相互干扰小。在 PAL 制中，F_U、F_V 频谱中的主谱线与 Y 信号主谱线间距均为 $f_H/4$，因此色度信号和亮度信号相互干扰较明显。为了减小色度信号对亮度信号干扰的可见度（在黑白电视机上表现为网纹干扰），PAL 制色副载波又增加了一个帧频（25 Hz）的分量。因而有：

$$f_{SC} = 283.75 f_H + 25 = 4.433\ 618\ 75\ \text{MHz} \approx 4.43\ \text{MHz}$$

PAL 的频谱结构如图 2 - 21(b)所示。

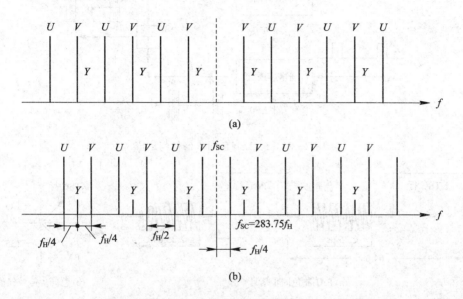

图 2 - 21　PAL 制 f_{SC} 的选择

4. PAL 制色同步信号

PAL 制色同步信号在频率选取、幅度大小及时间位置上与 NTSC 制相同。但是，PAL 制色同步信号不但携带着发射端被抑制掉的副载波的频率和相位信息，为接收机副载波振荡器提供一个频率和相位基准，而且它还携带着色度信号哪是 N 行、哪是 P 行这种行序信息，利用它产生一个识别信号，去控制接收机中的 PAL 开关正确倒相，可以实现对 V 信号的正确解调。

为了携带逐行倒相的行序信息，PAL 制色同步信号的初相位与 NTSC 制不同，它不是固定的 180°，而是逐行摆动，即 N 行为 135°，P 行为 -135°（或 225°）。PAL 制色同步信号的表达式为

$$F_b = \frac{B}{2} \sin(\omega_{SC} \pm 135°)$$

式中，B 为同步信号的峰-峰值。

为了形成逐行摆动的色同步信号，在发射端先产生一个色同步选通脉冲，又称为 K 脉冲。K 脉冲的重复频率为行频，宽度为 $(2.25 \pm 0.23)\,\mu s$，出现在行消隐期间色同步信号出现的时间。将 K 脉冲以一定的极性分别加到两个色差信号中，与色差信号一起送入平衡调幅器。V 信号中加入 $+K$ 脉冲，就可产生色同步信号 V 分量，用 F_{bv} 表示；U 信号中加入

$-K$ 脉冲，则可产生色同步信号 U 分量，用 F_{bU} 表示。两个信号相加可得到相位逐行交变（N 行 $135°$，P 行 $-135°$）的色同步信号 F_b。图 2-22 给出了 PAL 制色同步信号形成框图。图 2-23 是 PAL 制色同步信号图形。

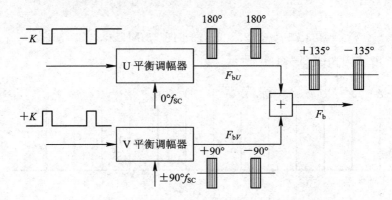

图 2-22　PAL 制色同步信号的形成

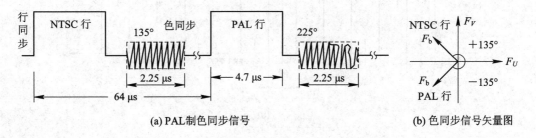

(a) PAL制色同步信号　　　　　　　　　　(b) 色同步信号矢量图

图 2-23　PAL 制色同步信号

5. PAL 制编码器

PAL 制编码器框图如图 2-24 所示。

PAL 制编码器的编码过程简述如下：

（1）将三基色电信号 R、G、B 通过矩阵电路变成一个亮度信号和两个色差信号。

（2）在亮度信号通道，让亮度信号通过一个 4.43 MHz 陷波器，滤除亮度信号中的 4.43 MHz 频率成分，以避免它干扰色度信号。把亮度信号放大后，再与行场同步、行场消隐信号混合。由于色差信号通过低通滤波器后会引起附加延时，为了使亮度信号和色度信号同时到达混合电路，在亮度通道中需加一个延时电路，使信号延时 0.6 μs 左右。

（3）两色差信号经频带和幅度压缩后，得到 V 信号和 U 信号。

（4）V 信号与 $+K$ 脉冲混合后，对副载波 $\pm\cos\omega_{sc}t$ 进行平衡调幅，得到已调信号 $\pm F_V$ 和 V 路色同步信号分量 F_{bV}；U 信号与 $-K$ 脉冲混合后，对副载波 $\sin\omega_{sc}t$ 进行平衡调幅，得到已调信号 F_U 和 U 路色同步信号分量 F_{bU}。这两路信号混合后得到色度信号 F 和色同步信号 F_b（或称 B）。

（5）为了得到 $\pm\cos\omega_{sc}t$ 副载波，需用 $90°$ 移相、$180°$ 倒相和 PAL 开关电路。

（6）色度信号（F）、色同步信号（B）、亮度信号（Y）、行场同步和行场消隐信号（$A+S$）经叠加混合后得到彩色全电视信号 FBAS。

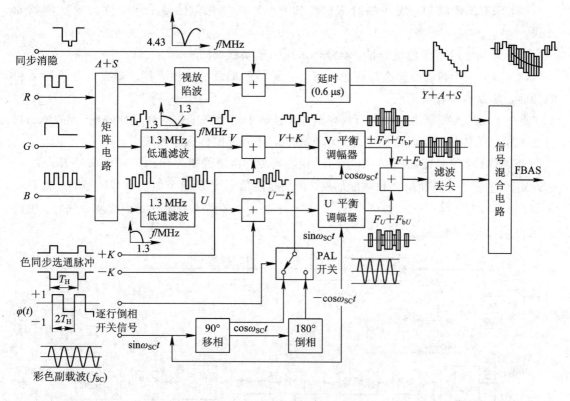

图 2-24 PAL 制编码器框图

6. PAL 制的主要性能特点

根据以上分析,可以对 PAL 制的性能总结如下:

(1) PAL 制克服了 NTSC 制相位敏感的缺点。

(2) PAL 制采用 1/4 行间置再加 25 Hz 确定副载波,有效地实现了亮度信号与色度信号的频谱交错,因而有较好的兼容性。

(3) 由于 NTSC 制为 1/2 行间置,PAL 制为 1/4 行间置,二者相比实现 PAL 信号的亮色分离要比 NTSC 制困难,且分离质量也较差。在要求高质量分离的场合(如制式转换和数字编码等),可采用数字滤波这类较复杂的技术。

(4) 存在行顺序效应,即"百叶窗"效应。产生行顺序效应的内因是色度信号逐行倒相,外因是传输误差或解码电路中的各种误差。上述原因都会引起 F_U 与 $\pm F_V$ 二分量互相串扰,又因串扰也是逐行倒相的,故会造成相邻两行间存在较大亮度差异。

2.3.3 SECAM 制彩色电视

SECAM 制于 1966 年在法国首先使用。它也是为了克服 NTSC 制的相位敏感性而设计的。这种制式将两个色差信号对两个频率不同的副载波进行调频,逐行轮换后插入亮度信号的高频端,形成彩色电视信号。这种制式的接收机的电路较复杂,图像质量也较差。

SECAM 制的主要特点如下:

(1) 在 NTSC 制和 PAL 制中,两个色度信号是同时传送的。

(2) SECAM 制中，发送端对 $R-Y$ 和 $B-Y$ 两个色差信号采用了逐行轮换调频的方式。

(3) 为了传送两个色度分量，就必须采用两个副载波频率。

(4) SECAM 制逐行轮换传送色差信号，使彩色垂直清晰度下降。对有垂直快速运动的画面，其影响将有所反应。

此外，SECAM 制也存在着行顺序效应，且属于行顺序工作的原理性缺陷。而 PAL 制与之不同，只是在存在误差的情况下引起串色，才表现出行顺序效应。

SECAM 制编码器如图 2-25 所示。由图可见，由摄像机输出的三基色信号 R、G、B送入矩阵电路进行线性组合和幅度加权，形成亮度信号 Y 及两个加权色差信号 D_R 和 D_B。其中，$D_R=-1.9(R-Y)$、$D_B=1.5(B-Y)$。D_R 式中的负号表示在对副载波调频时，正的$R-Y$ 将引起负的频偏。

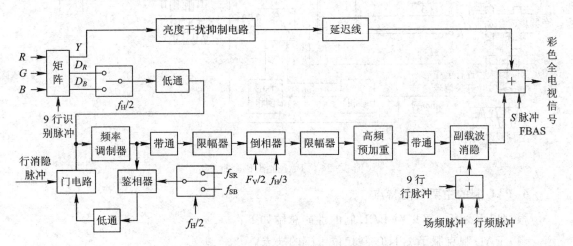

图 2-25　SECAM 制编码器方框图

半行频开关逐行选送红色差信号和蓝色差信号，并经低通滤波器将频带限制在1.5 MHz 范围。其输出送至频率调制器。频率调制器是一个锁相环路，通过半行频开关和由行消隐脉冲控制的门电路，逐行轮流与 f_{SR} 和 f_{SB} 两个基准副载频在行消隐期间进行相位比较，从而将副载波的相位锁定在与同步脉冲有确定关系的基准副载波的初始相位上。调制器后接有带通滤波器及限幅器，以消除可能出现的寄生调幅。

调制器输出的副载波信号，通过由半场频脉冲和 1/3 行频脉冲控制的倒相电路，被逐行倒相及一场内每三行第三行倒相，使干扰光点的可见度降低。然后，再用限幅器清除因倒相电路不对称而可能产生的副载波振幅变化。副载波经限幅后又会产生许多谐波，故还必须再用一带通滤波器将谐波滤除。最后，通过由行频、场频脉冲以及与传送识别信号相对应的 9 行行频脉冲控制的副载波消隐电路，由其在行同步脉冲期间和场消隐脉冲期间（除传送识别信号的 9 行外）将副载波消除，以免干扰接收机扫描电路的正常工作。

在亮度通道中，接有延迟线和亮度干扰抑制电路。后者的功用是抑制亮度信号频谱中与色度信号频带相对应的那一部分频率分量，避免解码器色度通道中出现过大的亮度信号干扰分量，以致影响鉴频器正常工作。

2.3.4　彩色电视系统的多制式

目前世界上的广播电视系统包括三种彩色制式和 14 种黑白制式。按彩电制式分有 PAL、SECAM 和 NTSC 三种；按第二伴音中频信号的频率分有 4.5 MHz（M 制）、5.5 MHz（B/G 制）、6.0 MHz（I 制）和 6.5 MHz（D/K 制）四种；按彩色副载波频率分有 4.43 MHz 和 3.58 MHz 两种；按场频分有 50 Hz 和 60 Hz 两种；按伴音调制式分有调频和调幅两种；按图像调制性分有正极性调制和负极性调制两种。另外，还有一些非标准信号源，如 PAL(60 Hz)、NTSC(4.43 MHz)等。把上述不同的制式组合起来就可得到多种制式。目前常用的广播制式有 PAL 制的 B/G、I、M、N、D/K，SECAM 制的 D/K、K1、L，NTSC 制的 M 等。现在市场上流行的多制式彩色电视机有 28 制式、27 制式、26 制式、18 制式、14 制式、9 制式、2 制式等。实际上，凡是能接收两种以上彩色制式或同一彩色制式有两种以上的黑白广播制式的广播电视接收机均称为多制式彩色电视机。把能接收 PAL - B/G、I、M、D/K，SECAM - D/K、K1、L 和 NTSC - M 等制式的电视广播，以及具有多种视频信号接收功能的彩色电视接收机称为全制式彩色电视机，这种制式也称为世界制式或国际线路。

对于多制式特别是全制式的彩色电视机来说，处理的信号是相当复杂的。总的来说，全制式彩色电视机应具有 PAL、SECAM、NTSC 色度信号的解码能力，要能正确解调 4.5 MHz、5.5 MHz、6.0 MHz 和 6.5 MHz 伴音中频信号；信号通道频率特性应满足各制式的不同要求；扫描电路对 50/60Hz 场频都能稳定地工作。为此，要求多制式彩色电视机能进行制式切换，改变相关电路的工作状态、特性、参数等，以满足每一种制式的特殊要求。

本 章 小 结

1. 光是一定波长范围内的电磁波，波长范围为 380 nm～780 nm。彩色是光作用于人眼而引起的一种视觉反应。不同波长的光射入人眼，将引起不同的彩色感觉。

2. 彩色三要素指亮度、色调、色饱和度，色调与色饱和度合称为色度。

3. 彩色电视以红、绿、蓝为三基色。用三基色可以混合成其他彩色的原理称为三基色原理，其主要内容是：

(1) 自然界的所有彩色几乎都可用三种基色按一定的比例混合而成；反之，任何彩色也可分解为比例不同的三种基色。

(2) 三种基色必须是相互独立的，即任一基色不能由另外两种基色混合而成。

(3) 用三基色混合成的彩色，其色调和色饱和度皆由三基色的比例决定。

(4) 混合色的亮度等于参与混色的基色的亮度的总和。

4. 对兼容制彩色电视的要求是：传送的图像信号应包含亮度信号和色度信号；应保留黑白电视原有的各项制度；应尽量减小色度信号和亮度信号之间的串扰。

5. 兼容制彩色电视发送的图像信号是一个亮度信号(U_Y)和两个色差信号(U_{R-Y}、U_{B-Y})。为了实现兼容，两个色差信号要进行频带压缩和幅度压缩。

6. NTSC 制是正交平衡调幅制。对于 4.43 MHz NTSC 制，亮度信号的带宽为 0～6 MHz，色差信号的带宽为 0～1.3 MHz。色度信号采用半行频间置，即

$$f_{SC} = (2n-1)\frac{f_H}{2} = 283.5 f_H \approx 4.43 \text{ MHz}$$

7. 所谓正交调幅，是指将两个调制信号分别调制在频率相同、相位相差 90°的两个正交载波上，然后按矢量叠加起来的调幅。采用正交调幅是为了节约频带，使调制在同一载频上的两个信号能彼此独立，串扰最小。

8. 所谓平衡调幅，是指抑制掉载波的调幅。色差信号采用平衡调幅的方式，可以减小色副载波对亮度信号的干扰。

9. NTSC 色度信号的表达式为

$$F = F_U + F_V = U\sin\omega_{SC}t + V\cos\omega_{SC}t = \sqrt{U^2 + V^2}\sin(\omega_{SC}t + \varphi)$$

$$F_m = \sqrt{U^2 + V^2}, \quad \varphi = \arctan\frac{V}{U}$$

色度信号的振幅 F_m 决定了色饱和度，初相位 φ 决定了彩色的色调。

10. PAL 制是逐行倒相的正交平衡调幅制。色度信号中的 V 分量逐行倒相，以克服 NTSC 制对相位误差过于敏感的缺点。PAL 制色度信号采用 1/4 行频间置，即为减少副载波光点干扰，附加 25 Hz 偏置，其副载波频率 $f_{SC} = 283.75 f_H + 25 = 4.433\,618\,75$ MHz≈ 4.43 MHz。

11. SECAM 制是将两个色差信号对两个频率不同的副载波进行调频，然后逐行轮换插入亮度信号的高频端，形成彩色电视信号。

12. 彩色全电视信号由亮度信号、色度信号、色同步信号、复合消隐和复合同步信号组成。

13. 色同步信号位于行同步后肩消隐电平上，由 9～11 个副载波周期构成。

14. NTSC 制色同步信号的初相位是 180°，它携带着发射端被抑制掉的副载波的频率和相位信息。

15. PAL 制色同步信号的初相位是：N 行 135°，P 行 −135°（或 225°）。PAL 制色同步信号不但携带着发射端被抑制掉的副载波的频率和相位信息，而且还携带着色度信号哪是 N 行，哪是 P 行这种识别信息。

16. 目前世界上的广播电视系统包括三种彩色制式和 14 种黑白制式。按彩电制式分有 PAL、SECAM 和 NTSC 三种。

思考题与习题

1. 什么是彩色三要素？人眼看到的物体颜色与哪些因素有关？

2. 三基色原理的主要内容是什么？

3. 彩色电视为什么要和黑白电视兼容？兼容制的彩色电视应具有什么特点？如何才能使彩色电视与黑白电视实现兼容？

4. 已知色差信号 $R-Y$ 和 $B-Y$，如何求得 $G-Y$？写出相应的表达式。若已知 $B-Y$ 和 $G-Y$，又如何求得 $R-Y$？推导出求解表达式。

5. 为什么要对色差信号的幅度进行压缩？PAL 制红差和蓝差的压缩系数各为多少？确定这两个压缩系数的依据是什么？

6. 为什么要压缩色差信号的频带？压缩色差信号频带的依据是什么？NTSC 制中将 $R-Y$ 和 $B-Y$ 压缩并变换 I、Q 信号，这与频带压缩有何关系？

7. 什么是频谱交错？PAL 制两个色度分量的频谱与亮度信号的频谱是何关系？如何才能使其亮度谱线与色度谱线相互交错？

8. 什么是正交平衡调幅制？为什么要采用正交平衡调幅制传送色差信号？这样做的优点何在？

9. NTSC 制的主要优点和缺点是什么？PAL 制克服 NTSC 制的主要缺点所采用的方法及原理是什么？

10. PAL 制彩色全电视信号包含哪些信号？这些信号的作用分别是什么？

11. 有了行、场同步信号为什么还要有色同步信号？NTSC 与 PAL 制色同步信号有什么不同？

12. PAL 制色同步信号的作用是什么？说明它的频率、幅度及出现位置。它与色度信号的分离原理是什么？

13. 分别说明 NTSC 制、PAL 制和 SECAM 制三种兼容制彩色电视的主要优缺点。

第 3 章　模拟 CRT 彩色电视技术

学习目标：

(1) 掌握 CRT 彩色电视机的整机组成和工作过程、各部分单元电路的主要作用、整机电路的分析方法和典型故障判断。

(2) 掌握 PAL 制 CRT 彩色电视机的高频调谐器、图像中频通道、伴音通道、色度解码通道、彩色显像管及附属电路、开关型稳压电源等单元电路的作用、组成、特征与工作原理。

能力目标：

(1) 能够正确分析 PAL 制 CRT 彩色电视机各单元电路的工作过程。

(2) 能够正确分析 CRT 彩色电视机典型故障。

3.1　模拟 CRT 彩色电视接收机的组成

模拟 CRT 电视机是以 CRT(Cathode Ray Tube)作为显示器的模拟电视机。我国自从 1958 年开播黑白广播以来，CRT 电视机长期作为主流电视机得到广泛普及并迅速发展成一个庞大的产业。CRT 电视机接收系统已经高度集成化，功能也不断趋于多样化，但由于数字 LCD 电视技术的迅猛发展，CRT 电视机已逐步被取代。但是，模拟彩色电视接收机仍然是学习电视机系统的基础，也是电视技术实训和学习电视机维修的主要机型。

3.1.1　模拟 CRT 彩色电视接收机的组成原理

PAL - D 彩色电视接收机方框图如图 3 - 1 所示。彩色电视机要完成的任务是把接收到的彩色高频电视信号还原成三基色信号，从而通过彩色显像管重现彩色图像。按其功能大致可分为三部分。

1. 通道系统

通道系统包括高频调谐器、中频通道(中频放大器、视频检波器)和伴音通道(伴音中放、鉴频、低放)，主要任务是把接收到的高频信号变频、放大并解调得到彩色全电视信号和音频伴音信号。这部分电路基本上与黑白电视机相同，区别只是某些技术指标(本振频率稳定性和幅频特性的平坦程度)要求更高些。

2. 解码系统

解码系统包括亮度通道(陷波器、延时器、亮度放大器等)、色度通道(带通放大、延时解调、U 同步检波器、V 同步检波器)和色副载波恢复电路。这部分电路是彩色电视机特有的，其中亮度放大器相当于黑白电视机的视频放大器。其任务是将视频检波器送来的彩色全电视信号经过解调处理恢复三基色信号。

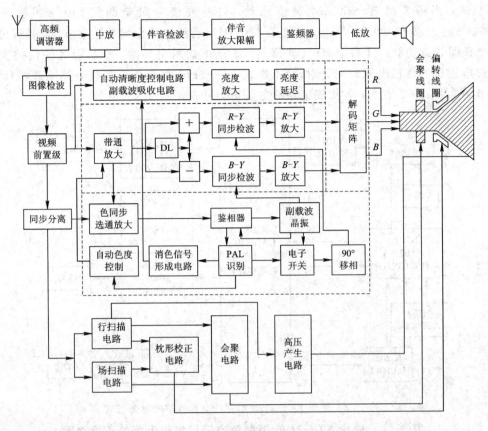

图 3-1　彩色电视接收机方框图

3. 显示系统

　　显示系统包括同步分离电路、场行扫描电路、高压电路和彩色显像管及其附属电路等。同步分离电路和行、场扫描电路与黑白电视机基本相同，但彩色显像管比黑白显像管复杂得多，要求的电压较高，电流较大，功率也大。为了产生正确的颜色，需要会聚系统。为校正扫描光栅的枕形失真，还加入了枕形失真校正电路。

　　以上仅简要地介绍了彩色电视机的组成和各部分的简单作用。至于各部分电路的原理及分析，将在下面的各节分别讨论。

3.1.2　厦华 XT—2196 型彩色电视机的电路组成

　　为了介绍 I²C 彩色电视机的电路及其特点，下面以厦华 XT—2196 型彩色电视机为例，介绍它的整机电路、新型集成电路及信号流程。

1. 厦华 XT—2196 型彩色电视机简介

　　厦华 XT—2196 型彩色电视机是一种采用 I²C 总线控制技术的单片机。整机电路主要采用了三洋公司微处理芯片 LC863324 及以单片式集成电路 LA76810 为大规模小信号处理电路。这是目前较为流行的三洋 I²C 数据总线控制电路，是一款性价比高、性能优越的彩电机芯之一。该机的图像中频放大处理、视频检波、音频信号解调、TV/AV 切换、亮度、色度、行场扫描等处理均由 LA76810 完成。该机具有 PAL 和 NTSC 两种制式的电视信号功能,当需要处理 SECAM 制信号时,只要外接一只免调试 SECAM 解调电路 LA7642 即可;具有 CATV 功能,可接收 470 MHz 有线电视全增补频道节目;具有可存储 100 个预调频道功能;具有中/英文屏幕显示、菜单式用户界面、全功能红外遥控操作功能。该电视机的整机电原理图见附录 1(厦华 XT—2196 型彩色电视机电路原理图),整机电路组成如图 3-2 所示,各集成电路的主要功能见表 3-1。

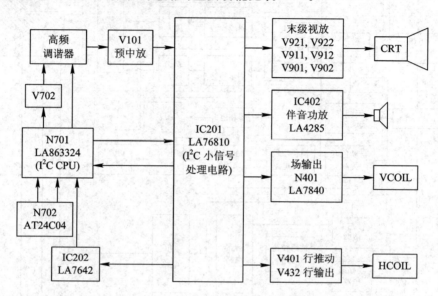

图 3-2　厦华 XT—2196 型彩色电视机整机电路组成

表 3-1　厦华 XT—2196 型彩色电视机集成电路的主要功能

序　号	型　号	主　要　功　能
N701	LC863324	I^2C 数据总线控制 CPU 集成电路
N702	AT24C04	存储集成电路
IC201	LC76810	I^2C 数据总线控制单片小信号处理集成电路
N401	LA7840	场扫描输出集成电路
IC402	LA4285	伴音功放集成电路
IC202	LA7642	免调试 SECAM 解调集成电路
IC501	LC7461M	遥控发射集成电路
N502	L78M12	+12 V 稳压集成电路
N501、N402	L78M05	+5 V 稳压集成电路

下面介绍厦华 XT—2196 型彩色电视机各集成电路。

1) LA76810 简介

LA76810 是日本三洋公司在 LA7688 基础上,进一步加大内部集成度,减小外围元器件,简化生产调试,增加自动化调整,改进了 LA7688 的不足之处而批量生产的超级单片 P/N 多制式彩色电视信号处理大规模集成电路。该集成电路内部包括图像中频放大和解调电路、第二伴音中频放大与解调电路、PAL/NTSC 制色度解码电路和亮度信号处理电路、同步分离及行、场偏转激励信号产生电路、I^2C 接口电路。LA76810 内部结构如图 3-3 所示。表 3-2 列出了 LA76810 引脚功能与电压值。

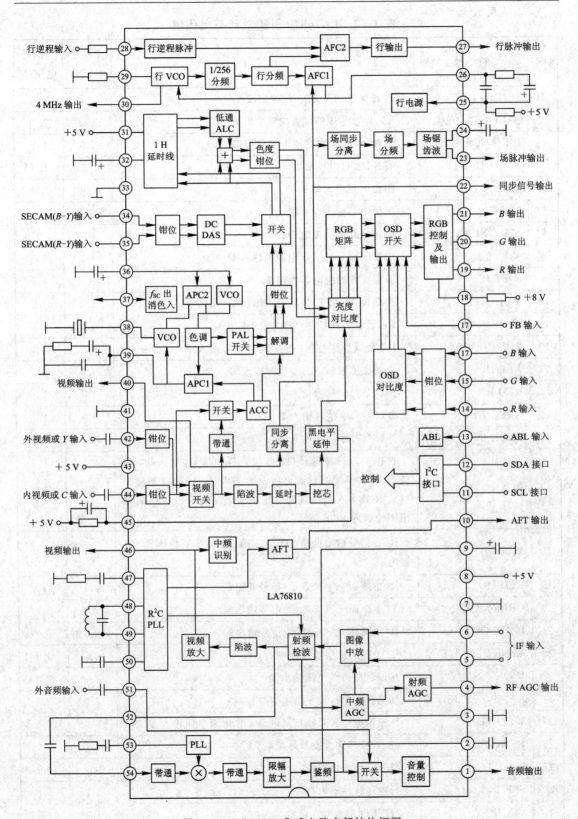

图 3-3　LA76810 集成电路内部结构框图

表 3 – 2　　LA76810 引脚功能与电压值

引脚	符　号	功　　能	无信号 电压/V	有信号 电压/V
1	AUDIO OUT	音频信号(TV 或 AV)输出端	2.5	2.51
2	FM OUT	TV 伴音鉴频外接去加重电容端	2.41	2.41
3	PIF AGC OUT	中频 AGC 检波滤波电容外接端	2.6	0.1
4	RF AGC OUT	高放 AGC 电压输出	1.73	4.16
5	VIF IN1	图像中频输入端 1 端	2.86	2.86
6	VIF IN2	图像中频输入端 2 端	2.86	2.86
7	VIF GND	中频电路公共接地端	0	0
8	VIF V_{cc}	中频电路 5 V 工作电源的输入端	5.0	5.0
9	VIF FIF	调频检波滤波电容外接端	2.5	2.5
10	V_{AFT} OUT	自动频率(AFT)控制电压输出端	2.3	4.6
11	BUS DATA	I^2C 数据总线控制(SCL)输入输出端	4.6	4.6
12	BUS CLOCK	I^2C 数据总线控制(SDA)时钟信号输入端	4.5	4.5
13	ABL IN	自动亮度限制(ABL)检测输入端	4.6	4.6
14	RED IN	外(字符)R 信号输入端	1.0	1.0
15	GREEN IN	外(字符)G 信号输入端	1.0	1.0
16	BLUE IN	外(字符)B 信号输入端	1.0	1.0
17	BLANK IN	快速消隐脉冲信号(RGB 插入控制信号)输入端,阈值电压为 2 V。当该脚电压大于 2 V 时,19～21 脚输出屏显 RGB 信号;当该脚电压小于 2 V 时,19～21 脚输出图像画面 RGB 信号	0	2.7
18	V_{cc} RGB	RGB 信号输出电路电源输入端,内接 8 V 稳压管,外接电阻	8.1	8.1
19	RED OUT	R(主画面＋字符显示)信号输出端	2.5	3.0
20	GREEN OUT	G(主画面＋字符显示)信号输出端	2.5	1.7
21	BLUE OUT	B(主画面＋字符显示)信号输出端	2.5	3.5
22	SYNC SEPOUT	ID 识别同步信号输出端	2.5	1.5
23	V OUT	场偏转锯齿波电压输出端	2.4	2.4
24	RAMP ALC FIL	场锯齿波形成及平滑电容外接端	2.8	2.7
25	V_{cc}(H/D)	行扫描电路及总线接口电路工作电源电压输入端	5.1	5.1
26	HAFC FIL	行 AFC 环路滤波器外接端	2.6	2.6
27	H OUT	行激励脉冲输出端	0.6	0.6
28	FBP IN	行逆程脉冲输入端	1.1	1.1
29	VCOIREF	行 VCO 参考电流设置端	1.6	1.6

引脚	符 号	功 能	无信号电压/V	有信号电压/V
30	CLOCK OUT	4 MHz 时钟信号输出端	1.0	1.0
31	V_{CC}(CCD)	一行基带延时线电路 5 V 电源电压输入端	4.5	4.5
32	CCD FIL	一行延时电路升压端,外接自举电容	8.2	8.2
33	GND	输地端(延时/扫描/总线)	0	0
34	SECAM($B-Y$) IN	SECAM 制解码 $B-Y$ 信号输入端	1.6	1.6
35	SECAM($R-Y$) IN	SECAM 制解码 $R-Y$ 信号输入端	1.6	1.6
36	CAFC2 FIL	色副载波恢复 VCO 环路低通滤波电容外接端	3.8	3.8
37	FSC OUT	SECAM 副载波输出端	2.3	1.1
38	XTAL	4.43 MHz 晶体外接端	2.7	2.7
39	CAFC1 FIL	色副载波恢复 VCO PLL 环路低通滤波器外接端	3.5	3.5
40	SEL VIDEO OUT	选择后视频信号输出端	2.4	2
41	GND(V/C/D)	接地端(视频/色度/偏转)	0	0
42	EXT VIN	外视频或 Y 输入端	2.5	2.5
43	V_{CC}(V/C/D)	电源电压输入端(视频/偏转/色度)	4.9	4.9
44	INT VIDEO IN	内视频或 C 输入端	2.7	2.7
45	BLACK FIL TER	外接黑电平扩展滤波电容	2.3	2
46	VIDEO OUT	视频信号输出端	2.1	3.0
47	FIL FIL	图像中频载波(38 MHz)VCO、PLL 环路滤波器外接端	2.9	3.4
48	VCO COIL	图像中频恢复 VCO 振荡电路外接端之一	4.3	4.3
49	VCO COIN	图像中频恢复 VCO 振荡电路外接端之二	4.3	4.3
50	APC FIL	VCO 滤波器外接端	2.4	1.8
51	EXT AUDIAO IN	外音频输入端	2.2	2.2
52	SIF OUT	第二伴音中频输出端	2.0	2.0
53	SND APC FIL	伴音解调 APC 环路滤波	2.3	2.3
54	SIF IN	第二伴音中频输入端	3.2	3.2

2) CPU 集成电路 LC863324

微处理器 LC863324 是日本三洋公司生产的 LC8633××系列中的一种,LC863324 是 8 bit 48 KB 微处理器,既采用了 I²C 总线控制,也采用了 PWM 控制,其引脚功能与电压值见表 3 - 3。

表 3 - 3　CPU 集成电路 LC863324 各引脚功能与电压值

引脚	符　号	功　　能	电压/V
1	BASS	低音控制	0.6
2	MUTE	静音控制	0
3	SCKO	外接时钟	0
4	SECAM IN	SECAM 识别输入	0
5	PW2	脉宽调制输出	0
6	PW3	脉宽调制输出	0
7	POWER	待机控制	0
8	TUNE	调谐输出	3.3
9	GND	接地端	0
10	XTAL1	晶体振荡器输入端	1.6
11	XTAL2	晶体振荡器输入端	2.6
12	VDD	5 V 电源输入端	5.0
13	KEY IN1	本机键盘控制 1	0
14	AFT IN	AFT 输入端	2.9
15	AGC IN	AGC 输入	5
16	KEY IN2	本机键盘控制 2	0
17	RESET	复位输出端	5.0
18	FILTER	字符振荡滤波电容外接端	2.7
19	OPTIONSEL	接地	0.9
20	V-SYNC	场同步脉冲输入	5
21	H-SYNC	行同步脉冲输入	4.2
22	R	红字符输出端	0
23	G	绿字符输出端	0
24	B	蓝字符输出端	0
25	OSD BLK	字符消隐	0
26	I	字符强度	0
27	ROM DATA	存储器数据端	5
28	ROM CLOCK	存储器时钟端	5
29	SDA	I^2C 总线数据端	4.7
30	SCL	I^2C 总线时钟端	4.6

引脚	符　号	功　　能	电压/V
31	SAFTY	电源短路保护控制端	5
32	S IDENT	S 端子识别	5
33	SD	同步信号输入端(识别信号)	0.8
34	REM IN	遥控脉冲信号输入端	5
35	SIF1	伴音中频切换端	3.7
36	SIF2	伴音中频切换端	0
37	TV/AV	TV/AV 切换控制输出端	4.9
38	AV1/AV2	AV1/AV2 切换控制输出端	0
39	EXT MUTE	外部静音	0
40	BAND3	波段开关(UHF)控制端	5
41	BAND2	波段开关(VHF-H)控制端	5
42	BAND1	波段开关(VHF-L)控制端	5

3) 场输出集成电路 LA7840

LA7840 属 LA784X 系列场输出集成电路之一,是新型数字化电视机专用的场输出集成电路,主要用于中、小屏幕的彩色电视机。该 IC 内部有激励放大、功率输出放大、过热保护等单元电路。其主要作用是对 LA76810 送来的锯齿波电压进行功率放大,为场偏转线圈提供场扫描电流。LA7840 各引脚功能与电压值见表 3-4。

表 3-4　LA7840 场输出集成电路各引脚功能与电压值

引脚	符　号	功　　能	电压/V
1	GND	接地端	0
2	V OUT	场输出级锯齿波电压输出端	14
3	V_{CC}	场输出升压电源输入端	25
4	NON INV INPUT	同相输入端	2.5
5	REVERSE INV INPUT	反相输入端,负反馈引入端	2.5
6	V_{CC}	场电源电压输入端	25
7	PUMP UP OUT	泵电源输出端,外接自举提升电容	2.1

4) 伴音功放集成电路 LA4285

LA4285 为单声道音频功放集成电路,内部为无输出变压器互补推挽式功率放大(OTL)电路。该功放电路仅有 7 个引脚,外围电路简单,工作电压范围较宽,不失真最大输出功率可达 5 W。LA4285 各引脚功能与电压值见表 3-5。

表 3－5　　LA4285 集成电路各引脚功能与电压值

引脚	符　号	功　能	电压/V
1	INT	空	5
2	GND	地	0
3	EXT	伴音信号输入	5
4	SW	外接低电平	0
5	VCL	音量控制脚	1.2
6	VIF FIF	滤波电容外接脚	8
7	NF	反馈脚	8.2
8	GND	地	0
9	OUT	伴音信号输出脚	8.2
10	V_{CC}	电源	18

5）存储集成电路 AT24C04

AT24C04 是只读存储器，它是使用组装 CMOS EEPROM 技术，工作在低电源、低频率的条件下，具有 16 字节页面写模式，内部结构为 $512 \times 8(4 \text{ K})$，由 2 块 256×8 存储器组成。它能接收、存储微处理单元集成电路提供的数据，既可以作发送器（主控），又可以作接收器。一旦微处理单元需要其中存储的数据信号，可以随时写入和读出信息。由于该存储器为非挥发型电可擦除只读存储器，所以即使在切断电源的情况下，数据也可永久保存。它具有以下特点：低电源 CMOS 技术，在待机状态时电流为 $2 \mu A$，在读数据时电流为 1 mA，在写操作时电流为 3 mA。AT24C04 各引脚功能与电压值见表 3-6。

表 3-6　　存储集成电路 AT24C04 各引脚功能与电压值

引脚	符　号	功　能	电压/V
1	A0	地址线 0	0
2	A1	地址线 1	0
3	A2	地址线 2	0
4	GND	接地	0
5	SDA	串行数据入/出	4.5
6	SCL	串行时钟	4.5
7	WP	写保护	0
8	V_{CC}	工作电源	4.9

6）遥控发射集成电路 LC7461

遥控发射集成电路采用 LC7461M，它既可以用于正常使用时，也可以进行 I^2C 总线控制调整。LC7461M 各引脚功能与电压见表 3-7。

表 3 - 7　遥控发射集成电路 LC7461 各引脚功能与电压值

引脚	功　能	未操作时电压/V	操作时电压/V
1	操作键盘扫描信号输入	0	0
2	操作键盘扫描信号输入	0	0
3	操作键盘扫描信号输入	0	0.65
4	操作键盘扫描信号输入	0	0
5	接 3 V 电源	3	3
6	接地	0	0
7	遥控信号输出	0	0
8	3 V 工作电源输入	3	3
9	接 3 V 电源(测试端)	3	3
10	外接晶振元件	0.15	0.15
11	外接晶振元件	2.9	1.5
12	接地	0	0
13	操作键盘扫描信号输出	3	0.7
14	操作键盘扫描信号输出	3	0.7
15	操作键盘扫描信号输出	3	0.7
16	操作键盘扫描信号输出	3	0.7
17	操作键盘扫描信号输出	3	0.7
18	操作键盘扫描信号输出	3	0.7
19	操作键盘扫描信号输出	3	0.7
20	操作键盘扫描信号输出	3	0.7
21	接 3 V 电源	3	3
22	接 3 V 电源	33	3
23	接地	0	0
24	接 3 V 电源	3	3

7) SECAM 解调集成电路 LA7642

LA7642 为免调试 SECAM 解调电路。LA7642 各引脚功能见表 3 - 8。

表 3 - 8　SECAM 解调集成电路 LA7642 各引脚功能与电压值

引脚	符　号	功　能	电压/V
1	FO FIL	外接电容端	3.7
2	KIL FIL	外接电容端	3.7
3	4.43 DC	外接电容端	3.7
4	ID FIL	外接电容端	6.2

引脚	符　号	功　能	电压/V
5	4M DC	外接电容端	5.0
6	R－Y OUT	SECAM 制解码 R－Y 信号输出端	3.8
7	B－Y OUT	SECAM 制解码 B－Y 信号输出端	3.8
8	GND	接地端	0
9	4M IN	4 MHz 时钟信号输入端	3.7
10	FBP	行逆程脉冲输入端	1.2
11	4.43 IN	SECAM 副载波输入端	3.7
12	SYS	接地	0
13	LO	SECAM 识别输出端	0.3
14	V IN	视频信号输入端	3.6
15	V_{cc}	电源端	7.4
16	ADJ	外接电阻端	0.2

2. 厦华 XT—2196 型彩色电视机信号流程

1）高、中频信号处理流程

厦华 XT—2196 型彩色电视机的高、中频信号处理电路由高频调谐器、预中放和 LA76810 的部分电路组成。高、中频信号的信号处理流程如图 3－4 所示（电原理图参考附录 1）。

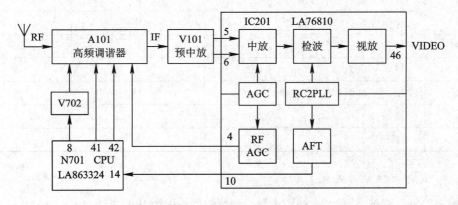

图 3－4　高、中频信号的信号处理流程图

（1）高频调谐电路。从电视天线或有线电视进入的高频电视信号 RF，经调谐器选择出收看的频道并进行放大（以提高接收灵敏度），再经混频电路转变为中频信号 IF，从 IF 端输出，送往预中放电路。

高频调谐器（A101）采用 I^2C 总线控制的 UV1355A 型，波段控制端 BS1、BS2 受 N701 的波段控制端 41 与 42 脚输出电压的控制，在 A101 内部实现三个波段的切换。

CPU 的 8 脚为调谐电压 VT 输出端，输出变化调宽脉冲信号，经 C708 滤波后得到由

5 V 至 0 V 变化的电压，经 V702 反相放大后，经 R716、C710、R717、C711 滤波后得到 0～33 V 的电压，供高频调谐器 VT 端作为调谐电压。110 V 电压经 R101、N105 稳压为 33 V电压，经 R715 作为 V702 的集电极电源。

（2）预中放电路。V101、Z201 和部分阻容件构成预中放电路，它可以补偿声表面波滤 波器的插入损耗，为了简化调试预中放采用阻容耦合放大电路。从 V10 集电极输出的中频 信号经 C104 送至声表面波滤波器 Z201。Z201 可以使中频信号具有应有的幅频特性，并且 进一步提高电视机的选择性。中频信号经过 Z201 后，进入 LA76810 进行中频放大。

（3）中频放大与解调电路。中频信号从 IC201(LA76810) 的中频对称输入端 5 和 6 送 入中频放大电路。经中频 AGC 放大和 PLL 图像解调后得到彩色全电视信号 FBAS，从 IC201 的 46 脚输出经 R225 再进入 IC201 44 脚的视频选择开关。同时，AV 输入状态时的 外视频（VIDEO）信号也从 42 脚进入 IC201 的视频信号选择开关。视频信号选择开关在 12 和 13 脚 I^2C 总线(SDA、SCL)控制下进行 TV/AV 选择后，视频信号送 IC201 的内部解码 电路进一步处理。

2）伴音信号处理流程

厦华 XT—2196 型彩色电视机伴音信号的信号处理流程如图 3-5 所示（电原理图参考 附录 1）。在视频检波时得到的第 2 伴音中频信号从 IC201 的 52 脚输出经 R230、C216、 C258、L201 组成的高通滤波器，滤除视频干扰后进入 IC201 的 54 脚。

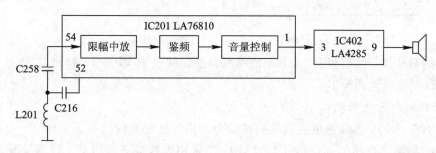

图 3-5　伴音信号处理流程图

第 2 伴音中频信号在 IC201 内经中频放大和鉴频后得到音频信号从 1 脚输出，再经 C237、C431、R227 进入音频功放电路 IC402(LA4285) 的 3 脚。经功率放大后的音频信号 从 LA4285 的 9 脚输出并经 C615 到达扬声器。音量控制在 IC201 内部，用 I^2C 总线控制。

3）视频信号处理流程

厦华 XT—2196 型彩色电视机视频信号的信号处理流程如图 3-6 所示（电原理图参考 附录 1）。IC201(LA76810) 具有 PAL/NTSC 两种彩色制式的解码功能，加上 SECAM 解码 电路还可以构成三种制式的解码电路。本机有 PAL、NTSC 和 SECAM 三种彩色解码 功能。

在 IC201(LA76810) 内部，PAL/NTSC 彩色全电视机信号 FBAS 经 Y/C 分离成亮度 信号 Y 和色度信号 $C(F)$。Y 信号经亮度通道电路进行钳位、降噪、黑电平扩展、对比度控 制等处理后，送到 RGB 基色矩阵电路。C 信号经色度通道电路 PAL 或 NTSC 制的解码处 理电路、色差矩阵电路恢复 $G-Y$ 信号后，$R-Y$、$G-Y$、$B-Y$ 色差信号送到 RGB 矩形电 路。RGB 矩阵电路产生的图像信号送到 RGB 信号选择开关。同时，屏幕显示（OSD）用的

RGB 和快速消隐信号(BLK)从 CPU 的 22、23、24、25 脚输出,分别从 IC201 的 14、15、16、17 脚进入信号选择开关。RGB 信号选择开关在 17 脚快速消隐脉冲的控制下,将字符信息插入图像 RGB 信号中。混合后的信号从 IC201 的 19、20、21 脚送至末级视放电路。末级视放电路采用共射极—共基极复合放大电路,利用共射线放大电路增益高而共基极放大电路高频特性好的特点,保证视频信号有足够的幅度和较宽的频带。末级视放将 RGB 信号进行电压放大后送往显像管 CRT 的三个阴极,激励显像管再现彩色图像。

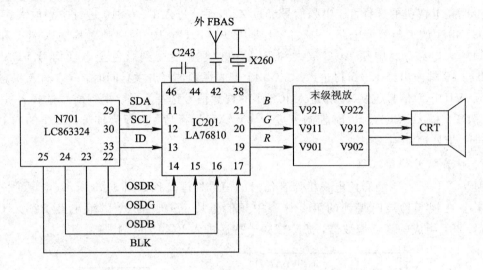

图 3-6　视频信号处理流程图

图像的对比度、色饱和度、亮度、清晰度调整控制受 N701 的 11 脚和 12 脚数据总线控制,所以控制电路极其简单。

4)场扫描信号处理流程

厦华 XT—2196 型彩色电视机场扫描信号的信号处理流程如图 3-7 所示(电原理图参考附录 1)。场输出电路 N401 采用 LA7840,它采用锯齿波激励方式,仅起到功率放大作用,它与 LA76810 内的场前级之间无复杂的交直流反馈,电路简单,输出功率大。场幅度、场线性、场中心、S 校正调整、50 Hz/60 Hz 场频切换与幅度稳定等处理都在 LA76810 内,经 I^2C 总线控制来完成,不需外部调整。

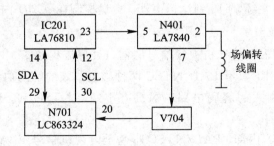

图 3-7　场扫描信号处理流程图

场同步分离从 FBAS 中分离出场同步信号,再用场同步信号触发场分频器,将行频脉冲信号经分频产生场激励锯齿波信号。场激励锯齿波电压从 LA76810 的 23 脚输出,直接耦合到场输出电路 LA7840 的 5 脚,经功率放大后产生场扫描电流从 2 脚输出送场偏转线圈(VERTCOIL)，再经场 S 校正电路 C457 和 R459 到地。场扫描电流通过场偏转线圈产生场偏转磁场，使显像管电子束产生场偏转运动，完成场扫描作用。

另外，LA7840 的 7 脚输出场逆程脉冲，经 V704 倒相、整形后送 N701 即 CPU 的 20 脚，使字符显示与扫描同步。

5) 行扫描信号处理流程

厦华 XT—2196 型彩电电视机行扫描信号的信号处理流程如图 3-8 所示(电原理图参考附录 1)。行频信号由 IC201(LA76810)的行振荡 VCO 电路产生 4 MHz 的振荡，经 1/256 分频后得到，再经两次行 AFC 环路完成同步，同步后的行激励脉冲从 23 脚输出送往行激励电路 V401。行激励脉冲经 V401 放大后经行激励变压器 T431 耦合，送行输出管 V432。T431 为降压变压器，可将行激励级输出的高电压、小电流的行脉冲信号变成低电压、大电流的脉冲信号，使行输出管充分工作于开关状态，提高它的工作效率。在 V432 开关的控制下，行偏转线圈(HORHCOIL)中产生线性的行扫描电流，使显像管电子束进行行扫描运动，完成行扫描作用。

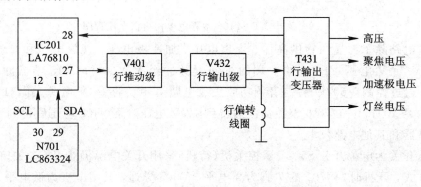

图 3-8 行扫描信号处理流程图

行扫描逆程(回扫)期间，行输出管的集电极产生的 $8V_{CC}$ 逆程电压 U_r 经行输出变压器 T431 变压并整流后为显像管提供高压、聚焦电压、加速极电压和灯丝电压(6.3 V)。VD401 和 C408 为视放电压的整流滤波电路。T432 的 10 脚输出的行逆程脉冲一方面经 R407、R269 送 IC201 的 28 脚，为行 AFC2 环路提供比较脉冲，用于稳定行扫描频率；另一方面经 R735、C722 移相和 V705 倒相后送 N701 的 21 脚，用作字符的行同步脉冲。

附录 1 中的 C402、C403、C406 为行逆程电容器，C421 为行 S 校正电容器，L11 和 L12 为线性补偿电感。

本机的行频、行中心、行幅度、S 校正等调整均通过 I^2C 总线控制进行，不需要在电路上调整。

6) 开关电源电路与供电流程

厦华 XT—2196 型彩色电视机开关型稳定电源电路如附录 1 所示。本机开关电源采用分立元件电路组成，电路简单，工作稳定。

厦华 XT—2196 型彩色电视机供电流程图如图 3-9 所示。本机电源输出 110 V、18 V、5 V、12 V 四组电压。110 V 电压为行推动管 V401、行输出管 V432 和 33 V 调谐电路供电；18 V 电压为伴音功能供电；5 V 为 CPU 的 12 脚供电；12 V 为预中放、AGC、音量控制等分立三极管放大器供电。

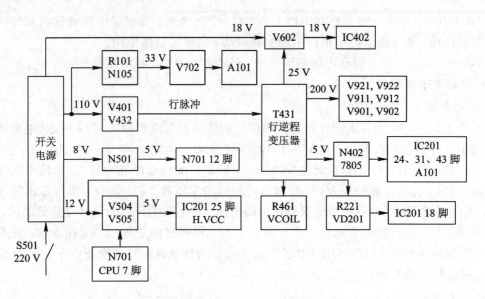

图 3 - 9　厦华 XT—2196 型彩色电视机供电流程图

行扫描电路除了为显像管供高压、聚焦电压、加速极电压、视放电压和灯丝电压外，还提供 25 V、5 V 电压。T431 的 6 端的行逆程脉冲经 VD402 和 C413 整流滤波后得到 25 V 电压，通过控制 V602 去控制音频功放集成电路 IC402 的 18 V 电源。T431 的 5 端的行逆程脉冲经 VD403 和 C416 整流滤波后得到 12 V 电压，经 N402 稳压后得到 5 V 电压，为高频调谐器和其他电路供电。

本机总开关为电源开关 S501。遥控关机(待机)采用开关电源仍然工作，关掉其输出直流电压的方式，开机时，N701 的 7 脚为高电平，V505 导通，其集电极为低电平，则 V504 导通，为 IC201 的 25 脚接通电源，行扫描开始工作，由行扫描供电的其他电路也开始工作。待机时，N701 的 7 脚为低电平，V505 截止，其集电极为高电平，则 V504 也截止，行扫描停止工作，则由行扫描供电的其他电路也停止工作，电视机变为待机状态。

3.2　高 频 调 谐 器

高频调谐器也称高频头，是超外差式电视接收机的一个独立部件，也是电视机信号通道最前面的部分，担负着输入和选择信号的任务。

3.2.1　高频调谐器的基本组成和作用

高频调谐器一般由输入电路、高频放大器、本机振荡器和混频器四部分组成，如图 3 - 10所示。它的工作频率高，会产生电磁辐射，为了避免影响机内其他部分，通常把它装在一只金属盒中屏蔽起来。输入电路、高频放大器、本机振荡器都有各自的 LC 调谐回路，这些回路调谐频率的改变是在频道选择电路的作用下同时进行的。

高频调谐器具有选频、放大和混频的作用。选频就是从天线接收信号中选出要接收的频道信号，而抑制掉邻近频道信号和其他干扰信号；放大就是对选出微弱的高频电视信号进行放大，以满足混频器对信号幅度的要求；混频就是将某一频道的高频电视信号与本频道的本机振荡信号进行混频，变成固定的差频成分，即图像中频 38 MHz、伴音中频 31.5 MHz电视信号。

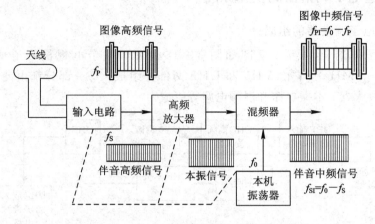

图 3 – 10　高频调谐器幅频特性

3.2.2　电视机对高频调谐器的性能要求

高频调谐器是电视机的最前端，其性能好坏对整机的影响很大。因此，对高频调谐器的性能要求如下：

（1）与天线、馈线及中放电路阻抗匹配要好。

要求天线输入阻抗、馈线特性阻抗与高频调谐器的输入阻抗相等。通常，高频调谐器的输入、输出阻抗均设计为 75 Ω。

（2）具有合适的通频带和良好的选择性。

高频调谐器幅频特性如图 3 – 11 所示。通频带宽度为 8 MHz，特性曲线顶部的不平坦度应小于 10％，这样才能不失真地传输所选择的频道信号。高频调谐器还应对邻近频道干扰、中频干扰、镜像干扰（比本振高一个中频）有较强的抑制能力。

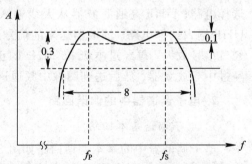

图 3 – 11　高频调谐器幅频特性

（3）具有较高的功率增益和较低的噪声系数。

一般要求高频调谐器的功率增益大于等于 20 dB，以保证接收机灵敏度和信噪比指标。放大器的噪声系数总是大于 1，必定会产生噪声。对含有多级放大电路的电视机应降低输入电路和前级电路的噪声系数，提高前级电路的增益，以改善整机信噪比。

（4）本振频率要稳定。

因中频信号频率＝本振频率－高频信号频率，故本振频率不稳定将导致中频漂移，使接收机的频率特性改变，接收效果变坏，将引起无彩色，甚至收不到图像或伴音。因此，本振频率的偏移控制在 0.05％范围内。

（5）具有较强的自动增益控制能力。

为了适应不同场强情况下的接收，使视频检波后输出信号电平基本保持不变，要求高放电路和中放电路都能进行自动增益控制。

3.2.3　全频道电子调谐器的工作原理

1. 全频道电子调谐器的组成

全频道电子调谐器的组成框图如图 3 - 12 所示，整个电视机频道所占频率很宽（48.5 MHz～958 MHz），它由 VHF 和 UHF 两部分组成，每一部分都由滤波器、输入选择电路、高频放大器、本振电路和混频电路等组成。

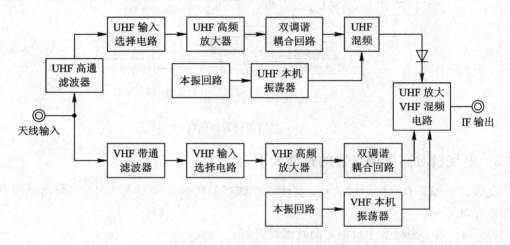

图 3 - 12　全频道电子调谐器的组成框图

VHF 带通滤波器从天线输入的信号中取出 1～12 频道的高频电视信号，送 VHF 输入选择电路；UHF 高通滤波器从天线输入的信号中取出 13 频道以上的高频电视信号，送 UHF 输入选择电路。滤波器送来的信号通过输入选择电路，选择出某一个频道电视信号，经过信号放大，再经过本级 38 MHz 的正弦波信号混频得到中频电视信号，中频电视信号经过中频放大器，然后送到图像中频通道。

2. 电子调谐器中的调谐回路

1）电子调谐基本回路

电子调谐器中的基本调谐回路如图 3-13 所示。谐振回路由电感 L（UHF 频率用传输线）和变容二极管 VD 组成。因为变容二极管的电容值随所加反向电压的增大而减小，所以调节 B_T 的大小（一般在 0～30 V 范围内变化，变容二极管的结电容值在 18 pF～3 pF 范围内变化），即可改变谐振频率。图中 C_1 为隔直电容，R_1 为隔离电阻，R_P 为调谐电位器。

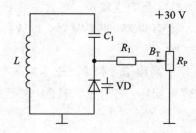

图 3 - 13　电子调谐基本回路电路原理图

2) 频率覆盖与开关二极管

变容二极管的最大容量 $C_{\max}=18$ pF，最小容量 $C_{\min}=3$ pF，其电容变化比 $K_C=C_{\max}/C_{\min}=18/3=6$。而甚高频 VHF 频段 12 个频道中心频率要从 52.5 MHz 变到 219 MHz，相对带宽$(f_{\max}/f_{\min})$较宽。相对带宽与电容比的关系为

$$\frac{f_{\max}}{f_{\min}}=\frac{\dfrac{1}{2}\pi\sqrt{LC_{\min}}}{\dfrac{1}{2}\pi\sqrt{LC_{\min}}}=\sqrt{\frac{C_{\max}}{C_{\min}}}=\sqrt{K_C}$$

所需的电容比 $K_C=\dfrac{C_{\max}}{C_{\min}}=\dfrac{f_{\max}}{f_{\min}}=\left(\dfrac{219}{52.5}\right)^2=17.4$。这说明要将 VHF 频段（1~12 频段）全部覆盖，必须满足 $K_C\geqslant17.4$。但目前变容二极管的电容比 K_C 还达不到这个数值，因此，采用开关二极管切换频段的办法，将 VHF 的 12 个频道划分为两个频段，即 1~5 频道为低频段(V_L)，6~12 频道为高频段(V_H)。这样，两个频段的电容比是：

V_L 频段：

$$K_{C1}=\frac{C_{\max1}}{C_{\min1}}=\frac{f_{\max1}}{f_{\min1}}=\left(\frac{88}{52.5}\right)^2=2.8$$

V_H 频段：

$$K_{C2}=\frac{C_{\max2}}{C_{\min2}}=\frac{f_{\max}}{f_{\min}}=\left(\frac{219}{171}\right)^2=1.64$$

显然，这就解决了变容二极管电容比小的问题，实现了 1~12 频道的频率覆盖。尽管 UHF 包含的频道较多，但它的相对带宽较窄，变容二极管的电容比可以覆盖 13~68 频道的频率范围，因此，UHF 可单独作为一个频段。

在高频调谐器中，对于 VHF 和 UHF 频段的切换靠转换电源供电电压来实现。而对于 V_L 和 V_H 频段的切换，靠外接电源使内部开关二极管导通与截止来改变调谐回路的电感线圈来实现。常见的切换方式有两种，如图 3-14 所示。

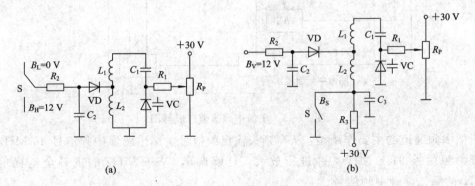

图 3-14　常见的频段切换方式

在图 3-14(a)、(b)中，L_1、L_2 为调谐电感，VC 为变容二极管，VD 为开关二极管，C_1、C_2、C_3 为隔直或交流旁路电容，R_1 为隔离电阻，R_2、R_3 为限流电阻。

3. 电子调谐器各引出脚的作用

彩色电视机都采用 VU 一体化全频道电子调谐式高频调谐器。电子调谐器的种类很

多，但基本类型共有 8 个引脚，它们的作用依次是：

① B_U——U 段供电，12 V；

② B_T——VT 调谐电压，0～30 V；

③ B_H——VH 段供电，12 V；

④ B_L——VL 段供电，12 V；

⑤ AGC——自动增益控制电压输入端，0.5 V～7.5 V；

⑥ AFT——自动频率控制电压输入端(6.5±4)V；

⑦ B_M——高频头内部电路 12 V 电源供应端；

⑧ IF——输出固定的 38 MHz 图像中频信号，这是高频头唯一输出信号的引脚。

3.3　中频通道

图像中频通道的主要功能是把调谐器送来的中频电视信号放大，并完成图像中频信号的解调，得到彩色全电视信号和第二伴音中频信号。

3.3.1　中频通道的组成和性能要求

1. 图像中频通道的组成和作用

集成化图像中频处理通道由预中放电路、声表面波滤波器（SAWF）组成的中频滤波器、中频放大器、视频检波器、自动消噪电路（ANC）和预视放电路以及自动增益控制电路（AGC）与自动频率控制（AFT）电路等组成，如图 3－15 所示。但除预中放电路、声表面波滤波器外，其余电路均集成在集成电路芯片内部。

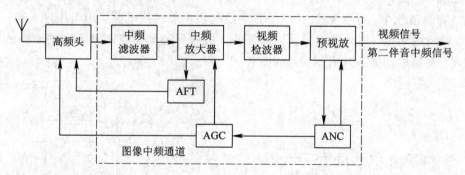

图 3－15　图像中频通道组成框图

图像中频通道的主要作用是：从高频头输出的信号中选出图像中频信号 38 MHz 和第一伴音中频信号 31.5 MHz，并进行放大，且解调出 0～6 MHz 的视频全电视信号和 6.5 MHz 的第二伴音中频信号。

2. 图像中频通道的性能要求

（1）应有足够高的电压增益。

图像中频通道的增益保证在 60 dB～65 dB。大多采用 SAWF 形成中频放大电路的幅频特性，而 SAWF 在进行电—声和声—电转换过程中存在损耗，一般为 －24 dB～－18 dB，故往往采用增加一级预中放来进行补偿，其增益大约为 15 dB～20 dB。

（2）应有足够大的 AGC 控制范围。

一般要求图像中放的 AGC 控制能力大于 40 dB，高频头中的高放 AGC 控制能力大于 20 dB，AGC 的总控制能力大于 60 dB。对于集成化图像通道，这一技术要求均能达到。

（3）应有符合要求的幅频特性。

图像中频通道的幅频特性曲线如图 3-16 所示。图像中频 38 MHz 应处于特性曲线相对幅度的 50%（即-6 dB）处，以适应残留边带电视信号的传输。伴音中频 31.5 MHz 应处于特性曲线相对幅度的 5%（即-26 dB）处，以防止伴音中频信号幅度过大而干扰图像。

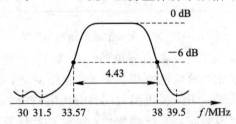

图 3-16　图像中频通道的幅频特性曲线

（4）选择性要好。

选择性是指对通频带和邻近频道信号干扰的抑制能力。现以接收第二频道信号为例，从图 3-17 中第一至三频道射频电视信号频谱结构可看出，要想获取第二频道的信号，则经高频头中混频电路的差频即变为干扰信号。30 MHz 为接收频道的本振信号与高邻近频道图像载频的差频干扰，39.5 MHz 为接收频道的本振信号与低邻近频道伴音载频的差频干扰，对这两个频率的衰减应大于 40 dB。

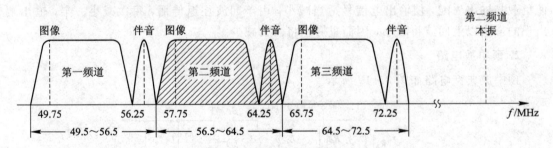

图 3-17　邻近频道的频谱

（5）工作稳定性要好

中频放大器的增益很高，频率也很高，如果工作不稳定，将引起放大器自激，甚至造成整机无法工作。因此，必须采取相应的措施防止自激、防辐射，如合理设计元件位置、加强电源退耦电路、对中频放大器进行屏蔽等。

3.3.2　中频通道的主要电路

在电子调谐器与集成电路图像中放之间，均接有声表面波滤波器和预中放电路，将其统称为前置中频处理电路。

1. 声表面波滤波器

声表面波滤波器用 SAWF 表示，它是利用晶体的压电效应和声表面波传播特性而设计的一种滤波器件，其结构如图 3-18 所示。

图 3-18　声表面波滤波器结构示意图

在具有压电效应性能的基片上，敷有导电膜(金、铝)，光刻成为两副梳齿状电极，一副用作输入，另一副用作输出。梳状电极相互绝缘，交错对嵌。当输入电极加入交变电压时，梳状电极之间的电场交替变化，使电极之间具有压电效应的基片表面产生同频率的振动，形成声表面波。形成声表面波具有选频特性，即对某个频率信号的振幅很大，对其他频率则振幅很小。选频特性取决于梳状电极的形状、间距和数目。

使用中需注意的是，并非所有的 SAWF 的外形和幅频特性都一样，更换时，应检查它们的参数是否一致。声表面波滤波器具有体积小、重量轻、相位失真小、性能稳定、无须调整等优点，但也存在插入损耗大和易产生图像重影等缺点。重影主要是由输入、输出电极间的直通信号以及回波造成的。

采取在输入、输出端的印制板上用地线隔开，器件贴紧印制板安装，外壳接地及缩短引线等措施可以减小输入、输出电极间的直通信号。减小回波的一种办式是采用失配法，使负载与输出失配，使输出电信号适当减小，由于回波往返传播，每次减小一半，输出端出现的三次以上回波将减小，因而重影也将大大减少。

2. 预中放电路

预中放典型电路如图 3-19 所示。

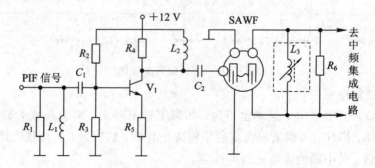

图 3-19　预中放典型电路

预中放电路主要完成 SAWF 插入损耗的补偿，提高整机的信噪比，并实现与电子调谐器的阻抗匹配。预中放级为 RC 耦合宽带放大器。要求其在 30 MHz～40 MHz 的频率范围内具有平坦的响应特性；有足够的电压增益，一般为 20 dB 左右；有良好的稳定性。

3. 中频放大器

中频放大器完成 60 dB 以上放大任务。目前黑白电视机与彩色电视机的中放均采用集成电路，集成电路中的中放由三级差分放大器组成，通过内部直流负反馈来稳定直流工作点。三级差分放大器的增益均受 AGC 电压控制。

4. 视频检波器

视频检波器的主要作用是从图像中频信号中解调出视频信号；同时，还将图像中频和伴音中频信号进行混频，产生 6.5 MHz 的第二伴音中频信号。

视频检波器常用的电路形式有三种，即二极管检波器、同步检波器和锁相环（PLL）同步检波器。现在大都采用 PLL 同步检波器作为视频检波，其结构如图 3-20 所示。

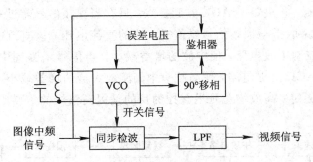

图 3-20　PLL 同步检波器框图

PLL 同步检波器的 38 MHz 的等幅波（开关信号）是由压控振荡器（VCO）产生的，其幅度和相位基本是恒定不变的，使检波输出的保真度高和检波增益更加稳定。

5. 预视放电路

预视放电路的作用是把视频检波器输出的信号分别送到解码电路、同步分离电路、消噪电路、伴音通道等，因此要求它具有较强的负载能力和较好的电路隔离作用。集成电路电视机的预视放电路通常由共射电路和射极输出器共同组成。

6. 自动噪声抑制电路

自动噪声抑制电路也称抗干扰电路，简称 ANC 电路，用来消除混入视频信号中的大幅度干扰脉冲，防止它对图像质量、同步分离和 AGC 电路造成不良影响。

ANC 电路通常有截止式和对消式两种类型。图 3-21(a) 为截止式 ANC 电路方框图，在视频信号通路中串接一个电子开关，该开关受幅度检测电路控制，当信号正常时，幅度检测电路无检测信号输出，电子开关处于接通状态；当大幅度干扰脉冲到来时，幅度检测电路输出一个控制电压，使电子开关截止，阻止干扰脉冲进入后级电路。

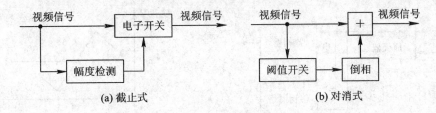

图 3-21　ANC 电路方框图

图 3-21(b) 为对消式 ANC 电路方框图，当输入信号正常时，阈值开关截止，该支路对信号传输无影响；当信号中有较大幅度的干扰脉冲时，阈值开关导通，干扰脉冲被倒相

器倒相后,再与视频信号中原干扰脉冲相叠加而抵消。

在新型电视机中,ANC 电路在集成电路内部,通常与外电路不发生联系。

7. 自动增益控制电路

自动增益控制电路简称 AGC 电路,其作用是检测出一个随输入信号强弱变化而变化的直流电压,去控制中放电路和高放电路的增益,从而使视频检波输出的视频信号幅度稳定。

图 3-22 为 AGC 电路组成框图。图中,视频信号经消噪后送至 AGC 取样电路,取样电路接一个基准电压,它决定了 AGC 的起控点,只有当视频信号超过一定值时,电路才起作用。AGC 检波电路取得与视频信号峰值成正比的直流电压,该直流电压经 AGC 放大电路放大后,首先去控制中放电路,使中放的增益减小,当信号增强到中放的增益不能再减小时,则启动高放 AGC 延迟电路,使高频头中高频放大器的增益减小,最终使视频检波输出的视频信号幅度稳定。高放增益延迟起控的目的是提高整机的信噪比。

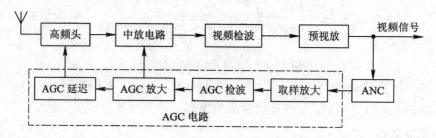

图 3-22　AGC 电路组成框图

8. 自动频率微调电路

自动频率微调电路简称 AFT 电路,其作用是将电视机中实际的图像中频载波频率与标准图像中频(38 MHz)进行频率比较,产生一个误差直流电压(即 AFT 电压),去控制高频头中的本机振荡频率,使之正确、稳定。在遥控式彩色电视机中,AFT 电压还会送至 CPU,在自动搜索时作为控制频率精调方向和进行频道数据存储的依据。

AFT 电路是一个鉴频器,通常由 90°移相网络和双差分鉴相器组成,如图 3-23(a)所示。双差分鉴相器有两路输入信号,一路是来自限幅放大器的图像中频载频信号 u_1,另一路是经移相网络移相后的图像中频载波信号 u_2。移相网络的固有频率为 38 MHz。当图像中频载频 u_1 为 38 MHz 时,正好等于移相网络的固有频率,移相网络则移相 90°,即 u_2 与

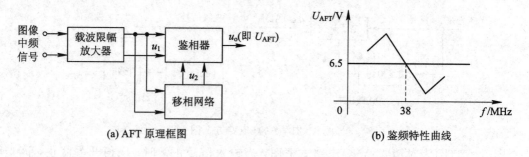

(a) AFT 原理框图　　　　　　　(b) 鉴频特性曲线

图 3-23　AFT 原理图

u_1 的相位差为 90°，此时鉴相器输出为零(通常再外加一个基准电平 6.5 V)；若图像中频载频 u_1 偏离 38 MHz，经移相后，u_2 与 u_1 的相位差大于或小于 90°，此时鉴相器输出大于或小于零(大于或小于 6.5 V)。其鉴频特性曲线如图 3-23(b)所示。AFT 电压送至高频头 AFT 输入端，对本振频率进行控制，从而使中频电视信号频率正确。

3.3.3　图像中频处理电路实例

图像中频处理电路的主要任务是放大由高频头输出的中频信号、提供特定的中频幅频特性曲线、完成视频同步检波、产生 AGC 和 AFT 控制信号。图 3-24 是厦华 XT—2196 型彩色电视机的图像中频处理电路。

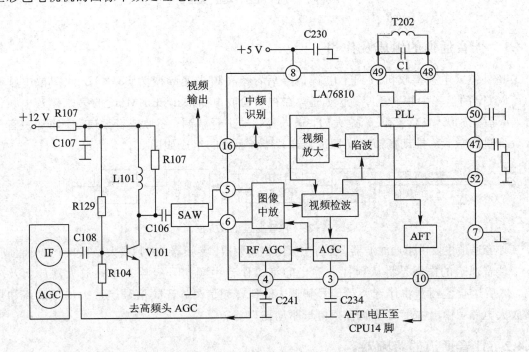

图 3-24　厦华 XT—2196 型彩色电视机的图像中频处理电路

高频调谐器输出的中频信号，由电容 C108 耦合到前置中频放大管 V101 的基极，经中频放大和声表面滤波器后，送入 LA76810 的 5、6 脚内接的图像中频放大电路。图像中频信号经中频放大后直接送入视频检波电路。

视频检波电路采用 PLL 同步检波方式。

图像中频信号经图像中放放大后送入视频检波器，进行同步检波，在 PLL 的控制下，完成同步检波。输出的信号分成三路：一路直接从 LA76810 的 52 脚输出经电容耦合到 54 脚送入 LA76810 内的伴音电路；另一路经过陷波器，滤去 6.5 MHz 伴音信号，再经视频放大后，从 16 脚输出视频信号；第三路信号送到中放 AGC 电路。

PLL 中的鉴相器输出的误差电压送入 AFT 电路，经 AFT 电路处理后电压由 10 脚输出 AFT 电压，送到微处理器 LC863332A 的 14 脚，经内部 D/A 转换后，产生 AFT 控制电压由 3 脚输出，去控制高频调谐器 AFT 端子。

送往中放 AGC 电路的信号，由中放 AGC 电路对视频信号的电平进行检测，当视频全电视信号的幅值超过正常值时，中放 AGC 电路输出 AGC 控制电压，控制图像中放的增益，使视频全电视信号的幅值恢复正常值。当视频信号增强到中放 AGC 电路不能控制时，通过中放 AGC 电路启动高放 AGC 电路，高放 AGC 电压由 4 脚输出，控制高频调谐器的高放增益。3 脚外接的电容 C234 为中放 AGC 滤波电容，改变电容的容量可改变中放 AGC 电路的响应时间，以改变中放 AGC 电路的延迟时间。

　　LA76810 的 4 脚外接的 C241 为高放 AGC 滤波电容，48、49 脚外接的 T202 为压控振荡器的 LC 选频网络。8 脚外接的电容 C230 为中频电路供电电源滤波电容。

3.4　伴 音 通 道

3.4.1　伴音通道的组成及作用

　　超外差式电视接收机收到全电视信号后，经高频头变频变为 38 MHz 的图像中频和 31.5 MHz 的伴音中频，经过图像通道，在视频检波电路取出 6.5 MHz 的第二伴音中频信号，从预视放级输出，经限幅放大后，送入鉴频器进行解调，还原成音频信号，再经过音频放大器进行放大，推动扬声器还原成伴音。伴音通道的组成如图 3－25 所示。

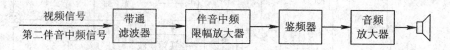

图 3－25　伴音通道组成方框图

　　伴音通道主要由带通滤波器、伴音中频限幅放大器、鉴频器、音频放大器等四个部分组成。

　　伴音通道的作用是将从预视放输出的第二伴音中频信号经伴音中频放大器放大及限幅，然后送至鉴频器将伴音调频信号解调，得到音频信号，音频信号经过去加重网络和功率放大电路，输出幅度足够的音频信号驱动扬声器。

3.4.2　伴音通道的鉴频器

　　鉴频器的作用是从第二伴音中频信号中解调出音频信号，在电视伴音中从载频为 6.5 MHz 的伴音调频信号中检出音频信号。彩色电视机中的鉴频器通常有三种，即差分峰值鉴频器、双差分鉴频器和锁相环鉴频器。

　　锁相环鉴频器的特点是用压控振荡器取代了移相网络，压控振荡器的自由振荡频率为 6.5 MHz。当输入信号为 6.5 MHz 时，$u_o＝0$；当输入信号频率大于或小于 6.5 MHz 时，u_o 将为正或负，显然频偏越大，输出电压幅度越大。在一定范围内，输出电压 u_o 与频偏（$f－f_o$）之间为线性关系，如图 3－26 所示，这条鉴频特性曲线称为 S 形曲线，要求中心频率 6.5 MHz 的曲线中心，曲线上下对称直线段频带宽度为 250 kHz～300 kHz，利用这种 S 特性，就可检出音频调制信号。

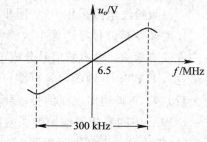

图 3－26　伴音鉴频特性曲线

3.4.3　伴音通道实例

下面以厦华 XT—2196 型彩色电视机为例,对伴音通道的电路进行分析。

1. 第二伴音中放、限幅与鉴频电路

第二伴音中放、限幅与鉴频电路如图 3 - 27 所示。

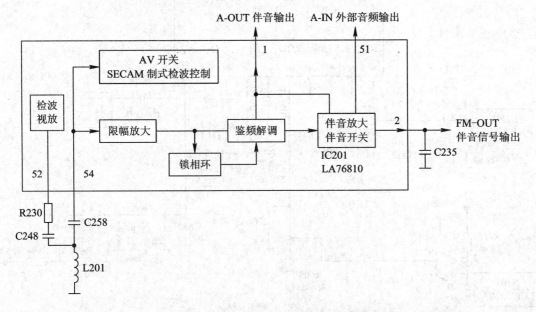

图 3 - 27　第二伴音中放、限幅与鉴频电路

图 3 - 27 中,在 IC201(LA6810)内部经中放检波后的彩色全电视信号和第二伴音中频信号从 LA76810 的 52 脚输出经外接的高通滤波器 R230、C248、L201、C258 耦合送至 54 脚,进入 LA76810 内部的伴音处理电路,经带通滤波器,将不同制式的伴音信号取出经限幅放大,鉴频(FM 检波)及去加重后(IC201 的 2 脚外接去加重电容 C235,以适当减少发送端预加重时提升的高频成分),再经开关切换,从 1 脚输出音频信号。

2. 音频功率放大电路

厦华 XT—2196 型彩电音频功率放大电路采用 LA4285 集成电路及其外围元件组成,LA4285 的电压增益为 34 dB,输出功率可达 3 W,完全可以满足该机的技术要求,具体电路如图 3 - 28 所示。

1) 音频信号输入电路

图 3 - 28 中,从 TV 信号处理电路 IC201(LA76810)的 1 脚输出的音频,经 C237、C634、R227 耦合到 LA4285 的第 3 脚,C223、R246、C644 具有阻抗匹配和消除高频干扰的作用。

2) 音量控制电路

伴音音量的控制是通过微处理器 N701(LC863332A)的 2 脚输出的脉宽调制(PWM)信号经 V731 缓冲,R608、C634 平滑滤波后,加至 IC402(LA4285)的 5 脚来调节伴音音量的大小。

3）音频输出电路

LA4285 的 3 脚输入的音频信号，经电压放大和音量控制后，从内部送至 OTL 功率放大器。LA4285 的 9 脚是 OTL 电路一对功放管的中点，由此输出音频信号，经耦合电容 C615 接扬声器。R614 及 C614 在电路中对音频信号中的高频成分起旁路作用。

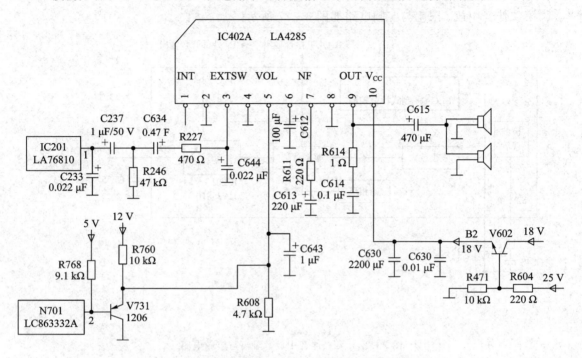

图 3-28　厦华 XT—2196 彩电伴音功放电路图

LA4285 的 10 脚为供电端，其供电电压受行输出变压器输出的 25 V 电压的控制，当电路工作正常时，V602 基极通过 R604 得到工作电压，使 V602 饱和导通，+18 V 电源电压经 V602 加至 LA4285 的 10 脚；当待机时，V602 基极为低电位，V602 截止，+18 V 电源电压不能加到功放电路，电路停止工作。C631、C630 为去耦滤波电容。

图 3-28 中 LA4285 的 6 脚外接的滤波电容 C612、7 脚外接的 R611 和 C613 为反馈网络。

3.5　PAL 解码电路

解码是编码的逆过程。彩色解码是指对彩色全电视信号进行分离、解调、还原为三基色信号的过程，完成解码任务的电路称为解码器。彩色电视制式不同，解码方式也不同。

3.5.1　PAL 制彩色解调与解码电路

PAL 制解码器有多种形式，但使用较多的是 PAL-D 解码器，也称延时线型 PAL 制解码器。其方框图如图 3-29 所示。

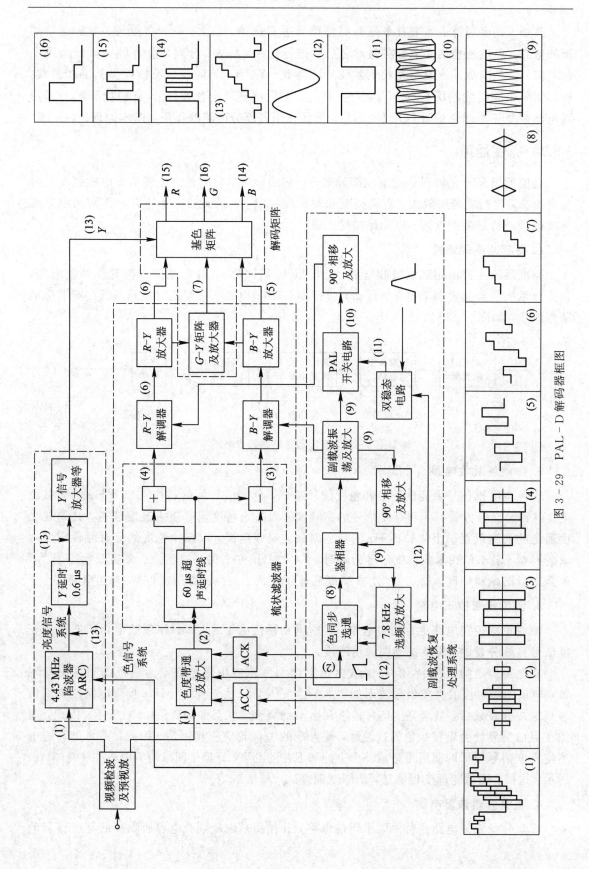

图 3 - 29　PAL - D 解码器框图

其中,亮度通道的主要任务是对亮度信号进行选频、放大、延时等处理,然后送解码矩阵电路。色度通道的主要任务是对色信号进行选频、放大、分离,得到U_{R-Y}和U_{B-Y}两个色差信号。色副载波恢复电路的主要任务是为$R-Y$、$B-Y$同步检波器提供基准副载波。解码矩阵电路首先利用U_{G-Y}、U_{R-Y}产生U_{B-Y},然后将这三个色差信号与亮度信号U_Y送矩阵电路恢复三个基色信号U_R、U_G、U_B。下面介绍各部分电路的作用和基本原理。

3.5.2　亮度通道

亮度通道是彩色解码器的组成部分之一,它的作用是将彩色全电视信号中的亮度信号分离出来,进行宽频带放大,实现亮度和对比度控制等。除此之外,还有一些附属电路对亮度信号进行必要的处理,以确保图像质量。

1. 亮度通道的组成

亮度通道主要由副载波吸收电路(4.43 MHz陷波器)、对比度控制与轮廓补偿电路、直流分量恢复与亮度调节电路、自动亮度限制(ABL)电路、亮度延时电路及行、场消隐电路等组成,如图3-30所示。

图3-30　亮度通道电路组成框图

2. 副载波吸收电路

彩色全电视信号由亮度信号和色度信号组成,色度信号是调制在4.43 MHz的副载波上,以频谱交错方式插入到亮度信号的高频端。为防止色度信号进入亮度通道,必须在亮度通道的前端设置一个4.43 MHz的彩色副载波吸收电路,以减少色度信号对屏幕图像构成的网状干扰。但在吸收色度信号的同时,4.43 MHz左右的亮度信号成分也吸收掉了,因此会造成图像清晰度下降。为此,在亮度通道还设置了提高图像清晰度的"勾边电路"。

3. 图像轮廓校正电路

图像轮廓校正电路也称勾边电路,其作用是补偿由于4.43 MHz吸收电路所造成的亮度信号高频分量的衰减,提高图像清晰度。

在电视传送的图像中,有许多从白色突变为黑色或由黑色突变为白色的亮度突变现象,与该图像对应的亮度信号波形如图3-31(a)所示。由于4.43 MHz吸收电路使亮度信号高频成分衰减后,造成亮度信号前沿和后沿的突变消失,如图3-31(b)所示。因此,图像在黑白交界处会出现灰色的过渡区,使再现的图像轮廓模糊不清。为此,可通过勾边电路使亮度信号波形的前后沿造成一个上冲和下冲的电平,好像给图像勾了边,如图3-31(c)所示。这样,图像轮廓变得清楚,清晰度提高。

4. 直流分量恢复电路

直流分量恢复电路也称黑电平钳位电路,其作用是恢复耦合电容所隔掉的亮度信号的直流分量。亮度信号具有一定的直流分量,其大小等于信号的平均值。通过耦合电容后,将造成亮度信号直流分量的丢失。图 3-32 给出了亮暗不同的图像和它们对应的亮度信号以及直流分量丢失后的情况。丢失现象会造成背景亮度变化,还伴随色调和饱和度失真。

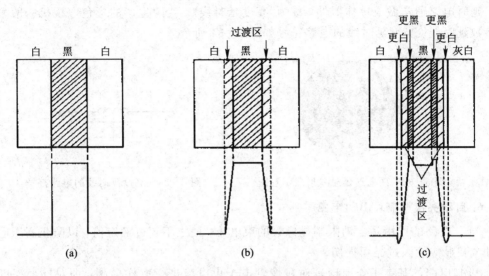

图 3-31　勾边电路的作用示意图

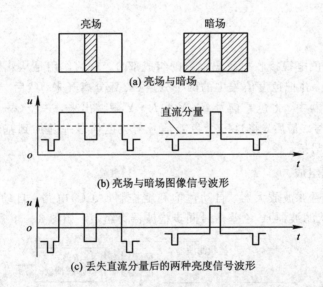

图 3-32　丢失直流分量前后的图像信号

亮度信号的直流分量丢失,不但会造成图像背景亮度发生变化,还会引起色调和色饱和度失真。加入黑电平钳位电路,可以把经过耦合电容后的亮度信号的黑电平(即消隐电平)钳位在同一电平上,相当于恢复了直流分量。

5. 亮度信号延时电路

亮度信号延时电路的作用将亮度信号进行延时(约 0.6 μs),以和三个色差信号同时到达基色矩阵电路。

在彩色电视机中,亮度信号与色度信号是经过不同的通道进行传输的,色度信号将比亮度信号到达基色矩阵的时间晚 $0.6\ \mu s$ 左右。这样会造成屏幕上图像的彩色与黑白轮廓不重合，如图 3-33 所示。为了使亮度信号和色度信号同时到达基色矩阵电路，在亮度通道中设置了亮度延时电路。

延时电路通常做成单体器件，称为"亮度延时线"。我国生产的彩色电视机一般采用集总参数延时线。亮度延时线的电路符号如图 3-34 所示。

图 3-33 两通道延时差形成示意图   图 3-34 亮度延时线的电路符号

6. 自动亮度限制(ABL)电路

ABL 电路的作用是自动限制显像管的束电流，使之不超过额定值，以防止高压电路负载过重和显像管因过亮而损伤。

ABL 电路的基本工作原理是对显像管电子束电流进行取样检测，即对屏幕亮度进行检测。

3.5.3 色度通道

色度通道是彩色电视接收机解码电路的组成部分。它的作用是从彩色全电视信号中把色度信号分离出来，并把色度信号中的两个分量 U、V 分离开来。然后，将这两个分量分别送到两个同步解调器中，将色差信号 $B-Y$ 和 $R-Y$ 解调出来，并经 $G-Y$ 色差矩阵电路恢复出 $G-Y$ 色差信号。最后，将这三个色差信号与亮度信号一起加到基色矩阵电路中，进而组合成三基色信号 R、G、B。

1. 色度通道的组成

色度通道由带通滤波放大器、自动色饱和度控制(ACC)电路、自动消色(ACK)电路、延时解调电路(梳状滤波器)、色差信号同步检波器等组成，如图 3-35 所示。

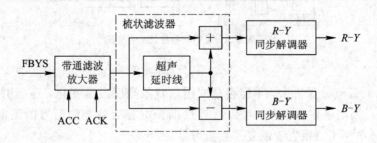

图 3-35 色度通道组成方框图

2. 色度带通滤波放大器和 ACC 电路

1)色度带通放大器

色度带通滤波放大器由带通滤波器和带通放大器组成。带通滤波器的作用是从彩色全

电视信号中取出 (4.43 ± 1.3) MHz 的色信号(包括色度信号和色同步信号)。带通放大器的作用是对色信号进行放大,其增益受 ACC 电路的控制。

2) ACC 电路

ACC 电路又叫自动色度控制电路。ACC 电路实质上是带通放大器的 AGC 电路,它使色度信号与亮度信号应有的幅度比不受色度信号幅度波动的影响,并稳定色同步信号的幅度。

ACC 电路的作用是产生一个随输入的色信号强弱而变化的直流控制电压(即 ACC 电压),去控制带通放大器的电压增益,使输出的色信号幅度稳定。

3. 自动消色(ACK)电路

彩色电视机在接收黑白电视信号时,应该是没有彩色的。因此需要设置 ACK 电路,用于防止亮度信号进入色度信号中产生彩色杂波干扰。它的作用就是在接收黑白电视信号或彩色电视信号很弱时,自动关闭色度通道,消除彩色杂波干扰,以显示较好的黑白图像。

4. 延时解调电路(梳状滤波器)

延时解调器又称梳状滤波器,它是 PAL-D 解码器的核心电路,位于色度放大器之后和同步检波器之前。其作用是将相邻两行色度信号进行平均,以克服相位失真引起的色调畸变,并且将色度信号中的两个分量 F_U 和 F_V 分离开来。

1) 延时解调器的组成

延时解调器由超声延时线、加法器和减法器组成,如图 3 - 36 所示。

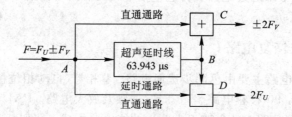

图 3 - 36 延时解调器组成框图

2) 延时解调器的基本工作原理

延时解调器(梳状滤波器)中的超声延时线由玻璃片及输入、输出端的换能器构成。它的作用是对色度信号延时一行的时间(实际延时 63.943 μs)并进行倒相。

之所以称作延时解调器,是因为它是利用超声玻璃延时线来实现红、蓝两色度分量的分离的,又由于延时解调器的幅频特性是梳状的,故又称作梳状滤波器。其解调分离原理如下:

设第 n 行色度信号为

$$F_n = U\sin\omega_{SC}t + V\cos\omega_{SC}t$$

由于 V 信号逐行倒相,所以第 $n-1$ 行色度信号为

$$F_{n-1} = U\sin\omega_{SC}t - V\cos\omega_{SC}t$$

这样,F_{n-1} 信号经过延时器延时 63.943 μs(约延时 64 μs)再反相后正好和 F_n 同时到达加法器和减法器中,经相加器相减可得:

$$F_n + (-F_{n-1}) = 2V\cos\omega_{SC}t = 2F_V$$

$$F_n - (-F_{n-1}) = 2U\sin\omega_{SC}t = 2F_U$$

$$F_{n+1} + (-F_n) = -2V\cos\omega_{SC}t = -2F_V$$

$$F_{n+1} - (-F_n) = 2U\sin\omega_{SC}t = 2F_U$$

可见，从加法器输出逐步倒相的 F_V 色度分量，从减法器输出 F_U 色度分量，从而完成了色度分量 $F(t)$ 中两个分量 F_V、F_U 的分离。

5. 同步检波器

同步检波器是平衡调幅波检波器，可由色度分量 F_U、F_V 解调出相应色差信号 U_{B-Y}、U_{R-Y}。要使得同步检波正常工作，输入信号既有待解调的平衡调幅波 F_U 或 F_V，还需提供副载波信号 f_{SC}。两个信号应严格保持同频率、同相位，才能正常地完成检波过程，否则输出会互相串色。检波器输出端应设置低通滤波器，以滤除输出信号中的残余副载波等高频分量。

目前，集成电路彩电中常用模拟乘法器作同步检波器，其电路原理如图 3 - 37 所示。

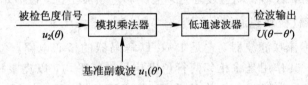

图 3 - 37　同步检波原理

从同步检波器解调出的色差信号 U、V 还必须经过去压缩放大器，才能恢复出原来的色差信号 U_{B-Y} 和 U_{R-Y}，即通过适当安排色差信号放大器的增益给 U、V 信号以不同的放大倍数。

3.5.4　基准副载波恢复电路

基准副载波恢复电路主要由色同步选通电路、鉴相器（自动相位控制电路或 APC）、副载波振荡及放大电路、90°移相电路、7.8 kHz 选频及放大电路、PAL 开关和双稳态电路等组成，如图 3 - 38 所示。图中的电路可由两大功能电路构成，即副载波锁相环电路和 PAL 识别与倒相电路。

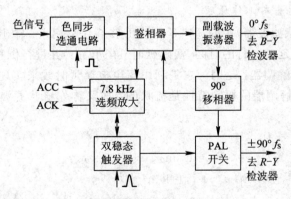

图 3 - 38　基准副载波恢复电路框图

1. 色同步选通电路

色同步选通电路的作用是从带通放大器输出的色信号中分离出色同步信号。

色同步分离电路实际上是一个受色同步选通脉冲控制的电子开关。色同步选通脉冲由行同步脉冲经延时形成，在时间上正好与色同步信号对齐。当色同步选通脉冲过去后，色同步选通电路截止，此时输入的色度信号不被输出。随后，取出色同步信号送至鉴相器。

2. 副载波锁相环电路

副载波锁相环电路主要用来恢复发送端被抑制掉的副载波信号，由本机再生一个相位为 $0°$ 的副载波 $\sin\omega_{sc}t$，直接送往 $B-Y$ 同步检波器，以便从色度分量 F_U 中解调出色差信号 U_{B-Y}。为了确保本机再生的副载波相位准确，应由色同步信号提供基准相位，所需的色同步信号可由前述的色同步分离电路提供。副载波锁相环电路是一种反馈控制电路，由 APC 鉴相器、低通滤波器、VCO 压控振荡器及移相网络组成，如图 $3-39$ 所示。

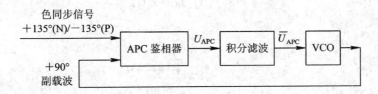

图 $3-39$　副载波锁相环电路原理框图

3.5.5　解码矩阵电路

解码矩阵电路由 $G-Y$ 矩阵电路和三基色矩阵电路组成。它的作用是利用 $B-Y$、$R-Y$ 和 Y 恢复 $G-Y$，并利用三个色差信号和 Y 信号恢复 R、G、B 三基色信号。

1. $G-Y$ 矩阵电路

由于电视发送端只传送了亮度信号 U_Y 和 U_{B-Y}、U_{R-Y} 两个色差信号，因此，当接收机从同步检波器解调后，就可以根据公式 $U_{G-Y}=-0.51U_{R-Y}-0.19U_{B-Y}$ 的关系，在接收机中恢复出 U_{G-Y} 色差信号。$G-Y$ 矩阵电路就是实现由 U_{B-Y}、U_{R-Y} 转换出 U_{G-Y} 的电路。$G-Y$ 矩阵电路如图 $3-40$ 所示。

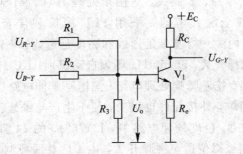

图 $3-40$　$G-Y$ 矩阵电路

利用叠加原理可求得

$$-U_o=\frac{R_2//R_3}{R_1+R_2//R_3}U_1+\frac{R_1//R_3}{R_2+R_1//R_3}U_2$$

选择元件时，使 R_1、$R_2\gg R_3$，则上式可近似为

$$-U_\circ = \frac{R_3}{R_1}U_1 + \frac{R_3}{R_2}U_2$$

用 R - Y 和 B - Y 分别取代输入电压 U_1 和 U_2，并选取 R_3/R_1 与 R_3/R_2 之比等于 $0.51/0.19 = 2.7$ 时，那么输出 $U_\circ$ 即为 G - Y 色差信号。

2. 三基色矩阵电路

由亮度信号 Y 和三个色差信号 R - Y、G - Y、B - Y 相混合，从而获得 R、G、B 三基色矩阵的电路称为基色矩阵电路。三个基色矩阵电路具有相同的电路形式，如图 3 - 41 所示。

$$U_{R-Y} - (-U_Y) = U_R$$
$$U_{G-Y} - (-U_Y) = U_G$$
$$U_{B-Y} - (-U_Y) = U_B$$

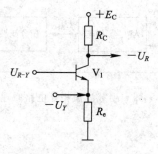

图 3 - 41　基色矩阵电路图

3.5.6　图像信号(亮度、色度)处理电路实例

LA76810 是三洋公司于 1999 年开发成功的，用于 PAL/NTSC 制彩色电视信号处理的大规模集成电路单片，可完成图像伴音的解调、色解码、亮度处理、同步及行场小信号的处理。LA76810 集成度高，外围元件少，用于替代三洋 A6 机芯的 LA7687A 芯片被称为 A12 机芯。厦华 XT—2196 也采用 LA76810 做单片信号处理。

LA76810 的特点有：单片、多制式，适用于处理 PAL/NTSC 视频信号，配合免调试 SECAM 解码电路可实现全制式解码；采用 PLL 图像和伴音解调，采用单晶体完成 PALNTSC 制信号解调；内藏一行基带延迟线和亮度延迟线；不需外接各种带通滤波器陷波器，内置伴音和视频选择开关；50/60 Hz 场频自动识别；I^2C 总线控制；等等。芯片还内置了峰化清晰度改善电路、挖芯降噪处理电路、黑电平延伸电路、对比度改善电路等。A12 机芯电视整机线路比较简单，外接元件也很少，便于生产与维修。

从图 3 - 42 所示的亮度/色度处理电路中，LA76810 的 44 脚输入的视频信号与 42 脚输入的 AV 视频信号分别经钳位送至视频开关，由 I^2C 总线控制其输出。经切换后的视频信号分两路：一路为亮度信号通道，首先经陷波，除去色度信号，再经延迟、黑电平延伸，送到对比度、亮度控制电路；另一路为色度信号通道，首先分出一路经带通滤波器、ACC 控制后，送色度解调电路。色度解调所需的各种基准频率，均由 38 脚外接 4.43 MHz 晶振，通过内部双 VCO 共同作用产生。通过不同制式的解调器解调出的 U、V 色差信号送至基带延迟电路，延迟后的信号与延迟前的信号经过加法运算，输出 R - Y、B - Y 信号送至矩阵电路。与亮度信号一起，解出三基色信号，送至字符开关电路。同时，CPU 输出的字符三基色从 14、15、16 脚输入 LA76810，经钳位、对比度控制后也输至字符开关电路，通过 17 脚输入的消隐信号控制字符开关来切换三基色信号，从 19、20、21 脚输出，实现字符显示或转台消隐。

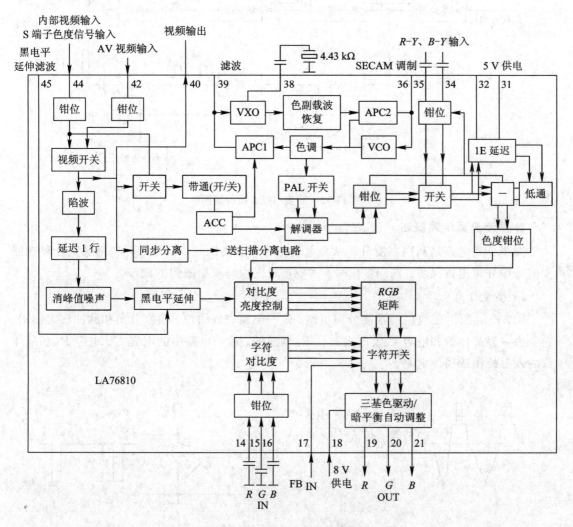

图 3-42　亮度/色度处理电路

3.6　同步扫描系统

3.6.1　同步扫描系统的组成

1. 系统概述

在电视接收机接收端，首先用振幅分离的方法从全电视信号中分离出复合同步信号，再依行、场同步脉冲的窄、宽及出现时间不一，分离出行、场同步信号，并用它们去同步行、场扫描电路，实现重现图像与原始图像的同步。

同步扫描电路由同步分离电路、行扫描电路和场扫描电路组成。其组成如图 3 - 43 所示。

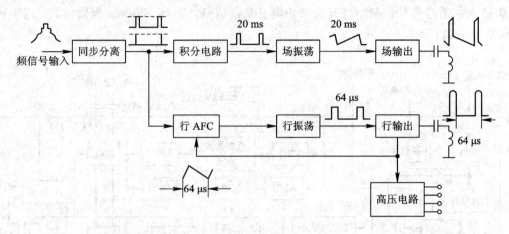

图 3 - 43　同步扫描系统方框图

2. 同步分离电路概述

同步分离电路是利用幅度分离从全电视信号中分离出同步信号,再利用脉宽分离在同步信号中分离出行同步、场同步信号,实现重现图像与原始图像的同步。

1) 幅度分离电路

图 3-44 所示是典型的幅度分离电路。这一电路完成钳位、幅度分离和脉冲放大作用。它是由一只晶体管和电容 C 及电阻 R_B、R_C 构成的。输入电路中的电容 C、电阻 R_B 和晶体管的发射极构成钳位电路。

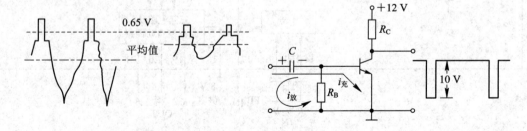

图 3 - 44　幅度分离电路

晶体管不加直流偏置,无信号时它处于截止状态。

当同步脉冲到来时,晶体管发射结正偏导通,脉冲电压对电容 C 充电,充电电流使晶体管饱和导通,输出低电位。由于充电时间常数很小,所以电容 C 很快充电至同步信号幅度。同步脉冲过后,电容 C 通过电阻 R_B 放电,由于放电时间常数较大,所以在下一个同步脉冲到来之前,晶体管发射结一直处于反偏状态,使晶体管截止,输出高电位。当下一个同步脉冲到来时,晶体管又从截止状态变为导通状态。这样循环往复,就从晶体管集电极输出负极性的复合同步信号。

2) 脉冲宽度分离电路

脉冲宽度分离也叫频率分离,其作用是从复合同步信号中分离出场同步信号。

　　为了将场同步脉冲从复合同步脉冲中单独分离出来，电视接收机中必须在幅度分离级后设有脉宽分离电路。

　　RC 积分电路的分离作用如图 3-45 所示，复合同步信号加至积分电路输入端，在积分电路输出端，行同步信号脉冲几乎消失，而场同步信号有较大幅度的输出，完成了从复合同步信号取出场同步信号的任务。

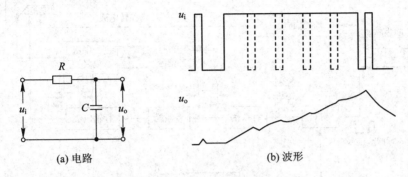

图 3-45　RC 积分电路

　　为了提高对行脉冲的抑制能力，场同步分离电路通常采用两节 RC 积分电路。

3.6.2　行扫描电路

1. 行扫描电路的组成、作用和特点

1）行扫描电路的作用

　　(1) 供给行偏转线圈以线性良好、幅度足够的锯齿波电流，使电子束在水平方向作匀速扫描，即 $f_H = 15\ 625$ Hz，$T_H = 64\ \mu s$，其中行正程时间 $T_s = 52\ \mu s$，行逆程时间 $T_r = 12\ \mu s$。理想的行锯齿波电流如图 3-46 所示。

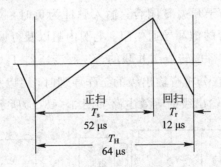

图 3-46　行锯齿波电流

　　(2) 给显像管提供行消隐信号，以消除电子束回扫时产生的回扫线的影响。

　　(3) 将行脉冲信号控制行输出管，使行输出级产生显像管所必需的供电电压，包括阳极高压、加速极电压、聚焦极所需电压以及视放输出级所需电源电压。

　　2）行扫描电路的组成

　　行扫描电路由 AFC(自动频率控制)电路、行振荡电路、行激励电路、行输出级电路和高、中电压电路等几部分组成。其组成原理图如图 3-47 所示。由图中可见，行扫描电路主要由行振荡、行激励及行输出三部分组成，并且三个电路均工作在开关状态。AFC 电路

是用来控制行扫描保持与发送端同步的电路。从行扫描电路的基本组成框图看，行输出级电路是行扫描电路的关键电路。

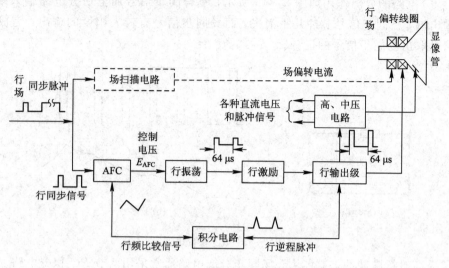

图 3-47　行扫描电路的组成

2. 行输出级电路

行输出级电路的任务是产生线性良好、幅度足够的锯齿波电流。图 3-48(a)是行输出级的原理电路。行激励级送来的脉冲电压经激励变压器 T_1 送入行输出管 V 的基极，行输出管工作在开关状态，行偏转线圈 L_Y 和行输出变压器 T_2 均是行输出级的负载。VD 是阻尼二极管，C 是行逆程电容，C_S 是行 S 校正电容，U_{CC} 为行输出管的供电电源。

由于行输出管 V 工作在开关状态，故行输出等效电路中用开关 S 代替行输出管 V。输入脉冲为正时，V 导通相当于开关 S 闭合；输入脉冲为负时，V 截止相当于开关 S 断开。等效电路中忽略了行输出管的饱和导通内阻、电源内阻以及行偏转线圈中的直流电阻 R_Y。另外，实际电路中还应有与行偏转线圈并联的行逆程变压器 T_2，但由于行逆程变压器的初级线圈电感 $L_P \gg L_Y$，因此在分析行输出级的工作原理时，可以把它看作开路，电路中没有将其画出。于是，可画出行输出级的等效电路如图 3-48(b)所示。

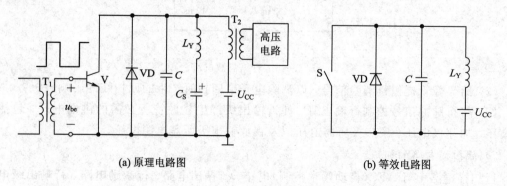

(a) 原理电路图　　　　　　　　　　　　(b) 等效电路图

图 3-48　行输出级电路图

下面分析行偏转线圈中锯齿波电流的形成过程，其等效电路如图 3-49 所示。

1) 正程后半段$(t_0 \sim t_1)$

由于在正程后半段行输出管的输入信号 u_{be} 为正脉冲，因此行输出管 V 将饱和导通，相当于开关 S 闭合。此时电源 U_{CC} 通过 S 加在偏转线圈两端，等效电路如图 3-49(a)所示。这时，偏转线圈中流过电流 i_Y，由于偏转线圈的感抗远大于它的直流电阻，因此可近似等效为一个电感。由于电感中的电流不能突变，若不考虑行输出管的饱和压降，i_Y 可看成是线性增长，用公式表示为

$$i_Y = \frac{U_{\text{CC}}}{L_Y}(t_1 - t_0)$$

到 t_1 时刻，i_Y 上升到最大值。设扫描正程时间为 T_{S}，因 $t_1 - t_0$ 是扫描正程时间的一半，故 i_Y 的最大值为

$$I_{\text{YP}} = \frac{U_{\text{CC}}}{L_Y}\frac{T_{\text{S}}}{2}$$

此时，偏转线圈储存的磁能最大。在 $t_0 \sim t_1$ 期间，锯齿波电流产生的偏转磁场将电子束从屏幕中间偏转到屏幕右端。

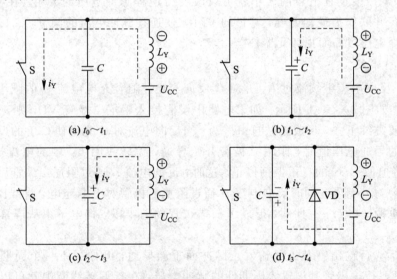

图 3-49　锯齿波电流的形成过程等效电路图

2) 逆程前半段$(t_1 \sim t_2)$

从 t_1 开始，行输出管 V 受负脉冲作用而截止，相当于开关 S 断开，等效电路如图 3-49(b)所示。由于偏转线圈 L_Y 的电感特性，电流 i_Y 不能立即截止，于是 i_Y 向并联的电容器 C 充电，偏转线圈中储存的磁场能转变为电容器 C 中的电场能，从而形成自由振荡。由于是 LC 振荡，偏转线圈电流 i_Y 与电容器 C 上的电压 u_C 呈正弦规律变化。$t_1 \sim t_2$ 是该回路自由振荡的 1/4 周期，等效电路如图 3-49(b)所示。随着 i_Y 的逐渐减小，C 两端的电压逐渐上升，其方向是上正下负。在 $t = t_2$ 时，电容器 C 上的正极性电压达到最大值，i_Y 减小到零，形成了扫描逆程的前半段，将电子束从屏幕右端偏转到屏幕中间。

3) 逆程后半段$(t_2 \sim t_3)$

t_2 以后，偏转线圈 L_Y 与电容 C 的自由振荡继续进行。C 通过放电，电场能又向磁场能

转换，电流方向改变，并逐渐增大，如图 3-49(c)所示。这一过程持续到 t_3 时刻，C 两端的电压减小到零，反方向的 i_Y 达到最大值，形成了扫描逆程的后半段，将电子束从屏幕中间偏转到屏幕左端。

在 $t_1 \sim t_3$ 的整个逆程期间，偏转线圈 L_Y 与电容 C 进行了半个周期的自由振荡。L_Y 与 C 自由振荡的周期可表示为

$$T_r = \frac{T}{2} = \pi\sqrt{L_Y C}$$

在 L_Y 已确定的情况下，C 的选择决定了行逆程时间的长短，故 C 称为逆程电容。在逆程期间，C 上的最大电压（即行输出管集电极反峰电压）U_{CM} 可表示为

$$U_{CM} = \left[\frac{\pi}{2}\left(\frac{T_H}{T_r} - 1\right) + 1\right]U_{CC}$$

式中：T_H 为行周期，等于 64 μs；T_r 为行逆程时间，为 12 μs。这样 $U_{CM} \approx 7.8U_{CC}$。

上式计算结果表明，行逆程脉冲峰值很高，要求行输出管、阻尼管、行逆程电容的耐压应足够高。由于行逆程脉冲电压的大小与逆程时间 T_r 有关，而 T_r 又与逆程电容 C 的大小有关，因此，改变逆程电容的大小就可以改变行逆程脉冲电压的大小。在实际电路中，常用几个电容并联作为逆程电容，其目的一可方便逆程脉冲电压的调节，二可防止逆程电容开路使反峰电压过高而损坏元器件。

4) 正程前半段（$t_3 \sim t_4$）

t_3 以后，反向电流继续流过 L_Y 并对 C 反向充电。随着充电电流 i_Y 的减小，C 上的电压逐渐增大，如图 3-49(d)所示。如果电路中没有接入阻尼二极管 VD，则磁场能与电场能的转换还要继续下去，形成正弦自由振荡。当反向电流对 C 充电使 C 上的反向电压达到阻尼二极管的导通电压值时，阻尼二极管开始导通，偏转线圈 L_Y 中的电流流过二极管，VD 的导通将迫使 $L_Y C$ 的自由振荡停止。这时，反向电流 i_Y 通过阻尼二极管后逐渐线性减小，到 t_4 时刻减小到零。同时反向电流 i_Y 通过阻尼二极管对电源充电，将线圈 L_Y 中的磁场能馈还给电源。在 $t_3 \sim t_4$ 期间，形成了扫描正程的前半段，将电子束从屏幕左端偏转到屏幕中间。

在 t_4 以后，行输出管基极又输入正脉冲而重新导通，开始了下一个周期的正程后半段。因此，只要行输出管基极输入周期性的脉冲电压，在行偏转线圈中就可以形成周期性的锯齿波电流。行输出级的工作波形如图 3-50 所示。

3. 高、中电压电路

如前所述，行输出电路除要使行偏转线圈中产生线性锯齿波电流外，还应给接收机提供各种高、中压直流电源，其中包括显像管高压阳极所需的 9 kV～30 kV 的高压以及各阳极和阴极所需的中压，此外还有视放末级所需的中压。利用行输出级来获取各种高、中压具有以下四个优点：

（1）在行扫描逆程期间，行输出级存在一个行逆程脉冲，其幅值是电源电压的 8 倍左右。

（2）由于行逆程脉冲频率（15 625 Hz）比 50 Hz 交流电的频率高出很多，因此易于滤波，用较小的滤波电容就能达到预期的效果。如高压输出端不接滤波电容，利用显像管锥体内、外石墨层形成的电容就可实现滤波。

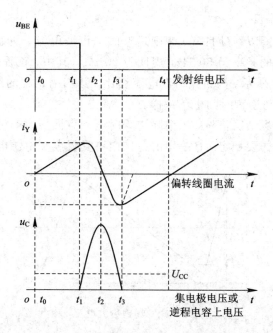

图 3-50　行输出级的工作波形图

（3）由于行频高，可选用高导磁率磁芯，这样便可使行输出变压器的体积大大减小。

（4）用行输出级提供高压比较安全。这是因为当行扫描出现故障时，高压自动消失，从而保护显像管。

3.6.3　场扫描电路

1. 场扫描电路的组成和作用

1）场扫描电路的组成

与行扫描电路相似，场扫描电路包含场振荡器、场激励级和场输出级三大部分，如图 3-51 所示。

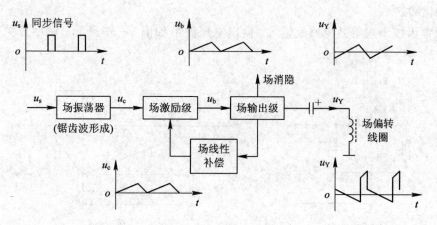

图 3-51　场扫描电路的组成

2）场扫描电路的作用

（1）供给场偏转线圈以线性良好、幅度足够的锯齿波电流，使显像管中的电子束在垂直方向作匀速扫描，它的频率为 50 Hz，周期为 20 ms。其中，正程时间为 19 ms，逆程时间为 1 ms，如图 3-52 所示。与行锯齿波电流相比，其扫描正程的线性要求一样，但幅度较小，频率较低，正程与逆程时间也不一样。

（2）给显像管提供场消隐信号，以消除逆程时电子束回扫时产生的回扫线。

（3）场扫描电路工作要稳定，在一定的范围内不受温度和电源电压变化的影响。

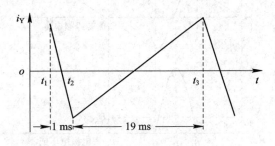

图 3-52　场锯齿波电流

2. 场振荡与场同步控制电路

场振荡电路的作用是产生 50 Hz 的场频脉冲。

集成电路电视机中的场振荡电路和行振荡电路一样，也是由施密特触发器加 RC 定时元件组成的，其振荡频率靠改变 RC 定时元件中的电阻值来调整。有些机型并未设置单独的场振荡电路，50 Hz 的场频脉冲由 2 倍行频脉冲经 1/625 分频器分频获得。

为了使场扫描频率和相位与发送端同步，场振荡电路（或场分频器）还要受场同步信号的控制。由于场频较低，场同步脉冲较宽，不易受短暂信号的干扰，所以可将同步分离积分电路取出的场同步信号直接控制场振荡电路。

3. 场锯齿波形成电路

场锯齿波形成电路的作用是把场振荡电路送来的场矩形波转化为场锯齿波，以适应场输出级的需要。

场频锯齿波形成等效电路及输入、输出电压波形如图 3-53 所示。图中开关 S 为电子

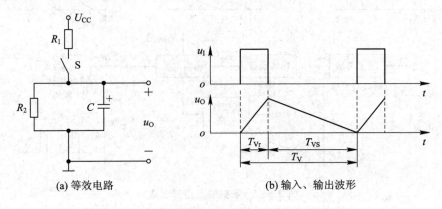

(a) 等效电路　　　　　　　　　　(b) 输入、输出波形

图 3-53　场锯齿波形成等效电路及输入、输出波形

开关，受场振荡器输出的场频脉冲 u_1 的控制。当 u_1 为高电平时，开关 S 闭合，电源 U_{CC} 通过电阻 R_1 向电容 C 充电，形成锯齿波的上升段，对应场扫描的逆程阶段；当 u_1 为低电平时，开关 S 断开，电容 C 通过电阻 R_2 放电，得到锯齿波下降段波形，对应场扫描的正程阶段。只要适当选择电容、电阻的参数，就可获得线性较好的锯齿波。由于电子开关 S 受场频脉冲控制而做周期性的闭合与断开，因此在 u_o 两端的电压将为场频锯齿波电压。

4. 场激励与场输出电路

场激励电路的作用是对场锯齿波电压进行放大，以满足场输出级对输入信号幅度的要求。同时，推动级还起着一个中间隔离的作用（缓冲作用）。

场输出电路的主要作用是为场偏转线圈提供幅度足够、线性良好的锯齿波电流。彩色电视机中的场输出电路有用分立元件的，也有用集成电路的，但大都采用泵电源供电的 OTL 电路。

泵电源 OTL 场输出电路如图 3-54 所示，V_1、V_2 为场输出管，VD_3、C_3、R_6 构成泵电源电路，V_3 为推动管，其基极输入锯齿波电压如图 3-55(a)所示。下面分四个阶段分析其工作原理。

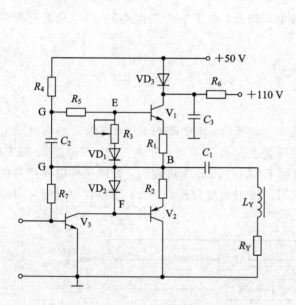

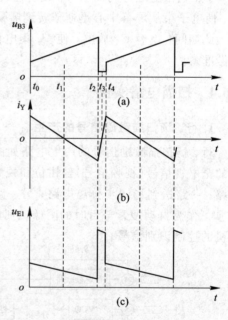

图 3-54　泵电源 OTL 场输出电路

图 3-55　场输出电路电压和电流波形

1）扫描正程前半段（$t_0 \sim t_1$）

这一阶段加至 V_3 基极的锯齿波电压逐渐升高，经 V_3 倒相放大，其集电极电压逐渐降低，此时 V_1 导通，V_2 截止。V_1 导通程度逐渐减弱，它给场偏转线圈提供的锯齿波电流 i_Y 由最大值逐渐减小至零（如图 3-55(b)所示），使电子束从屏幕上端偏转到屏幕中间。

此期间，50 V 低电压供电，电流对耦合电容 C_1 充电。

2）扫描正程后半段（$t_1 \sim t_2$）

此阶段 V_3 基极输入的电压继续升高，其集电极电压继续降低，使 V_1 截止，V_2 导通且导通程度不断增强，由它给偏转线圈提供负向的偏转电流且幅度逐渐增大，使电子束从屏幕中间偏转到屏幕下端。

此期间，C_1 放电为 V_2 提供工作电流，由于 V_1 截止，110 V 电源经 R_6 对电容 C_3 充电。

3）扫描逆程前半段（$t_2 \sim t_3$）

t_2 以后，由于 V_3 基极输入的电压急剧下降，使 V_2 由导通最强迅速截止，i_Y 由负的最大值迅速变为零，使电子束从屏幕下端偏转到屏幕中间。

由于流过偏转线圈的电流（由下至上）迅速减小，将在偏转线圈两端产生上正下负的自感电动势，使 V_1 发射极电位（即 B 点电位）迅速升高，如图 3-55(c)所示。这时由于 C_3 上充得的 110 V 高电压为集电极供电，避免了因电源电压低使 V_1 反向导通而对场逆程脉冲幅度造成限制，为场逆程脉冲的升高提供了充分的余地，可防止场逆程时间被拉长，避免出现场回扫线。

VD_3 是隔离二极管，使逆程期间高电压得以建立。

4）扫描逆程后半段（$t_3 \sim t_4$）

在 t_3 后，V_2 截止，V_1 导通。因为当 B 点电位突然升高时，由于 C_2、R_4 的自举升压作用，G 点电位随之升高而给 V_1 发射极提供正向偏置，所以 t_3 以后 V_1 导通且电流迅速增大，使电子束从屏幕中心迅速偏转到屏幕上端。

此期间，电容 C_3 放电，使 V_1 集电极电压降低，为下一个正程到来时 50 V 低电源供电做准备。

3.6.4　扫描电路实例

1. 行、场扫描激励信号的产生

行、场扫描激励信号的产生电路如图 3-56 所示。由 LA76810 44 脚输入的内部或外部的全电视信号（视频信号）经钳位和视频开关及同步分离后，分成三路：一路送到 AFC1 电路；一路送到场同步分离电路；另一路由 LA76810 的 22 脚输出，直接送到微处理器的 33 脚，作为自动搜索节目时的图像识别信号。该识别信号还作为 CPU 静音和无信号自动关机的控制识别信号。

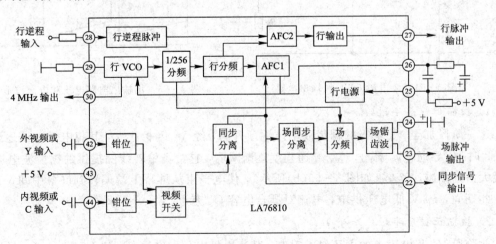

图 3-56　行、场扫描激励信号产生电路

行振荡(f_HVCO)电路产生的振荡脉冲分三路输出：一路直接由 LA76810 的 28 脚输出；一路送到 1/256 分频器及行分频器，分频后产生行频脉冲 f_H AFC2 电路完成行中心调节，再经行输出电路激励放大后，由 LA76810 的 27 脚输出并送行扫描电路；另一路送到场分频器，分频后产生场频脉冲 f_V，再经场锯齿波形成电路产生场频锯齿波，由 LA76810 的 23 脚输出并送行场输出集成电路 LA7640 的 5 脚。

AFC1 为行振荡 VCO 的自动频率控制电路。AFC1 将同步分离送来的行同步信号与行分频电路送来的行频脉冲 f_H 进行相位比较，若有相位误差，则输出误差电压去控制行振荡器 VCO，以实现行同步。LA76810 的 26 脚外接电容和电阻组成 AFC 电路的双时间常数平滑滤波电路。其作用是对 AFC1 电路输出的误差电压进行平滑滤波，得到直流误差电压去控制行振荡器 VCO。

AFC2 电路的作用是实现行相位控制及行中心调节。行分频后的行频激励脉冲送到 AFC2 电路，LA76810 的 28 脚输入的行逆程脉冲 FBP 也送到 AFC2 电路，并对行激励脉冲进行相位调整，确定图像在显像管屏幕上水平方向的位置，即实现图像的左右移动。厦华 XT—2196 彩色电视机采用 I^2C 总线实现画面位置的调整。

场激励脉冲形成电路由 LA76810 的 23、24 脚的外接元件和内部相关电路组成。LA76810 内部无独立的场振荡电路，场激励脉冲由行振荡脉冲分频产生。VCO 电路输出的振荡脉冲送到场分频电路，经场分频后产生 50 Hz/60 Hz 的场频激励脉冲，该脉冲送到场频锯齿波形成电路，通过控制 24 脚外接的锯齿波形成电容充、放电产生场频锯齿波。场频锯齿波由 23 脚输出。

行场扫描小信号处理电路的工作状态受 I^2C 总线控制。在维修模式状态时，通过遥控器可对行中心、行幅、行线性、场幅、场中心、场线性等几何参数进行调整。

2. 行激励与行输出电路

厦华 XT—2196 彩色电视机的行激励与行输出电路如图 3-57 所示。LA76810 的 27

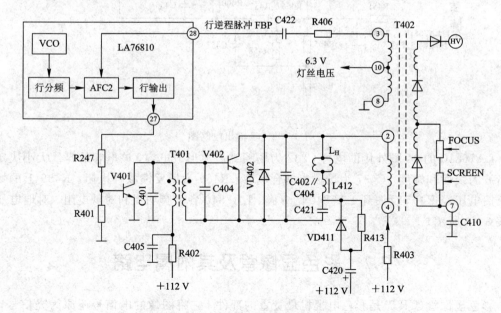

图 3-57　行激励与行输出电路原理图

脚输出的行激励脉冲经 R267 送到行激励管 V401，经 V401 倒相放大后，由行激励变压器 T401 耦合到行输出管 V402。VD402 为阻尼二极管，C402∥C403∥C404 为逆程电容，L_H 为行偏转线圈，L412 为行线性调节器，C421 为 S 校正电容。

行激励级采用 112 V 供电。C405 为高频退耦电容，C401 为高频吸收电容，防止行激励级产生自激振荡。行输出也采用 112 V 供电。开关电源提供的电压通过行输出变压器的 T402 的 2、4 绕组加到行输出管 V402 的集电极。行输出管的集电极电流分两路：一路为行偏转线圈 L_H 提供行偏转电流，以产生偏转磁场控制电子束水平运动；另一路通过行输出变压器的 T402 初级 2、4 绕阻，并产生感应电压，其中行逆程脉冲经次级绕阻升压后分别产生显像管工作所需要的 25 kV 的阳极高压、10 kV 的聚焦电压、1 kV 的加速极电压；经降压并整流后分别产生视放末级所需的 200 V 供电电压、场输出集成电路 24 V 的供电电压以及灯丝所需的 6.3 V 交流电压。

3. 场输出电路

场输出电路如图 3-58 所示。LA76810 的 23 脚输出的场扫描锯齿波经 R451 耦合到场输出集成电路 LA7840 的 5 脚。经内部场激励放大、场输出功率放大后由 2 脚输出，为场偏转线圈 L_V 提供场偏转电流。

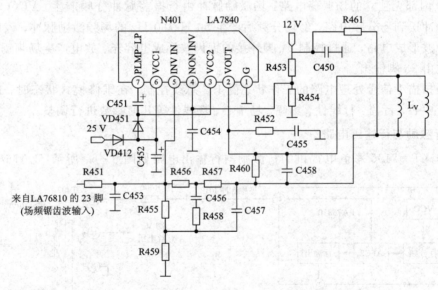

图 3-58 场输出电路图

LA76810 的 24 脚外接的电容 C232 为场频锯齿波形成电容，该电容的容量大小决定了锯齿波的线性和幅度。C457 为场输出耦合电容。R459 为场反馈取样电阻。R459 上的场交流反馈电压经 R455 反馈到 LA7840 的 5 脚。LA7840 各引脚功能和对低电阻、对地电压值如表 3-4 所示。

3.7 彩色显像管及其附属电路

彩色显像管（CRT）是彩色电视机最贵重的部件，它将图像的电信号还原为光信号，实现图像的重现。

3.7.1　自会聚彩色显像管的结构

自会聚彩色显像管由玻璃外壳、电子枪和荧光板三部分构成。其结构如图 3-59 所示。

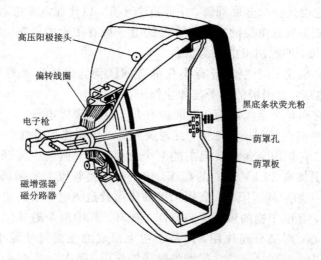

图 3-59　自会聚彩色显像管结构图

1. 玻璃外壳

显像管的外壳由玻璃制成。玻璃外壳又由管颈、管锥体和屏幕玻璃三部分构成。屏幕通常为球面形状，我国规定屏幕宽、高比为 4∶3。

管锥的形状为锥体，管锥一端与管屏封结，另一端与管颈封结。管锥的内外壁都涂有导电石墨，内壁石墨与高压嘴阳极相连，外壁石墨通过金属弹片与电路中的"地"相连。内外壁的石墨层与玻璃介质构成 500 pF～1000 pF 的电容，这个电容可作为高压阳极的滤波电容，因此在高压供电电路中不必再接高压滤波电容。管锥上还有一个高压插座，1 万伏以上的高压就是通过它加到内部阳极的。

2. 电子枪

自会聚彩色显像管电子枪结构如图 3-60 所示。电子枪中的红、绿、蓝三个阴极是各自独立的，并采用精密的水平一字形排列方式。而栅极、加速极、高压阳极是公用的。

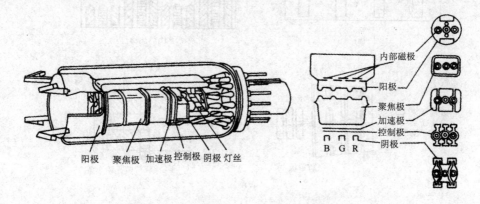

图 3-60　自会聚彩色显像管电子枪结构图

电子枪各电极结构特点和作用如下：

（1）阴极：它是一个金属圆筒，筒内装有灯丝（用来加热阴极）。阴极以金属材料为基底，表面涂有易于发射电子的氧化物，阴极受热后便能发射电子。

（2）控制极：它也是一个金属圆筒，中间有个小孔，以便让电子束通过。控制极套在阴极外面，离阴极很近，故其电位的变化对穿过的电子束有很大的影响。应用时要求控制极的电位低于阴极电位，即控制极电压为负。

（3）加速极：它也是一个中间开有小孔的金属圆筒，位置紧靠控制极，工作时加有 100 V～400 V 的电压，对阴极的电子起加速作用。

（4）聚焦极：它亦是个金属圆筒，上面加有几千伏的聚焦电压，与高压阳极组成聚焦透镜，使电子束聚焦成直径很小的细束，此时荧光屏上的图像最清晰。

（5）高压阳极：它是用金属连接起来的两个金属圆筒，圆筒中间开有小孔，中间隔有聚焦极。高压阳极上加有 25 kV 左右的高压，这个高压由管锥上的阳极插座提供，再经内壁石墨层和金属弹片加到高压阳极。高压阳极的作用就是使电子束高速轰击荧光屏。

除上述电极外，在电子枪的顶部还装有四个磁环，其中两个磁环位于两个边束的阳极孔上并与阳极孔同心，起磁分路作用，使两个边束形成的光栅尺寸减小，称为磁分路器；另外两个磁环位于中心束的上下方，起增强磁场的作用，使中心束光栅尺寸增大，称为磁增强器。四个磁环总的作用是使红、绿、蓝三个基色的光栅重合，它们是会聚装置的组成部分。

3. 荧光屏和荫罩板的结构

荧光屏与荫罩板的结构如图 3-61 所示。自会聚彩色显像管在荧光屏上涂着垂直交替的红、绿、蓝三基色荧光粉条，每 R、G、B 三个荧光粉条为一组，作为一个像素。在没有荧光粉的空隙处涂有石墨，可吸收杂散光，提高图像对比度，如图 3-61(b)所示。

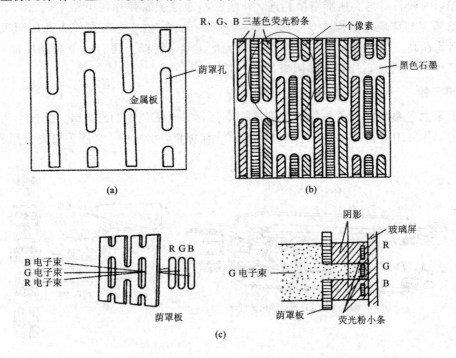

图 3-61　荧光屏与荫罩板结构示意图

　　实际上，纯平显像管荧光屏的内表面并不是平面，即电子束轰击的荧光面仍存在一定的曲率，但通过对荧光屏玻璃的合理设计，使电子束轰击荧光面所激发的荧光进入玻璃后，传播速度和传播路径会发生适当变化，这样既有效地补偿了光栅的枕形失真，又实现了人们感觉上的完全平面。

　　在彩色显像管荧光屏内约 1 cm 处，装有一块荫罩板(也叫选色板)，由钢板制成。在自会聚管的荫罩板上开有约 40 万个排列有序的条状小孔(荫罩孔)，如图 3-61(c)所示。

3.7.2　彩色显像管附属电路

1. 自动消磁电路

　　自动消磁电路可以经常对显像管内外的铁磁部件(荫罩板、磁屏蔽罩、防爆环等)进行消磁，以消除地磁和其他杂散磁场对色纯的影响。

　　常用的自动消磁电路由电源开关、正温度系数的热敏电阻和消磁线圈三部分组成，如图 3-62 所示。

　　图 3-62 所示自动消磁电路的原理为：刚接通电源开关时，因电阻 R_t 的阻值很小(一般为 20 Ω 左右)，有很大的电流(1.1 A 左右)通过电阻流过消磁线圈 L，使 R_t 的温度升高而阻值增大，从而使流过消磁线圈的电流不断减小，2 s~4 s 可减小到 0.75 mA 以下，如图 3-63(a)所示。当消磁线圈中的电流由大逐渐变小时，就会产生一个逐渐衰减的交变磁场，使显像管内、外铁磁部件的剩磁沿着磁滞回线逐渐衰减到零，如图 3-63(b)所示。

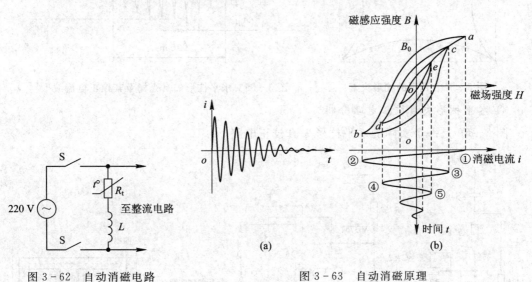

图 3-62　自动消磁电路　　　　　　　图 3-63　自动消磁原理

2. 枕形失真校正电路

1) 光栅枕形失真

　　由于显像管的曲率半径大于电子束偏转的球面半径，将引起光栅发生延伸性失真，其结果使荧光屏上出现的扫描光栅不是理想的矩形而呈枕形，如图 3-64 所示。这种失真的特点是偏转角越大，荧光屏越接近平面，延伸失真越严重。

2) 光栅枕形失真校正原理

　　黑白显像管是在偏转线圈的四周加上一些小块永久磁铁进行枕形失真校正，但彩色显像管不能用这种方法，否则会破坏会聚和色纯度。

　　自会聚彩色显像管的偏转磁场是特定的非均匀磁场，该磁场对垂直枕形失真有补偿校正作用，但往往会加重水平枕形失真。因此，自会聚彩色显像管一般无需垂直枕形校正电路（大屏幕彩色显像管除外），只需水平枕形校正电路。

　　水平枕形失真的特点是光栅的左右两侧向里弯曲，其变化规律近似于一个对称的抛物波，如图3-65所示。为了校正这种失真，可用一个场抛物波去调制行扫描电流，被调制的行扫描电流在一场的中部幅度最大，在一场的起始部分和末尾部分幅度较小，其波形如图3-65所示，正好用于补偿水平枕形失真。

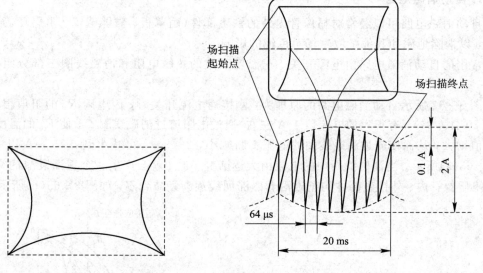

图3-64　光栅的枕形失真　　　　　图3-65　水平枕形失真光栅及其校正电流波形

3）水平枕形失真校正电路分析

图3-66是一个实际的水平枕形失真校正电路。

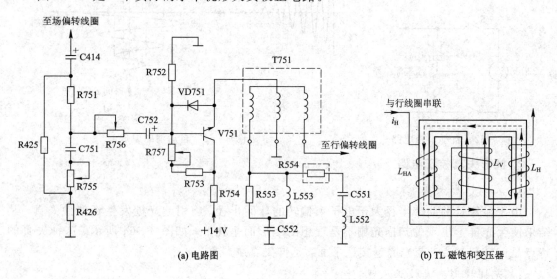

(a) 电路图　　　　　　　　　　　(b) TL磁饱和变压器

图3-66　水平枕形失真校正电路

图 3-66 中，T751 是一个磁饱和变压器，是水平枕形失真校正的关键原件。其中间铁芯的线圈 L_V 通入的是受场抛物波调制的电流 i_V，产生的磁力线用实线标出。两侧铁芯的串联线圈 L_{HA}、L_{HB} 通入行扫描锯齿波电流 i_H，产生的磁力线用虚线标出。当输入 L_V 的场抛物波电流 i_V 逐渐增大时，其磁通量增大，左侧铁芯中由于两磁通量同向（当行扫描电流改变方向时则右侧铁芯中两磁通量同向），使左侧铁芯进入行磁饱和状态，L_{HA} 的感抗下降，而行偏转线圈与之串联，行偏转电流通路的总阻抗也下降，从而使行偏转电流 i_H 幅度增大。流入的场偏转电流 i_V 幅度越大，则左侧的铁芯磁饱和度越深，L_{HA} 的感抗越小，则 i_H 幅度就越大。从而行偏转电流的幅度受到了场抛物波的调制，抛物波如图 3-65 所示。

3. 白平衡调整电路

电视机在接收黑白电视信号或接收彩色电视信号但关闭色饱和度时，尽管荧光屏上的三种基色荧光粉都发光，但要求合成光在任何对比度的情况下，荧光屏只呈现黑白图像，白平衡的调整就能达到这种目的。白平衡不好，荧光屏显示彩色图像就会偏色，产生彩色失真。

所谓白平衡的调整，就是使三条电子束的截止点和调制特性趋于一致，三条电子束电流的比例接近于实际要求的比例。白平衡的调整包括暗平衡的调整和亮平衡的调整。

1）暗平衡的调整

暗平衡的调整就是指低亮度下的白平衡。暗平衡的调整主要是使显像管三基色电子束的截止点趋于一致。图 3-67(a)表示三条电子束的调制特性曲线的差异，三条曲线有不同

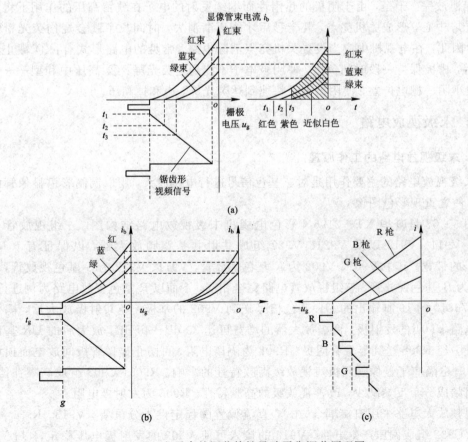

图 3-67　电子束的调节特性及暗平衡调节原理图

的斜率和截止点,致使在低亮度区,屏幕上将出现暗红色或暗紫色,这种现象是不希望发生的,正确的应是出现暗灰色。

为了校正上述失真,必须设法使截止电压趋于一致,形成如图 3-67(b)、(c)所示的情况。对于自会聚显像管,通常通过采用改变三个末级视放管的发射极直流电位,从而间接地改变显像管的三个阴极电位,使三路基色信号的消隐电平分别对准各自调制曲线的截止点。当视频信号同时加到三个阴极时,三基色电子束电流将同时出现,从而达到暗平衡的调节目的。

2) 亮平衡的调整

亮平衡是指在较高亮度条件下的白平衡。在高亮度区,由于电子束的调制特性斜率不相同,再加上三种荧光粉在不同亮度的发光率不一样,仍会使荧光屏带某种彩色,因此还要进行亮平衡的调整。由于电子束的斜率是无法更改的,通常通过改变红、绿、蓝视放输出级的视频信号的幅度比值,来改变显像管的激励电压的比值大小,使彩色电视机接收高亮度信号时,屏幕呈现白色。

4. 关机亮点消除电路

电视机关机后,行、场扫描电路停止工作,但是由于显像管灯丝的热惰性,阴极仍然在发射电子,而显像管锥体内外壁石墨层构成的高压滤波电容上所充的电荷需要较长的时间才能泄放完。于是,由于阴极的热惰性而继续发射的电子在残留高压的作用下将集中轰击荧光屏中心,形成关机亮点,几十秒后才能逐渐消失,时间长了就会烧伤荧光粉而形成黑斑,因此,在电视机中应当设置关机亮点消除电路。常见的电路形式有:① 截止型——关机后,栅极保持一段时间负压,使阴极电子不能到达荧光屏;② 高压中和型——关机瞬间,减小阴—栅电位差,使阴极电子快速到达荧光屏,中和掉高压。

3.7.3 末级视放电路

1. 末级视放电路的工作原理

末级视放电路的主要作用是对三基色信号进行电压放大,用以调制彩色显像管的三个阴极,使之重现彩色图像。

图 3-68 是厦华 XT—2196N 彩色电视机末级视放电路结构图。三组视放管 V901、V902,V911、V912 以及 V921、V922 组成共射共基宽频放大器,以保证有 6 MHz~8 MHz 的带宽。其中 V901、V902 为 R 基色视放管,V911、V912 为 G 基色视放管,V921、V922 为 B 基色视放管。三组视放管电路完全相同,下面以 R 基色视放电路为例进行分析。由 LA76810 的 19 脚输出的 UR 基色信号送到 V902 的基极,经共射极放大后,耦合到共基极电路 V901 的发射极。两极放大器的增益可达 30 dB~40 dB。放大后的 UR 基色信号(负极性)经 R908 送到显像管阴极。R908 为隔离电阻,可防止显像管极间放电而损坏视放管,同时也隔离了显像管阴极对视放级高频特性的影响。R905、C902 组成高频补偿电路,可使高频成分负反馈减少,改善视放级的高频特性。R906 为发射极电阻。

视频放大电路采用直接耦合方式,直流偏置的稳定性十分重要。V913、R931、R932、R933、C932 组成偏压产生电路。V913 的接入可使 V902 的发射极电压稳定,以便于暗平衡的调整。

R907 为视放管集电极负载电阻，接行输出变压器提供的 200 V 直流电压。

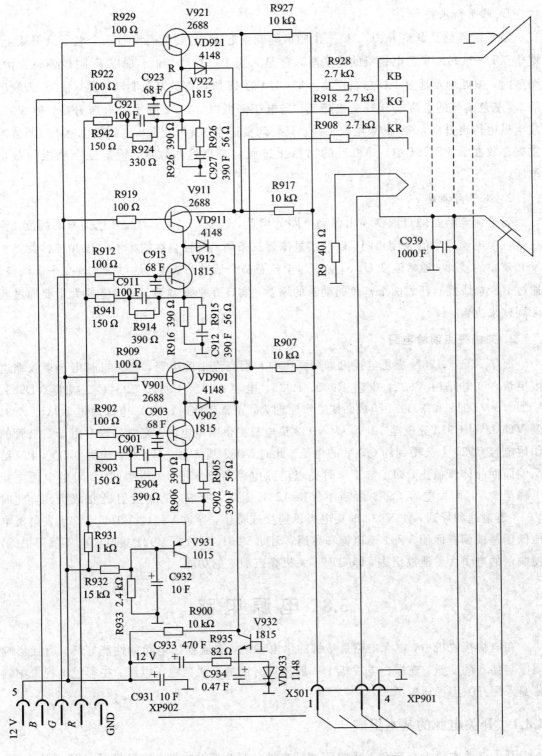

图 3-68　厦华 XT—2196 末级视放电路原理图

2. 白平衡调整电路

1）暗平衡调整

暗平衡调整是调整 R、G、B 三个阴极的截止电压，以使低亮度时三个电子枪都截止。厦华 XT—2196N 彩色电视机的暗平衡调整是采用 I²C 总线控制。现以 R 阴极调整为例。调整时，微处理器通过 I²C 总线控制 LA76810 的 19 脚内部的基色驱动电路，使 19 脚输出的 U_R 基色信号的直流成分升高或降低，当电压降低时，V902 集电极电压升高，使 V901 集电极电压也升高，KR 的束电流下降。只要调整适当，就可使 KB 达到截止电平。调整的数据存放在 E²PROM 中，开机后的初始化过程将调出这些数据，确定三个阴极的截止电压。

2）亮平衡调整

亮平衡调整是通过改变输出驱动电路的增益，改变 U_R、U_G、U_B 基色信号的幅度，使三基色束电流产生的亮度相同，以补偿显像管三条调制特性直线斜率不一致和三种荧光粉发光效率的差异。通常改变 U_R、U_G、U_B 中任意两个信号的幅度，就可以实现亮平衡调整。通过 I²C 总线控制任意两个基色驱动器的增益，实现亮平衡调整。设定值的大小要通过实际调试来决定。

3. 关机亮点消除电路

厦华 XT—2196N 彩色电视机采用高压中和型亮点消除电路，使关机时电子束收缩速度更快。该电路由 V932，电阻 R900、R935，电容 C931、C933、C934，二极管 VD933、VD901、VD911 和 VD921 组成。其工作原理为：正常工作时，12 V 电源通过 R935、C934 及 VD933 对 C933 充电至 12 V，为 V932 集电极提供断电电源。充电过程中由于二极管的作用电容 C934 上会得到约 0.7 V 的电压。此时 V932 基极为 0 V，发射极为 0.7 V，PN 结反偏而使晶体管截止，即正常工作时亮点消除电路不起作用；关机瞬间 12 V 的电源电压下降至 0 V，而大电容 C933 两端还保持 12 V 压降，所以 V933 发射极变成负压，此时 V933 迅速饱和导通，使 V932 的集电极迅速变成负压，导致 V901、V911、V921 发射极电压低于基极偏置而使 V901 迅速饱和导通，因此 V901、V911、V921 集电极电压降得很低，使剩余的电子大量泄放出去，即实现了关机亮点消除的功能。

3.8　电　源　电　路

在电视接收机中，电源电路是整机的供电系统，直流稳压电源的性能好坏，直接影响图像与伴音的质量，在黑白电视机中一般采用普通的串联型稳压电源。在彩色电视机中则普遍采用开关型稳压电源。

3.8.1　开关电源的基本组成

开关电源主要由交流 220 V 整流滤波电路、开关振荡电路、高频脉冲整流滤波电路、取样和稳压控制电路等组成，如图 3-69 所示。

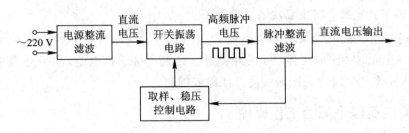

图 3 - 69　开关电源基本组成框图

电源整流滤波电路将交流 220 V 电压变为 300 V 左右的直流电压。开关振荡电路包括开关调整管、开关变压器、正反馈电路等，把整流滤波电路送来的直流电压变换为高频脉冲电压。脉冲直流电路把高频脉冲电压整流为直流电压为负载供电，同时送稳压控制电路。稳压控制电路包括取样电路、基准电压产生电路、比较放大电路脉宽（或频率）调整电路等。它将取样电压和基准电压进行比较，得到误差电压并进行放大，用放大后的误差电压去控制开关振荡管（即开关调整管）的导通和截止时间，以改变高频脉冲的频率或脉冲宽度，从而使输出的直流电压稳定。

3.8.2　开关型稳压电源的特点

1. 效率高、功耗小

开关型稳压电源的调整管工作在开关状态，在饱和导通时，集电极与发射极之间的压降几乎为零，在开关管截止时，集电极电流为零，故功率很小，因此效率可大大提高，其效率通常可达 80％～90％。

2. 体积小、重量轻

开关型稳压电源通常采用电网输入的交流电压直接整流，不需要笨重的工频变压器，因此具有重量轻、体积小的优点。

3. 稳压范围宽

普通的串联型稳压电源允许电网电压变化范围为 190 V～240 V。而开关型稳压电源输入交流电压在 130 V 至 260 V 之间变化时都能达到良好的稳压效率，输出电压的变化在 2％以下，可获得稳定的直流电压输出。

4. 整机热稳定性高、安全可靠

开关稳压电源由于调整管功耗小，机内温度较低，而且开关电源可方便地设置过压、过流保护电路，一旦发生过压、过流故障，开关电源电路自动停止工作，整机的热稳定性与可靠性大大提高，从而防止了故障范围的扩大。

5. 滤波电容容量小

开关稳压电源由于开关信号频率高，滤波电容的容量可以大大减小。

6. 具有多路电压输出和遥控关机功能

开关型稳压电源可在开关变压器的次级绕制不同匝数的绕组，从而获得不同数值的输出电压。通过设置遥控开关的工作状态的电路来实现遥控开关的目的。

7. 设置抗干扰电路,防止高次谐波辐射干扰

开关型稳压电源的开关管工作在行频或行频以上频率,开关脉冲电压幅度峰峰值达500 V 以上,因而高次谐波较强。一般开关电源设置了抗干扰电路,并在电路中并入一些小电容,串入小电感,以对高次谐波进行滤除或抑制。

3.8.3　开关型稳压电源的工作原理

1. 开关电源的工作原理

变压器耦合并联型开关电源组成框图如图 3-70 所示,等效电路如图 3-71 所示。

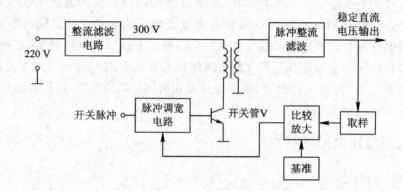

图 3-70　变压器耦合并联型开关电源组成框图

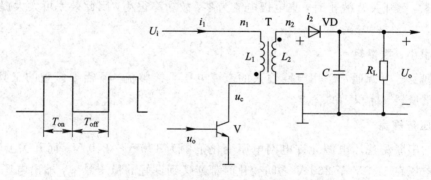

图 3-71　并联型开关电源等效电路

图 3-71 中:V 为开关调整管;T 为脉冲变压器(开关变压器);VD 为脉冲整流二极管;C 为滤波电容;R_L 代表电源的负载。开关激励脉冲加至开关管 V 的基极,控制其导通与截止。开关电源的工作电压电流波形如图 3-72 所示。

在 $t_0 \sim t_1$ 期间,正脉冲激励开关管 V 使其饱和导通,$U_{ce} \approx 0$。故初级线圈 L_1 上的电压为上正下负,初级线圈的电流 i_1 线性上升,脉冲变压器次级绕组 L_2 上感应的电压 U_{L2} 为上负下正,二极管 VD 截止。随着 i_1 的上升,变压器存储的磁能逐渐增大,在 t_1 时刻达到最大值。

在 $t_1 \sim t_2$ 期间,激励脉冲为负,开关管 V 截止,$i_1 = 0$,L_1 上的自感电动势为上负下正,由同名端可知次级感应的电压为上正下负,二极管 VD 导通,脉冲变压器存储的磁能开始向电容 C 充电,并取得输出直流电压 u_o。

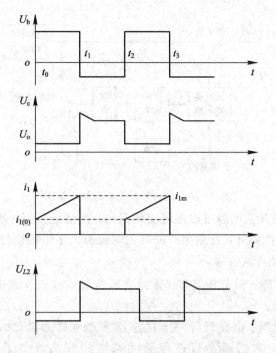

图 3-72 开关电源的工作波形图

t_2 时刻，开关管又导通，二极管 VD 截止，脉冲变压器又储存能量，使 i_1 开始上升，在 V 导通、VD 截止期间，负载所需电流由电容 C 放电来供给。

从上述工作过程得知，开关管 V 和二极管 VD 是反极性激励方式，V 导通时 VD 截止，V 截止时 VD 导通，开关管仅工作在导通与截止两种状态。

2. 开关电源的类型

1）按开关管的连接方式分类

按开关管的储能电感与负载连接方式分为串联型开关电源和并联型开关电源。

串联型开关电源的开关管的储能电感串联在输入电压与输出负载之间，如图 3-73 所示。

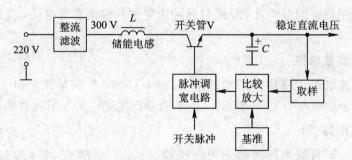

图 3-73 串联型开关电源组成框图

并联型开关电源的开关管储能电感与负载并联，如图 3-74 所示。

脉冲变压器耦合并联型开关稳压电源的开关管与脉冲变压器串联后并接在输入端，输出电压由脉冲变压器的次级绕组产生。

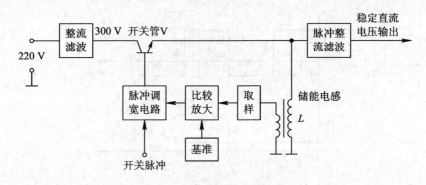

图 3-74　并联型开关电源组成框图

变压器耦合并联型开关电源可以实现变压器初、次绕组隔离，使主板不带 220 V 交流电，成为冷底板，安全性能好，近期生产的彩色电视机大多采用这种开关电源。

2）按开关电源激励方式分类

（1）自激式开关电源：利用开关管、脉冲变压器等构成正反馈电路形成自激振荡，使开关电源输出直流电压。

（2）他激式开关电源：需要设计一个振荡器来产生脉冲启动开关调整管，使其正常工作并输出直流电压，之后再由行逆程脉冲来维持开关管的工作，这时振荡器停止工作。

3）按稳压控制方式分类

（1）脉冲宽度控制式（调宽式）开关电源：保持开关电源的激励脉冲的频率不变，通过控制脉冲的宽度来改变激励脉冲的占空系数来达到稳压目的。

（2）脉冲频率控制式（调频式）开关电源：通过改变激励脉冲的频率（周期）来调节激励脉冲的占空系数，使输出电压达到稳定。

3.8.4　开关电源实例

下面以厦华 XT—2196 型彩色电视机开关电源实际电路为例进行分析。

厦华 XT—2196 型彩色电视机开关电源电路为脉冲变压器耦合开关电源，为实现初、次级隔离采用专用绕组的取样方式，通过脉冲调宽方式输出稳定电压，其部分电路图如图 3-75 所示。

1. 电源整流滤波电路

电源整流滤波电路主要由互感滤波器 T501、T503，桥式整流电路 VD501、VD502、VD503、VD504 和滤波电容 C506 组成，C506 两端产生 300 V 左右的直流电压。

2. 自激振荡电路

开机后 +300 V 直流电压通过开关变压器 T502 初级绕组 3、1 加到 V504 集电极，并经过启动电阻 R503 加到开关管 V504 基极，因而 V504 导通，V504 集电极电流增大，在 T502 初级绕组产生 3 正 1 负的自感电动势，在正反馈绕组上产生 5 正 6 负的互感电动势，它通过 C508、VD506、R514 及 R515 加到 V504 的基极与发射极之间，使 V504 集电极电流 i。

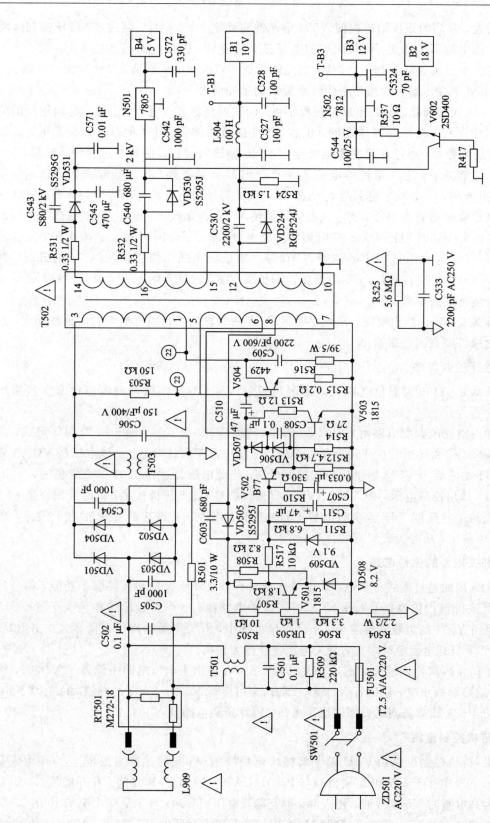

图 3 – 75 厦华 XT—2196 型彩色电视机开关电源电路图

进一步增大, 强烈的正反馈过程使 V504 迅速饱和且使 T502 储能。流过 T2 变压器初级励磁电感中的电流不能突变, 但其两端的电压是会突变的, 因此电路接通电源 U_{cc} 后, 开关变压器初级电压迅速增加到 +300 V, 而晶体管集—射极间电压则从 +300 V 大约下降到 0 V, 从而在开关变压器各绕组中产生一个陡峭的脉冲前沿。

V504 进入饱和状态后, 正反馈过程结束, 间歇振荡器进入电压、电流变化较缓慢的脉冲平顶工作过程。在脉冲平顶期间, 电容 C510 通过晶体管 V504 的基—射极充电, 实际上, 这就是电源 U_{cc} 通过开关变压器使电容 C510 储能的过程。在充电过程中, 电容 C510 两端电压逐渐减小, 注入基极的电流 $i_b = i_c / \beta$ 时晶体管 V504 就开始脱离饱和区, 一旦 V504 退出饱和, i_b 的减小将引起 i_c 的减小, T502 初级绕组自感电动势变为 3 负 1 正, 正反馈绕组感应电动势为 5 负 6 正, 强烈的反馈使 V504 迅速截止, 电容 C510 在脉冲平顶期间充上的电荷要通过电阻 R503 向电源 U_{cc} 放电 (电源 U_{cc} 也同时通过电阻 R503 向电容 C510 反向充电)。放电过程中晶体管 V504 基—射极间电压由负压向 $+U_{cc}$ 方向升高, 当 u_{be} 升高到 +0.6 V 左右时, V504 导通休止期结束, 接下去又开始下一个脉冲过程, 这样就周而复始地形成间歇振荡。

在开关管 V504 截止期间, 开关变压器 T502 所储存的能量通过整流管向负载释放, 并经滤波形成各路直流电压输出。

3. 稳压控制电路

厦华 XT—2196 型彩色电视机采用通过控制 V504 的振荡脉冲的占空比来实现稳压输出。

脉冲占空比的调制电路由 C510、V501、V502、V503 及 T502 的 8、7 绕组等组成, 在开关管 V504 饱和导通时在 T502 的 8、7 绕组上感应出正向脉冲电压, 该电压经 VD505 整流及 C511 滤波后为 V501 提供比较的检测电压。当此电压超过 VR501 的设定值时, V501 通过 R517 输出控制电压, 使 V502、V503 导通将电容 C510 正极接地, 此时反馈绕组 5、6 脚所感应的正向反馈电压迅速向电容 C510 充电, 使 V504 的基极对地相当于短路, 使 V504 迅速截止, 从而实现调宽的目的。

4. 开关电源的保护电路

该机采用的是自激式开关电源, 电源本身具有过流降压保护和短路保护功能, 而过压保护则由该机行扫描电路直接驱动 X 射线保护电路执行。当行输出级电流大于 600 mA 时, 反馈到 V504 的负载阻抗减小, 正反馈量也减小, 开关电源输出电压降低, 并出现 "吱吱" 声。如果负载电流继续增大, 开关电源将停振无输出。

为了防止因取样系统失灵造成开关电源失控, 在输出主电压电路中设置了 VD509, 当 V501 因故障而截止时, 稳压管 VD509 反向击穿可维持 V502、V503 的导通, 以免因 V503 的截止使 V504 脉宽急剧延长而输出高电压, 损坏负载电路及 V504。

5. 待机控制电路

开机/待机控制电路由 CPU 第 7 脚输出电平控制 V505 的导通与截止。V506 构成开关, 其 c、e 极串接于 5 V 电压输出端与 IC201(LA76810) 的 25 脚之间。在开机状态, CPU 第 7 脚为高电平时 V505 导通, 使 V506 得到偏置电压而导通, +5 V 向 LA76810 的 25 脚行振荡提供工作电压。当按下待机键后 CPU 第 7 脚转为低电平, V505、V506 都相继截止，行振荡停振，行扫描停止工作呈待机状态，如图 3 - 76 所示。

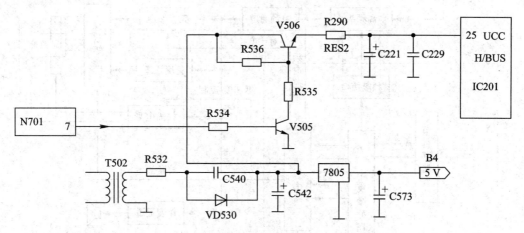

图 3 - 76　厦华 XT—2196 彩色电视机待机控制电路图

3.9　遥 控 系 统

3.9.1　遥控系统的组成与功能

1. 遥控系统的基本组成

　　彩色电视机的遥控系统是以电视控制专用微控制器为核心组成的微控制器控制系统，能对电路中被传输的控制信息量进行数字处理，以实现遥控选台、调整音量和图像等操作；利用微控制器的信息处理量大、具有存储功能和中断功能等特点，可以很方便地得到一些如屏幕显示、睡眠定时关机、自动定时关机等附加功能。这些工作过程都是在微控制器的程序控制下进行的。遥控系统的组成框图如图 3 - 77 所示。

　　彩色电视机的遥控系统主要由红外接收电路、微处理器、外部存储器、端口扩展电路等几部分组成；外部有输入键盘(电视机面板上的按键)、遥控发射器等。

2. 遥控电路

　　遥控电路已经历了由单项控制到多项控制、由电视机控制到 AV 设备的控制、由单机控制到多机控制的发展过程。

　　目前，世界各国生产的彩色电视接收机(尤其是大屏幕彩色电视接收机)几乎均采用了遥控技术。在我国，遥控彩色电视接收机也早已普及到了千家万户，并深受广大消费者的喜爱与欢迎。

　　无线遥控可以采用超声波遥控也可以采用红外遥控方式，目前大都采用红外遥控方式。本节主要介绍红外遥控方式。

　　1) 遥控电路的组成及控制功能

　　(1) 遥控电路的组成。

　　遥控系统的组成框图如图 3 - 77 所示。图中，虚线方框内为遥控电路部分，它主要由红外遥控信号发射器、红外遥控信号接收器、微处理器、节目存储器以及接口电路等组成，

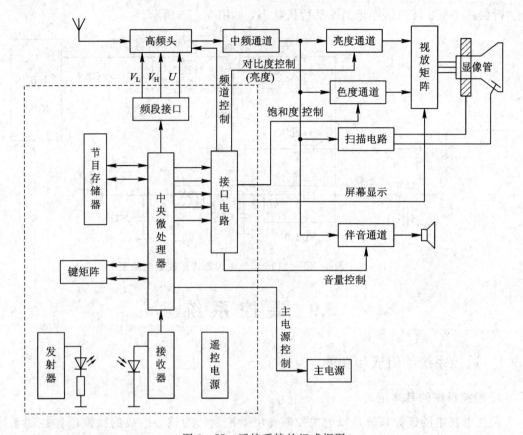

图 3 - 77 遥控系统的组成框图

其核心是微处理器，功能主要是代替频道预选器和调节控制装置。图中，箭头所指即表示受控对象及控制的电路部位。

（2）遥控彩色电视机的控制方式。

遥控彩色电视机的选台和各种功能操作的控制方式有两种，一种是本机键控，一种是遥控。

（3）遥控彩色电视机的主要控制功能。

① 调谐选台功能。

② 模拟量控制功能。

③ 状态控制功能：开关机控制、标准状态控制、伴音静音控制、TV/AV 转换控制。

④ 屏幕显示功能。

2）彩色电视机遥控电路的分类

电视机的遥控电路有电压合成式与频率合成式两种。

（1）电压合成式遥控电路的组成。

电压合成方式遥控系统的结构如图 3 - 78 所示，它是将各频道所需的不同的模拟调谐电压先数字化，然后再存储在电可擦除可编程只读存储器 E^2PROM 中。选台时，只需先从相应的存储器中读出所选电视频道相对应的选台电压，再经 D/A 转换变成模拟直流控制电压，送给高频头中的变容二极管即可进行选台。

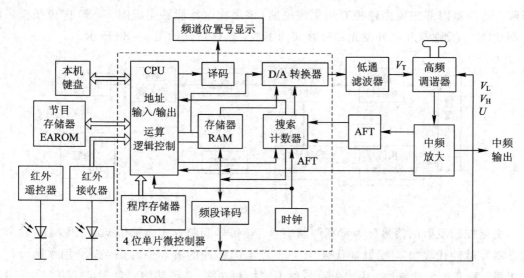

图 3 - 78　电压合成方式数字调谐选台控制系统组成框图

（2）频率合成式遥控选台电路的组成。

频率合成式遥控选台电路的组成框图如图 3 - 79 所示，它是利用微控制器来控制锁相环中的程控分频器，如果两者之间存在频率（或相位）差，锁相环中的鉴相器将给出一个宽度与该频率（或相位）差成正比的脉冲信号，此信号通过低通平滑滤波后变成相应的直流控制电压，该电压被送至高频头中的本机振荡器，使其产生具有正确频率与相位的振荡信号，从而完成电视频道的选择功能。

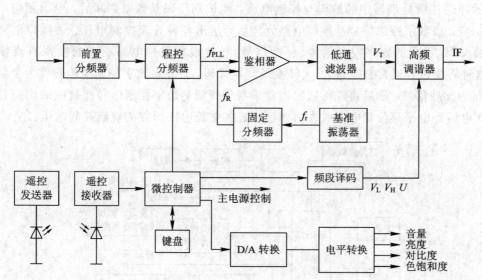

图 3 - 79　频率合成式遥控选台电路主框图

3）遥控发射器

遥控发射器的作用是产生各种红外遥控信号，并将其以红外线光波的形式发射出去，以供红外遥控接收系统接收处理。它的前端是红外遥控信号的辐射窗口，里面装有红外发光二极管。遥控器的面板上装有各种不同操作功能的按键，这些按键组成了遥控器的键盘矩阵。遥控器内部主要由遥控专用集成电路(该集成电路能够完成图 3-80 中虚线框内的全部功能)、激励器和红外发光二极管共同组成,具体情况如图 3-80 所示。

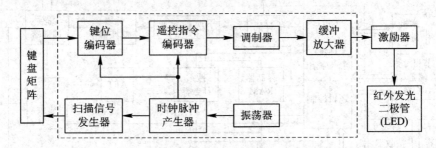

图 3-80　遥控器组成框图

由遥控器发射的信号称为脉宽调制信号,该信号调制方式为脉位调制(PPM),这种方式是以宽脉冲代表"1",窄脉冲代表"0"。遥控编码脉冲的前 8 位为识别码,用来区分厂家和机型;后 8 位为功能码,用来表示各种不同控制功能。8 位功能码最多可代表 $2^8=156$ 种控制功能,这完全可以满足各种遥控操作的需要。

4) 遥控接收系统

遥控接收系统的作用是接收红外遥控信号,并经过一系列的处理变换后,给出各种相应的控制信号,以实现对电视接收机各项功能的控制。遥控接收系统的组成框图如图 3-81所示。在红外遥控接收器的前端接有 PIN 型光电二极管,利用它可将红外光信号转变成电信号,该电信号经载波放大、限幅、检波和整形后,还原成遥控编码指令脉冲,将该指令脉冲送往微处理器中的解码与控制电路,经识别译码及数据判断后,给出相应的数字控制信号。该数字控制信号经接口电路处理后,给出各种直流控制电压。该接口电路的作用是将 CPU 给出的数字控制信号(脉冲信号)转换成被控电路所需的模拟直流控制电压。这种转换过程通常是通过 D/A 转换及频段译码,首先将数字控制信号转换为个数和宽度不同的脉冲信号,然后再经低通滤波器平滑后得到与数字控制信号相对应的模拟直流电压。此电压经电平移位相电压放大后即可变成各被控电路所需的直流控制电压。

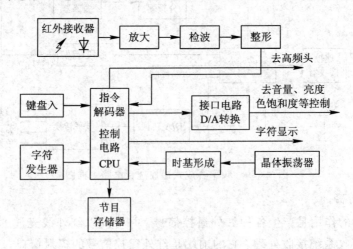

图 3-81　遥控接收系统组成框图

遥控接收系统中的节目存储器是用来存储预置的电视频道选台数据以及音量、亮度、色饱和度等控制数据的，同时还用来存储上次最后收看的电视频道的各种状态数据，例如频道号、TV/AV 状态等。

3.9.2　I²C 总线控制技术

I²C 总线即"内部集成电路总线"，也译为 IC 之间的通信。这种新技术是由菲利浦公司所独创的，主要应用在消费类电子产品中。目前，世界上各大半导体公司都在不断推出更为先进的 I²C 总线控制单片彩电集成电路，并被广泛地应用在大屏幕彩电中。

1. I²C 总线系统的基本工作原理

1）I²C 总线基本结构

I²C 总线是串行总线系统，由两根线组成：一根是串行数据线，常用 SDA 表示；另一根是串行时钟线，常用 SCL 表示。CPU 利用串行时钟线发出时钟信号，用串行数据线发送或接收数据，实现对被控电路的调整与控制。由于 I²C 总线只有两根线，因此数据的传输方式是串行方式，其数据传输速度低于并行方式，但 I²C 总线占用 CPU 的引脚很少，只有两个，有利于简化 CPU 的外围线路。

在 I²C 总线系统中，CPU 是核心，I²C 总线由 CPU 电路引出，其他被控对象均挂接在 I²C 总线上。I²C 总线系统电路结构如图 3-82 所示。

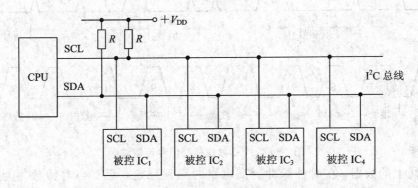

图 3-82　I²C 总线系统电路结构示意图

2）I²C 总线接口电路

I²C 总线传输是数字信号，但由于彩电中大部分被控对象为模拟电路，为便于通信，在被控对象中需要增加 I²C 总线接口电路。被控对象通过 I²C 总线接口电路接收由 CPU 发出的控制指令和数据，实现 CPU 对被控对象的控制。

受控 IC 中 I²C 总线接口电路如图 3-83 所示。接口电路一般由 I²C 总线解码器、D/A 转换器和控制开关等电路组成。由 CPU 送来的数据信息经译码器译码和 D/A 转换后，得到模拟控制信号才能对被控 IC 执行控制操作。

2. I²C 总线信号的传输格式

I²C 总线中的两根线在传输各种控制信号的过程中是有严格分工的，其中 SDA 数据线用来传输各控制信号的数据及这些数据占有的地址等内容，SCL 时钟线用来控制器件与被控器件之间的工作节拍。为保证总线输出电路得到供电，SDA 线和 SCL 线均通过上拉电阻和电源连接，当总线空闲时，SDA 和 SCL 两线均保持高电平。I^{2}C 总线控制信号传输波形如图 3-84 所示。

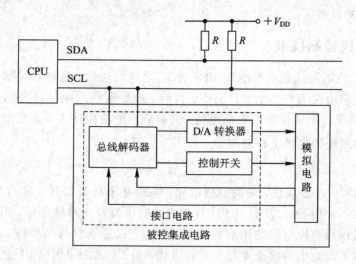

图 3-83　受控 IC 中 I^{2}C 总线接口电路

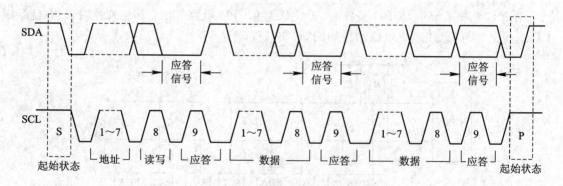

图 3-84　I^{2}C 总线控制信号传输波形

SDA 线上的数据，在时钟脉冲为高电平时必须稳定，只有当时钟脉冲为低电平时，SDA 线上的电平才允许变化，否则被判为"无效"。

3. 彩电中 I^{2}C 总线的基本功能

1）生产自动化调整功能

采用 I^{2}C 总线控制技术的电视机省掉了大量半可调电位器，大大简化了调整工艺，且产品一致性好。在电视机生产时，可将生产线上的计算机与电视机的 I^{2}C 总线相连，将最佳调整数据传送至电视机的 E^{2}PROM 中，也可将标准数据固化在微处理器的 ROM（只读存储器）中。

2）用户操作功能

用户对电视机的操作，例如节目预选、音量控制、色饱和度调节等均可通过 I^{2}C 总线控制系统来完成。这项功能与普通遥控彩电是相同的，只是内部电路的实现方式不同。

3）维修调整功能

在对 I^{2}C 总线控制彩色电视机检修时，有许多项目如高放 AGC、副亮度、副对比度、行幅、行中心、场幅、场中心、场线性、枕形失真校正、白平衡等，都可由检修人员进入电视机维修状态后利用遥控器通过 I²C 总线进行调整。这项功能可以省掉普通彩电中大量使用的半可调电位器，提高了产品的可靠性，但也给维修人员带来了许多新问题。

4) 故障自检功能

由于 I²C 总线具有数据双向传输功能，因此微处理器可对 I²C 总线通信情况和被控集成电路的工作状态进行监测。当通信线路和被控集成电路出现异常情况时，微处理控制器可进入自动保护状态，输出相应信号，以适当的方式指示故障部位或简单地关闭开关稳压电源，使电视机进入保护关机状态。

3.9.3 I²C 总线控制系统实例

本小节介绍厦华 XT—2196 彩色电视机控制系统组成。厦华 XT—2196 彩色电视机控制系统组成框图如图 3-85 所示。其控制系统在内部主要由红外接收电路、微处理器、外部存储器、端口扩展电路等几部分组成；外部有输入键盘（电视机面板上的按键）、遥控发射器等。控制系统是彩电整机的指挥中心，微处理器是系统的核心部分。厦华 XT—2196彩电功能的控制是采用三洋公司微处理芯片 LC863324 经 I²C 总线来完成的。

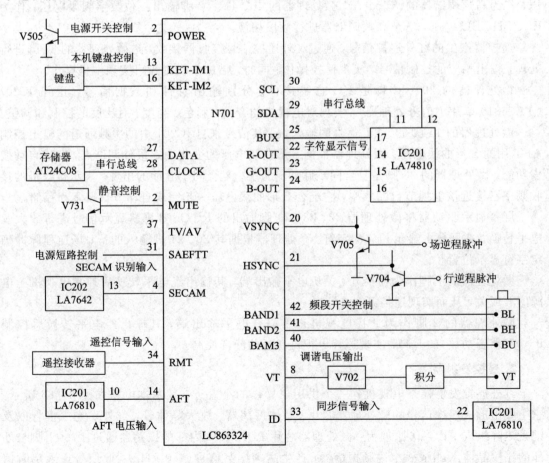

图 3-85　厦华 XT—2196 型彩色电视机控制系统组成框图

1. 微处理器

LC863324 是一个微处理器，它与 ROM 存储器、LA76810、高频头、接收器等通过 I²C 总线相连接。LC863324 内部具有时钟发生器、中断控制、待机控制、OSD 控制电路。在伴音小信号通道的处理过程中，共有 5 个部分受 I²C 总线控制，它们是伴音中频、FM 增益、去加重时间常数、静音和鉴频增益。

微处理器以数据总线和模拟量的方式对机内各部分电路进行控制，对行、场扫描电路、AV 开关、音频信号处理控制电路、高频调谐器进行控制。实行上述控制主要是完成对图像几何形状、扫描同步、亮度信号、色度信号的调整以及对节目预置、频道切换、AV/TV转换和音量的调节。

微处理器对开关电源、静音电路等部分的控制，采用的是模拟量控制方式。通过改变控制端的直流电位达到上述各部分电路工作状态的改变。

产生屏幕控制显示字符的基色信号、字符消隐信号是由微处理器直接输出的。字符内容已固化在微处理器内部。

微处理器 LC863324 和存储器 AT24C08 一起构成电压合成式数字调谐选台系统的核心部分。微处理器的 8 脚输出脉宽调制型数字调谐电压信号，经低通滤波器转换成直流电压，作为高频调谐器的调谐电压。微处理器的 40、41、42 脚输出三位数字频段电压，作为 BL、BH、BU 电压，送至高频调谐器进行频段切换。

遥控器产生的红外遥控信号，通过红外遥控信号接收器接收，送微处理器的 34 脚进行处理，输出相应的控制信号，实现遥控操作。同时，借助本机键盘可实现本机操作。

微处理器的 29、30 脚是 I²C 总线接口，分别输出时钟和数据信号，送往 IC201（TA76810 单片小信号处理器），实现对电视机的音量、彩色、亮度、对比度的控制和调整。

微处理器的 14 脚是 AFT 信号的输入端，其信号来自 IC201 中的中频通道的输出控制 AFT 用的 S 形曲线电压。微处理器根据 S 形曲线电压的变化确定最佳调谐点，完成自动搜索功能。微处理器的 33 脚是复合同步脉冲输入端。复合同步脉冲的出现，表示接收机的接收频率已接近该电视节目的频率，它配合 S 形曲线电压一起完成自动节目搜索和存储。

屏幕显示驱动器将微处理器 22、23、24 脚输出的 R、G、B 屏幕显示信号进行放大及电平转换，在屏幕上显示相应的字符。微处理器根据其 20、21 脚输入的行、场逆程脉冲确定字符显示位置。

微处理器的 7 脚作为遥控开、关机电平输出端，其输出经电平转换后控制电视机主电源的开或关，从而实现遥控开、关机。

微处理器的 2 脚作为遥控电视机音量静音电平输出端，其输出经电平转换后控制 IC402（伴音功放）的 5 脚，实现遥控电视机音量的静音控制。

2. 遥控发射器

红外遥控发射器是电视机外一个供用户操作的小盒子，其基本电路如图 3 - 86 所示。它主要由形成遥控信号的微处理器芯片、晶体振荡器、放大晶体管、红外发光二极管以及键盘矩阵组成。其工作原理为：微处理器芯片 LC7461M 内部的振荡器通过 10、11 脚与外部的振荡晶体 X 组成一个高频振荡器，产生高频振荡信号（480 kHz）。此信号送入定时信号发生器后产生 40 kHz 的正弦信号和定时脉冲信号。正弦信号送入编码调制器作为载波信号；定时脉冲信号送扫描信号发生器、键控输入编码器和指令编码器作为这些电路的时间标准信号。

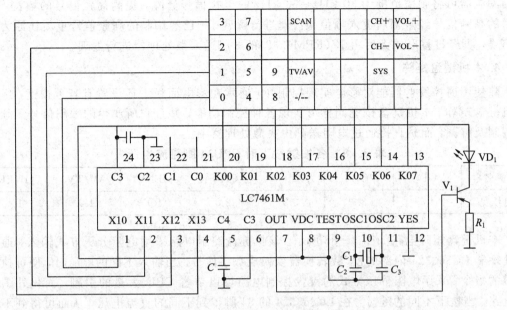

图 3-86　红外遥控发射器电路图

LC7461M 内部的扫描信号发生器产生五种不同时间的扫描脉冲信号，由 13～20 脚输出送至键盘矩阵电路。当按下某一键时，相应于该功能按键的控制信号分别由 1～4 脚输入到键控编码器，输出相应功能的数码信号。然后由指令编码器输出指令码信号，经过调制器调制在载波信号上，形成包含有功能信息的高频脉冲串，由 7 脚输出经过晶体管 V_1 放大，推动红外线发光二极管 VD_1 发射出脉冲调制信号。

3. 遥控接收器

红外线遥控接收器的作用是将接收到的红外线遥控信号经过放大、解调和整形后输出功能指令信号，送至微处理器进行识别和处理。其电路如图 3-87 所示。

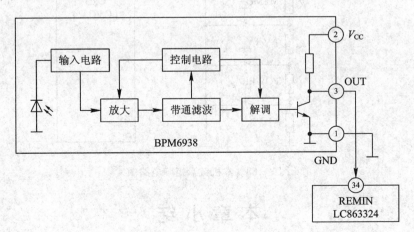

图 3-87　红外线遥控接收器电路图

当红外线接收管接收到红外线光照射时，所产生的电流经过输入电路送入放大器形成信号电压。ABLC(自动电平限制)电路用来限制输入到放大器信号的电平幅度，防止过载；带通滤波器可将频率范围为 30 kHz～50 kHz 的干扰信号滤除，提高高频信号的增益。放大后的高频信号经限幅后进入峰值检波器进行解调，把已经调制的高频信号重新还原为指令信号，再经过整形放大后由 IC(RPM6938)的 3 脚送入微处理器进行处理。

4. 本机键盘矩阵

除使用遥控发射器能对彩电实现控制外，通常在彩电面板上还设置有若干按键，组成本机键盘矩阵。本机键盘按键同样可实现各种控制功能，并且它所产生的编码信号无须进行调制及解调，而是直接通过电阻送到中央微处理器中。

表 3 - 8 各按键按下时 CPU34 脚直流电压

键名	VOL−	VOL+	CH−	CH+	MENU	AV/TV	POWER
电压/V	4.5	3.9	3.2	2.6	1.9	1.4	1

本机键盘矩阵电路如图 3 - 88 所示。该机键盘控制电路采用电阻分压方式输入，通过微处理器 LC863324 内部的模/数转换器变换成数字信号。当输入不同的电压时，便可执行相应的指令。采用电阻分压方式的键盘控制电路可以节省 CPU 大量的引脚，简化外围控制电路。当按下不同的键时，在 LC863324 的 34 脚得到不同的直流电压，从而可得到不同的控制功能。表 3 - 8 列出了各按键按下时 CPU 34 脚的直流电压值。

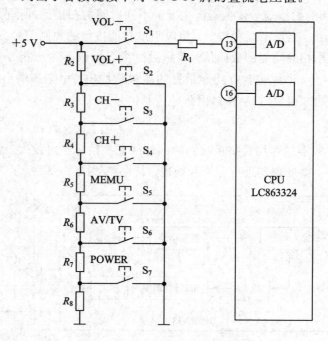

图 3 - 88 本机键盘矩阵电路图

本 章 小 结

1. 彩色电视接收机主要由公共通道、解码电路、伴音通道、图像显示系统、遥控电路和电源电路等组成。

2. 高频调谐器由输入电路、高放电路、本振电路和混频电路组成，它的主要任务是把不同频道的高频电视信号变频为频率相同的中频电视信号。

3. 高频调谐器有许多类型。按调谐方式分，可分为机械调谐式和电子调谐式。电子式高频调谐器可分普通全频道高频调谐器和有线电视（CATV）全频道高频调谐器。按调谐电压产生的方式分，电子式高频调谐器还可分为电压合成式高频调谐器和频率合成式高频调谐器。

4. 图像中频通道的任务是对中频电视信号并进行选频、放大，并解调出视频全电视信号和第二伴音中频信号。要求图像中频通道应有足够的电压增益、符合要求的幅频特性、良好的选择性、足够大的 AGC 范围及良好的工作稳定性。图像中频通道主要由中频滤波器、中频放大器、视频检波器、预视放电路、ANC 电路、AGC 电路、AFT 电路等组成。

5. 视频检波器的作用是从图像中频信号中解调出视频信号，同时将图像中频和伴音中频信号进行混频，产生第二伴音中频信号。视频检波器常用的电路形式有三种，即二极管检波器、同步检波器和 PLL 同步检波器。

6. ANC 电路的作用是消除混入视频信号中的大幅度干扰脉冲，防止它对图像质量、同步分离和 AGC 电路造成不良影响，其电路结构通常有截止式和对消式两种类型。

7. AGC 电路的作用是通过一定方式获得一个随输入信号强弱变化而变化的直流电压，去控制中放电路和高放电路的增益，从而使视频检波输出的视频信号幅度稳定。

8. AGC 有多种类型。按控制方式分，可分为正向 AGC 和反向 AGC；按控制对象分，可分为平均值型 AGC、峰值型 AGC 和键控型 AGC。

9. AFT 电路是一个鉴频器，其作用是将电视机中实际的图像中频载波频率与标准图像中频（38 MHz）进行频率比较，产生一个误差直流电压（即 AFT 电压），去控制高频头中的本机振荡频率，使之正确、稳定。此外，AFT 电压还送至 CPU，在自动搜索时作为控制频率精调方向和进行频道数据存储的依据。

10. 伴音通道主要由带通滤波器、伴音中频限幅放大器、鉴频器和音频放大器组成。

11. 彩色解码器的作用是将彩色全电视信号解调还原为三基色信号。PAL-D 制解码电路由亮度通道、色度通道、基准副载波恢复电路和解码矩阵电路四部分组成。

12. PAL-D 制解码器中的亮度通道主要由副载波吸收电路（4.43 MHz 陷波器）、对比度控制与轮廓补偿电路、直流分量恢复与亮度调节电路、自动亮度限制（ABL）电路、亮度延时电路及行场消隐电路等组成。

13. 色度通道主要由色带通滤波与放大器、梳状滤波器（又称延时解调器）和同步检波器等组成，其主要作用从彩色全电视信号中解调出 $R-Y$ 和 $B-Y$ 信号。

14. 同步扫描电路由同步分离电路、行扫描电路和场扫描电路组成，其作用是从全电视信号中分离出分离出行、场同步信号。同步分离电路有两个：一是幅度分离，可把复合同步信号从全电视信号中分离出来；另一个是脉宽分离，可把场同步信号从复合同步信号中分离出来。

15. 行扫描电路由行 AFC（自动频率控制）电路、行振荡电路、行激励电路、行输出电路和高、中电压电路等部分组成，其主要作用是供给行偏转线圈以线性良好、幅度足够的锯齿波电流以及产生显像管所必需的供电电压。

16. 场扫描电路场振荡、场激励和场输出电路组成，其主要作用是供给场偏转线圈以线性良好、幅度足够的锯齿波电流。

17. 在行扫描逆程期间产生幅度约 $8V_{CC}$ 的行逆程脉冲，经过变压，整流和滤波就可得到显像管及其他电路所需的高压、中压和中压。利用这种方法产生高、中电压，成本低、安全性好。

18. 显像管由玻璃外壳、电子枪和荧光板三部分构成。电子枪由灯丝、阴极、栅极、加速极和高压阳极组成。彩色显像管荧光屏上涂有红、绿、蓝三色荧光粉，电子枪发射三个电子束，在视频信号的调制下，各电子束轰击各自对应的荧光粉而发出红、绿、蓝三色光，利用空间混色显示彩色图像。

19. 彩色显像管末级视放电路的主要作用是对三基色信号进行电压放大，用以调制彩色显像管的三个阴极，使之重现彩色图像。

20. 开关电源有体积小功耗小、重量轻、效率高、稳压范围宽、容易产生多种输出电压及增加过流过压保护、易于遥控等优点，但有底盘带电、易产生谐波辐射等缺点。开关电源的主要特点是调整管(开关管)工作在开关状态，由激励脉冲来控制，利用开关管导通时间的长短和开关频率来控制输出电流电压的高低。

21. 彩电遥控控制系统是以电视控制专用微控制器为核心组成的微控制器系统，能对电路中被传输的控制信息量进行数字处理，以实现遥控选台、调整音量和图像等操作；利用微控制器的信息处理量大、具有存储功能和中断功能等特点，可以很方便地得到一些如屏幕显示、睡眠定时关机、自动定时关机等附加功能。

22. 彩电的控制系统在内部主要由红外接收电路、微处理器、外部存储器、端口扩展电路等几部分组成；外部有输入键盘(电视机面板上的按键)、遥控发射器等。

23. 遥控彩色电视接收机是指在一定距离内，可以对接收机中的某些参量实现无线控制的电视接收机，可控制的参量主要包括：主机电源的通/断、选台、定时关机、音量、亮度、色饱和度、对比度、标准状态调整、屏幕显示、预置选台、伴音静音等。遥控电路主要由红外遥控信号发射器、红外遥控信号接收器、微处理器、节目存储器以及接口电路等组成。

思考题与习题

1. 画出彩色电视机基本组成方框图，并说明工作过程。

2. 厦华 XT—2196 型彩色电视机的组成有哪些特点？电路主要由哪些集成电路组成？电视机有什么功能？

3. 单片电视信号处理集成电路 LA76810 有什么特点？其内部有哪些电路？

4. 根据厦华 XT—2196 型彩色电视机的整机组成框图，分析整机信号流程。

5. 高频调谐器的作用是什么？画出其基本组成方框图。

6. 高频调谐器有哪些类型？

7. 对高频调谐器有哪些性能要求？

8. 画出电子调谐基本回路，简述其工作原理。

9. 为什么电子调谐器把 VHF 分为两个频段？这两个频段是怎样进行转换的？

10. 普通全频道电子调谐器和 CATV 全频道电子调谐器有何异同？

11. 图像中频通道的主要任务是什么？画出图像中频通道的组成方框图，并说明各部分的作用。

12. 电视机对图像中频通道有哪些性能要求？画出图像中频通道的幅频特性曲线，说明各频率点的含义。

13. 声表面波滤波器的作用及特点是什么？

14. 用同步检波器作视频检波，较之用二极管检波有哪些优点？

15. 根据 PLL 同步检波器方框图，说明其检波的原理。

16. 彩电的伴音通道由哪些主要电路组成？各电路有什么作用？

17. 为什么对伴音中频信号进行限幅？鉴频器的作用是什么？

18. 讲述从天线接收到扬声器伴音信号经过的变换过程。

19. 厦华 XT—2196 型彩色电视机是如何进行音量控制的？

20. PAL 制解码电路由哪几部分电路组成？各部分主要完成什么任务？

21. 画出色度通道的组成框图，并说明各框图的作用。

22. 在 PAL 制解码器中梳状滤波器有什么作用？说明其工作原理。

23. $R-Y$、$B-Y$ 同步解调器对副载波信号各有什么要求？

24. 色副载波恢复电路主要由哪些电路组成？各电路具有什么作用？

25. 在亮度通道中，为什么要设置色副载波吸收电路、ARC 电路及亮度延时电路？它们各有何作用？

26. 亮度通道一般包括哪些电路？各电路具有什么作用？

27. 解码矩阵电路包括哪两部分？各有什么作用？

28. 何谓亮度勾边电路？怎样形成勾边信号？

29. 色度通道包括哪几部分电路？简述各部分的基本功能。

30. 色度带通放大器的主要任务是什么？对色度带通放大器的频率特性有何要求？

31. 延时解调器的精确延时时间应是多少？

32. 解码器中的同步检波电路有何作用？对它有什么要求？

33. 说明色同步选通的原理及对选通脉冲的要求。

34. $R-Y$ 同步检波器所需的载波为何要逐行倒相？如何实现逐行倒相？

35. 在彩色电视接收机中有几个矩阵电路？它们各起什么作用？

36. 在彩色电视接收机中，如何还原色差信号 $G-Y$，试画出 $G-Y$ 色差矩阵电路。

37. PAL 解码器中出现下列故障时，试分别说明标准彩条信号图像将出现什么异常现象。

(1) 失去色同步信号；

(2) 晶振失锁；

(3) PAL 开关极性反转；

(4) 失去 $R-Y$ 信号或 $B-Y$ 信号；

(5) 失去 R、B 或 G 信号；

(6) 失去 Y 信号。

38. 同步分离电路由哪几部分组成？对同步分离电路的性能要求是什么？从全电视信号中分离出复合同步脉冲采用的是什么原理？

39. 说明幅度分离电路的工作原理，幅度分离管的管型与同步脉冲极性有什么关系？

40. 什么是脉宽分离？脉宽分离电路有什么作用？

41. 若幅度分离电路出现故障，图像会出现什么现象？

42. 行输出电路是如何形成锯齿形偏转电流的?

43. 试说明行、场偏转线圈的等效电路有何不同。

44. 行输出电路中反峰电压值与哪些因素有关?

45. 行扫描电路产生非线性失真的原因是什么?用什么办法进行校正?

46. 画出行输出级的基本电路,并按正程后半段、逆程前半段、逆程后半段和正程前半段的顺序说明其工作过程。

47. 试说明行扫描产生延伸失真的原因和 S 校正的工作原理。

48. 试说明行激励级的作用与要求。何谓同极性激励与反极性激励?哪种激励方式更好一些?

49. 集成行振荡目前采用哪几种形式?其振荡原理是什么?

50. 试画出 AFC 电路的组成方框图,说明其工作原理。

51. 场扫描电路中使场偏转线圈中电流波形产生非线性失真的原因是什么?采用什么措施来改善偏转电流波形的非线性?

52. 说明行扫描电路的作用及组成,它与场扫描电路比较有哪些特点?行输出级的工作状态如何?为什么?

53. 试比较行、场扫描电路的相同点与不同点。

54. 有人在组装电视机时,误将一个数值为正常值 10 倍的电容作为行逆程电容,结果造成显像管的亮度很暗,试解释其原因。

55. 显像管所需高压用什么方式获得?为什么?

56. 什么是泵电源?场输出电路为什么一般采用泵电源供电?

57. 自会聚彩色显像管在结构上有什么特点?显像管中电子枪中各电极的作用是什么?

58. 什么是会聚、静会聚和动会聚?自会聚管是如何实现静会聚和动会聚调整的?

59. 什么是色纯?色纯误差的表现及产生原因是什么?

60. 彩色电视机中为什么要设置自动消磁电路?其原理是什么?

61. 自会聚管为什么一般需要设置光栅水平失真校正电路?校正的原理是什么?垂直枕形失真是怎样校正的?

62. 什么是白平衡?白平衡不良的表现是什么?引起白平衡不良的原因是什么?应怎样进行调整?

63. 开关电源由哪几部分组成,各部分的作用是什么?开关电源有哪些特点?

64. 分析厦华 XT—2196 型彩色电视机开关电源的工作原理与稳压过程。

65. 彩电中遥控控制系统一般由哪几部分组成?

66. 利用微处理器和 I^2C 组成的控制系统彩电可完成哪些控制功能?I^2C 总线控制有哪些优越性?

67. 试画出遥控彩色电视接收机的组成框图,并说明遥控彩色电视机比普通彩色电视机增加了哪些电路。遥控彩色电视接收机具有哪些遥控功能?

68. 红外遥控发射器由哪几部分组成?各部分有何作用?

69. 音量、亮度、色饱和度等模拟量控制电压是如何形成的?

70. 调谐选台电压是如何形成的?试画出产生该电压的基本原理框图。

71. 试画出频率合成选台电路的组成框图。

第 4 章 液晶电视技术

学习目标：

(1) 掌握液晶显示器件的结构与工作原理。

(2) 熟悉液晶电视机的性能指标。

(3) 掌握液晶电视机的电路特点及整机电路组成和工作原理。

能力目标：

(1) 能够正确分析液晶显示器件的工作过程。

(2) 能够正确分析液晶电视机各单元电路的工作过程。

4.1 液晶电视概述

液晶电视机是以液晶显示器(Liquid Crystal Display, LCD)作为显示屏幕的一种平板型电视机，它是一种采用液晶控制透光度技术来实现色彩的显示器。LCD 从诞生发展至今，包括可视角度、响应时间、对比度等技术指标在内的硬件技术已经逐渐进入较为稳定的成熟期，它已成为平板显示器家族中的佼佼者。

LCD 产品的特点如下：

(1) 低压，微功耗。LCD 产品的工作电压极低，只要 2 V～3 V 即可，而工作电流仅为几微安，这是其他任何显示器件都无法比拟的。在工作电压和功耗上，液晶显示器正好与大规模集成电路的发展相适应。

(2) 平板型结构。液晶显示器件的基本结构是两片玻璃基板制成的薄形盒。这种结构用作显示窗口，不仅可以做得很小，如照相机上所用的显示窗，也可以做得很大，如大屏幕液晶电视及大型液晶广告牌。

(3) 被动型显示。液晶显示器本身不能发光，它通过调制外界光达到显示目的，是一种被动显示，即它不像主动型显示器件那样，自行发光刺激人眼实现显示。人类所感知的视觉信息中，90％以上是外部物体的反射光，而并非物体本身的发光。因此，被动显示更适合于人眼视觉，更不易引起疲劳。

(4) 显示信息量大。与 CRT 相比，液晶显示器件没有荫罩限制，因此像素点可以做得更小、更精细；与等离子体显示器件相比，液晶显示器件像素点处不需要像等离子体显示器件那样，像素点间要留有一定的隔离区。因此，液晶显示器件在同样大小的显示窗面积内，可以容纳更多像素，显示更多信息。

(5) 易于彩色化。液晶本身虽然一般是没有颜色的，但是它实现彩色化的确很容易，方法有很多，一般使用较多的是滤色法和干涉法。其中，滤色法技术相对比较成熟，使液晶具有更精确、更鲜艳及没有彩色失真的彩色化效果。

(6) 寿命长。液晶材料是有机高分子合成材料，具有极高的纯度，而且其他材料也都是高纯物质，在极净化的条件下制造而成；液晶的驱动电压又很低，驱动电流更是微乎其微。因此，这种器件的劣化几乎没有，寿命很长，可在5万小时以上。

（7）无辐射，无污染。CRT在使用中会产生软X射线及电磁波辐射，这种辐射不仅污染环境，还会产生信息泄露；液晶显示器件不会产生这类问题，它对人身安全和信息保密都是十分理想的。

（8）结构简单，易于驱动。液晶显示器件没有复杂的机械部分，能用大规模集成电路直接驱动，电路接口简单。

（9）LCD的主要缺点是可视角度小。早期的液晶显示器的可视角度只有90°，只能从正面观看，从侧面看就会出现较大的亮度和色彩失真。现在市面上的液晶显示器其可视角度一般在140°左右，有的可以达到更高，对个人使用来说是够了，但如果几个人同时观看，失真的问题就显示出来了。另外，LCD的响应时间过慢，当显示运动画面时就会产生影像拖尾的现象。

4.2　液晶基础知识

4.2.1　液晶及其分子结构

物理学上把物质分为三态，即固态、液态和气态。在自然界中，大部分材料随着温度的变化只呈现固态、液态和气态三种状态。液晶是不同于通常的固态、液态和气态的一种新的物质状态，在一定温度范围内可表现出多种物理性质，它既具有液体流动性、黏度、形变等机械性质，又具有晶体的自然效应、光学多向异性、电光效应、磁光效应等多种物理性质。它是一种新型的物质，也叫做液晶相或中介相，故又称为物质的第四态。

1. 液晶的分子结构

液晶是一种介于固体和液体之间、具有规则性分子排列的有机化合物。一般最常用的液晶为向列液晶，分子形状为细长棒形，长约10 nm，宽约1 nm。液晶从形态和外观看上去都是一种液体，但它的水晶分子结构又表现出固体的形态，它的化学分子结构式为

$$C_4H_9 - \langle\!\!\langle O \rangle\!\!\rangle - N{=}CH - \langle\!\!\langle O \rangle\!\!\rangle - O{-}CH_3$$

液晶的分子结构如图4-1所示。

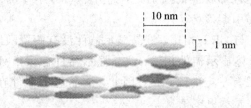

图4-1　液晶的分子结构

液体、液晶及晶体的分子结构比较如图4-2所示。液晶的特点是构成液晶的分子指向有规律，而分子之间的相对位置无规律。前者使液晶具有晶体才有的各向异性，后者使之具有液体才有的流动性。

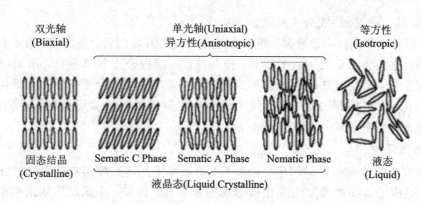

图 4-2　液体、液晶及晶体的分子结构比较

2. 液晶的种类

液晶的种类很多，自然存在的和人工合成的液晶多达数千种，但它们基本上都是有机化合物。按液晶相形成的条件来归纳分类，液晶可以分为热致液晶、溶致液晶、感应液晶及流致液晶。

1）热致液晶

把某些有机物加热熔解，由于某种原因加热破坏了晶体点阵结构而形成的液晶称为热致液晶。也就是由于温度变化而出现的液晶称为热致液晶。目前用于显示的液晶材料基本上都是热致液晶。

热致液晶按分子排列有序状态的不同，可以分为近晶相液晶、向列相液晶和胆甾相液晶。这三种热致液晶的分子结构差异如图 4-3 所示。

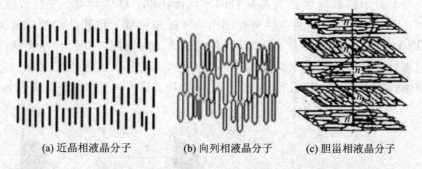

　　(a) 近晶相液晶分子　　　　　(b) 向列相液晶分子　　　　　(c) 胆甾相液晶分子

图 4-3　近晶相、向列相和胆甾相液晶分子结构差异

（1）近晶相（Sematic）液晶。Sematic 一词由希腊语而来，是肥皂状的意思。因这种类型的液晶在浓肥皂水溶液中都显示特有的偏光显微镜像，因而命名为皂相。近晶相液晶的分子分层排列，有统一的方向，比较接近晶体，故译为近晶相。此类液晶的黏滞系数很大，分子可以左右、前后滑动，但不能在上下层间移动，应答速度慢，多用于光记忆材料。

（2）向列相（Nematic）液晶。Nematic 一词由希腊语而来，是丝状之意。向列相液晶的棒状分子仍然保持着与分子轴方向平行的排列状态，但没有近晶相液晶中那种层状结构。向列相中分子的重心混乱无序，而向列相分子指向却有序排列，使向列相物质的光学与电学性质（即折射系数与介电常数）沿着及垂直于这个有序排列的方向而不同。正是由于向列相液晶在光学上显示正的双折射性的单轴性与电学上的介电常数各向异性，使得用电来控制光学性能(即液晶显示)成为了可能。

(3) 胆甾相(Cholesteric)液晶。胆甾醇经脂化或卤素取代后,呈现液晶相,我们称之为胆甾相液晶。这类液晶分子呈扁平形状,排列成层,层内分子相互平行,不同层的分子长轴方向稍有变化,沿层的法线方向排列成螺旋结构。当不同的分子长轴排列沿螺旋方向经历 360°的变化后,又回到初始取向,这个周期性的层间距离称为胆甾相液晶的螺距(P)。胆甾相实际上是向列相的一种畸变状态。

2) 溶致液晶

把某些有机物放在一定的溶剂中,由于溶剂破坏了晶体点阵结构而形成的液晶称为溶致液晶。它是由于液晶浓度发生变化而出现的液晶相。例如,小孩玩耍吹出的肥皂泡,就是最常见的溶致液晶示例。溶致液晶广泛存在于自然界和生物体内,并已被不知不觉地应用于人类生活的各个领域。

3) 感应液晶

在外场(力、电、磁、光等)作用下进入液晶态的物质,称为感应液晶。

4) 流致液晶

通过施加流动场而形成的液晶态物质,称为流致液晶。例如,聚对苯二甲酰对氨基苯甲酰肼即属此类液晶。

4.2.2　液晶的基本性质及显示原理

1. 液晶的基本性质

(1) 边界取向性。当无外场存在时,液晶分子在边界上的取向很复杂。在最简单的自由边界上,液晶分子的取向会随液晶材料的不同而不同,可以垂直、平行或倾斜于边界,如图 4-4(a)所示。如果边界是一层刻有凹凸沟槽的取向膜,则凹凸沟槽对液晶分子的取向起主导作用,通过摩擦,液晶分子就朝沟槽的这个方向取向,如图 4-4(b)所示。

(2) 电气性质。液晶的电气性质如图 4-5 所示。在上下电极板之间加一电场时,电极板之间的液晶分子长轴就会沿着电场方向排列。这一电气性质是实现液晶显示的基础。

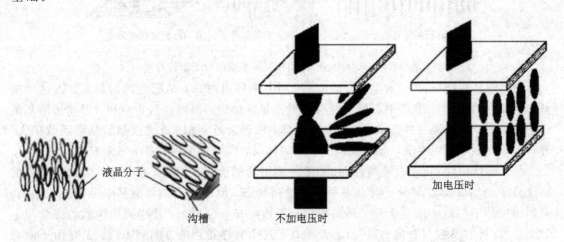

图 4-4　液晶边界取向性质　　　　　　　图 4-5　液晶的电气性质

（3）旋光性质。若上、下基板取向膜沟槽相差某一角度，则在下基板中同一平面上的液晶分子取向虽然一致，但相邻平行面液晶分子的取向逐渐旋转扭曲。当可见光波长远小于液晶分子上、下基板间的旋转扭曲螺距时，光矢量会同样随着液晶分子的旋转而旋转；在出射时，光矢量转过的角度与液晶分子的旋转扭曲角度相同。

2. 液晶显示原理

液晶显示器以液晶材料为基本组件，而液晶分子的液体特性使得它具有两种非常有用的特点：如果让电流通过液晶层，则这些分子将会以电流的流动方向进行排列，如果没有电流，它们将会彼此平行排列；如果提供带有小沟槽的外层，则将液晶上下倒放后，液晶分子会顺着沟槽排列，并且内层与外层以同样的方式进行排列。液晶的第三个特性是很神奇的，即液晶层能够使光线发生扭转。液晶层的表现有些类似于偏振片（又称偏光器或偏光片），这就意味着它能够过滤掉除了从特殊方向射入的所有光线。此外，如果液晶层发生了扭转，则光线会随之扭转，以不同的方向从另外一个面中射出。

图 4-6 所示的是 TN 型液晶显示器的简易示意图，它包括垂直方向与水平方向的偏振片、具有细纹沟槽的取向膜（又称定向膜或取向层）液晶材料以及导电的玻璃基板。

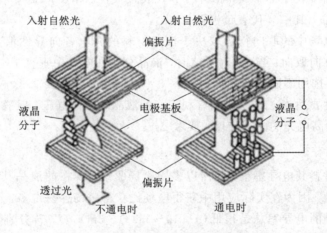

图 4-6　TN 型液晶显示器的原理示意图

在不加电场的情况下，入射光经过偏振片后通过液晶层，由于偏振光被分子扭转排列的液晶层旋转了 90°，离开液晶层时，其方向恰与另一偏振片的方向一致，因此光线能顺利通过，整个电极面呈光亮。当加入电场时，每个液晶分子的光轴转向与电场方向一致，液晶层因此失去了旋光的能力，结果来自入射偏振片的偏振光其方向与另一偏振片的偏振光方向成垂直的关系，无法通过，电极面因此呈现黑暗的状态。以上的物理现象叫作扭转式向列场效应。液晶显示器几乎都是用扭转式向列场效应原理制成的。

STN 型显示器的显示原理与 TN 型显示器的类似，不同的是 TN 扭转式向列场效应的液晶分子是将入射光旋转 90°，而 STN 超扭转式向列场效应是将入射光旋转 180°～270°。要在这里说明的是，单纯的 TN 型液晶显示器本身只有明暗两种情形（或称黑白），并没有办法做到色彩变化。但如果在传统的单色 STN 型液晶显示器上加一彩色滤光片，并将单色显示矩阵中任一像素分成三个子像素，分别通过彩色滤光片显示红、绿、蓝三原色，再经过三原色比例调和，则可以显示出全彩模式的色彩。另外，TN 型液晶显示器的显示屏幕做得越大，则其屏幕对比度就会显得较差。不过，借助 STN 的改良技术，可以弥补对比度不足的缺陷。

TFT－LCD 为薄膜晶体管液晶显示器件，又称为三端子有源矩阵液晶显示器件，即在每个液晶像素点的角上设计一个三端元件——场效应开关晶体管。TFT－LCD 的液晶显示部分与 TN－LCD 的类似。

4.2.3　液晶材料的主要技术参数

液晶具有流体的流动特性，又具有晶体的空间各向异性，包括介电特性、磁极化、光折射率等。液晶材料有许多技术参数，包括光参数与特性参数，主要有介电各向异性 $\Delta\varepsilon$、电导率 α、黏滞系数 η、折射率各向异性 Δn、相对温度 T_c、螺距 p、弹性常数 K 等。

1. 介电各向异性 $\Delta\varepsilon$

液晶介电各向异性是决定液晶分子在电场中行为的主要参数。设 $\varepsilon_{//}$ 为平行于分子轴向上的介电常数，$\varepsilon_\perp$ 为垂直于分子轴方向上的介电常数，常用 $\Delta\varepsilon＝\varepsilon_{//}－\varepsilon_\perp$ 定义液晶介电各向异性的大小。液晶对外场的响应取决于 $\Delta\varepsilon$ 的大小与符号。$\Delta\varepsilon＞0$ 的液晶称为正性液晶，记作 N_p 型液晶，其中 N 代表向异性，p 代表正极性。相反，$\Delta\varepsilon＜0$ 的液晶称为负性液晶，记作 N_n 型液晶，其中 n 代表负极性。

液晶分子在电场中的取向行为取决于液晶材料的介电各向异性值：当 $\Delta\varepsilon$ 为正值时，液晶分子沿电场方向取向；当 $\Delta\varepsilon$ 为负值时，液晶分子在电场中垂直于电场取向。因此，不同的显示途径，可选用不同的液晶材料。

介电各向异性要适当。$\Delta\varepsilon$ 大，则有利于降低液晶的工作电压，但液晶的黏度较大和稳定性较差。为了提高电光的曲线陡度，要求 $\Delta\varepsilon/\varepsilon_\perp$ 大一些。

2. 电导率 σ

早期的液晶材料其电导率很高，所以多用磁场驱动；现在的液晶其电导率非常低，全部采用电场来驱动，因为在实际应用中获得电场比获得磁场容易得多。

一般热致液晶的电导率总是很低（$\sigma＜10\sim11(\Omega\cdot cm)^{-1}$）。若分别以 $\sigma_{//}$ 与 $\sigma_\perp$ 来表示平行于分子轴方向的电导率和垂直于分子轴方向的电导率，则液晶电导率各向异性可以用 $\sigma_{//}$ 与 $\sigma_\perp$ 来描述。向列相液晶中，$\sigma_{//}$ 与 $\sigma_\perp＞1$，这反映了在向列相液晶中沿分子轴方向的运动比垂于分子方向的运动要容易得多；而在近晶相液晶中，离子运动在分子层间隙比较容易，所以 $\sigma_{//}$ 与 $\sigma_\perp＜1$。电导率各向异性随温度的增加而迅速降低，在点亮后降为零，电导率各向异性消失。

3. 黏滞系数 η

黏滞系数对液晶的应用有着很大的影响。向列型液晶的最大缺点是响应速度不够快。响应时间与液晶的黏滞系数（黏度）有直接的关系，黏度小，响应快。黏滞系数取决于分子的活化能、惯性动量、温度及分子的吸引力。一般来说，分子形状长、胖及重量重的液晶其黏度就大。由于温度对分子运动速度影响很大，因而温度对黏度的影响最大。通常，温度每增加 $10°$，其黏度就降低一半。

4. 折射率各向异性 Δn

光在两种媒质中速度的比值叫作折射率 n。如 $n＝v_1/v_2$ 表示光由第一媒质进入第二媒质前后的速度的比，这叫做第二媒质相对于第一媒质的折射率，又叫相对折射率。媒质相对于真空的折射率叫作绝对折射率。由于光在真空中传播的速度最大，因此媒质的绝对折射率总是大于 1。同一媒质中不同波长的光具有不同的折射率。波长越短，其折射率越大。

液晶具有折射率各向异性，即沿着液晶分子各个不同方向上的折射率是不同的。如果沿分子长轴方向上的折射率 $n_{//}$ 大于沿短轴方向上的折射率 $n_{\perp}$，即折射率各向异性 $\Delta n = n_{//} - n_{\perp} > 0$，则称为正性液晶，反之称为负性液晶。偏振光入射到正性液晶时有两种状况：偏振面平行于液晶分子取向的，其折射率大；偏振面垂直于液晶分子取向的，其折射率小。如果沿其他方向入射，则会产生双折射，这种现象称为液晶的双折射现象。

5. 相变温度 T_c

系统内物理性质及化学性质完全均匀的一部分称为一种相。相变是指体系从一种相向另一种相的转变，或指物质从一相向另一相的转移。

热致液晶随温度变化而引发的相变有两种形式。一种称为互变性液晶，其相变过程如图 4-7 所示。当温度升高到熔点 T_m 时，晶体变成液晶，温度再升高到清亮点 T_c 时，液晶变成液体；反之，当温度不断冷却时，液体将变成液晶，液晶将变成晶体。另一种称为单变性液晶，当温度升高时，晶体将直接变成液体；只有当温度冷却时，液体才会变成液晶，液晶再变成晶体。

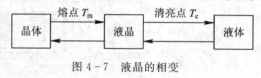

图 4-7　液晶的相变

6. 弹性常数 K

液晶分子存在着一种从优取向，即指向矢。在外场作用下，指向矢要发生变化。取消外场时，由于分子间的交互作用，指向矢有恢复到原来平衡状态下取向的趋势，这类形变称为弹性形变，它有三种形式，如图 4-8 所示。液晶中的这种弹性形变分别称为弯曲、扭曲和展曲。用 K_{11}、K_{22} 和 K_{33} 分别表示展曲、扭曲和弯曲弹性常数。

一般来说，$K_{33} > K_{11} > K_{22}$。通常，增大显示对比度需要大的 K_{33}/K_{11}，而快的响应速度则

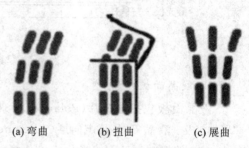

(a) 弯曲　　(b) 扭曲　　(c) 展曲

图 4-8　向列相液晶的三种基本形变

要降低 K_{33}/K_{11}。一般扭曲向列型 LCD 的 K_{33}/K_{11} 为 0.6～0.8。

7. 螺矩 p

各层液晶分子的取向沿螺旋旋经历 $360°$ 的变化后，又回到初始取向，这个周期性的层间距离称为液晶的螺距 p。

对于胆甾相液晶，其螺距就是相同的分子层之间的距离。胆甾相液晶的螺距 p 对温度敏感，温度能引起螺距改变，而它的反射光波长与螺距有关，因此，胆甾相液晶随冷热而改变颜色，常用于温度感测器。在磁场或电场作用下，胆甾相液晶的螺距 p 随场强增大而增大，达到阈值强度时螺旋结构解体，螺距为无穷大。为获得不同螺距，可将胆甾相与向列相按不同比例混合。

对于液晶显示器，要让液晶分子在盒中的扭曲螺距远比可见光波长大得多。液晶材料的螺距对液晶器件的工艺和液晶盒的厚度有影响。

4.3 液晶显示器件的结构与原理

4.3.1 液晶显示器件的结构

1. 液晶显示器件结构

液晶显示器结构如图 4-9 所示，它是由液晶面板和背光模组两大部分组成的。

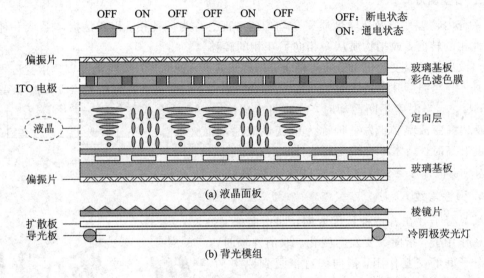

图 4-9 液晶显示器件结构示意图

1）液晶面板

液晶面板包括偏振片（Polarizer）、玻璃基板（Substrate）、彩色滤色膜（Color Filters）、ITO 电极、液晶（LC）及定向层（Alignment Layer）。

（1）偏振片：又称偏光片或极化板，分为上偏振片和下偏振片，上下两个偏振片相互垂直。其作用就像栅栏一般，会阻隔掉与栅栏垂直的光波分量，只准许与栅栏平行的光波分量通过。

（2）玻璃基板：分为上玻璃基板和下玻璃基板，主要用于夹住液晶。对于 TFT-LCD，在下面的那层玻璃上有薄膜晶体管，而上面的那层玻璃则贴有彩色滤色膜。

（3）彩色滤色膜：产生红、绿、蓝三种基色光，再利用红、绿、蓝三基色光的不同混合，便可以得到各种不同的颜色。

（4）ITO 电极：分为公共电极和像素电极。信号电压就加在像素电极与公共电极之间，从而改变液晶分子的排列方向。

（5）液晶：液晶材料从联苯腈、酯类、含氧杂环苯和嘧啶环类液晶化合物逐渐发展到环己基苯类、二苯乙炔类、乙基桥键类和各种含氟芳环类液晶化合物。

（6）定向层：又称取向层和取向膜，其作用是让液晶分子能够整齐排列。若液晶分子的排列不整齐，就会造成光线的散射，形成漏光的现象。

2）背光模组

背光模组由冷阴极荧光灯（CCFL）、导光板（Wave Guide，又称光波导）、扩散板（Diffuser）及棱镜片（Lens）等组成，其作用是将光源均匀地传送到液晶面板。

（1）冷阴极荧光灯：它是一种管状发光体，是一种线光源。冷阴极荧光灯能够提供能耗低、光亮强的白光。

（2）导光板：它是背光模组员的心脏，其主要功能在于导引光线方向，提高面板光辉度及控制亮度均匀。

（3）扩散板：主要功能是让光线透过扩散涂层产生漫射，让光的分布均匀化。

（4）棱镜片：负责把光线聚拢，使其垂直进入液晶模块以提高辉度，所以又称增亮膜。

2. 冷阴极荧光灯

冷阴极荧光灯是填充了惰性气体的密封玻璃管，它具有很多非常好的特性：白色光源极佳，成本低，效率高，寿命长，操作稳定且预知，亮度可轻易变化，重量轻等。

CCFL 主要用于大尺寸 LCD，其最大的缺点是散热与电磁干扰问题。目前使用较多的是单管和双灯管，随着 LCD 尺寸的加大，又出现了 4 灯管、6 灯管、8 灯管、12 灯管和 16 灯管。

1）CCFL 的结构及发光原理

冷阴极荧光灯的结构如图 4 - 10 所示。冷阴极荧光灯的发光原理是：当在管子两端的灯丝电极之间加上高电压时，管内气体电离产生 253.7 nm 的紫外光，紫外光激励内部的荧光粉涂层，产生可见光。

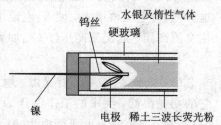

图 4 - 10　冷阴极荧光灯结构示意图

2）CCFL 的负载特性

CCFL 需要在高电压（一般为 500 V 以上）、交流（一般为 40 kHz 左右）电源的驱动下工作，因此通常需要将直流低压电源逆变为高压交流电源。

CCFL 的伏安特性如图 4 - 11 所示。灯管启动初期，电流非常微弱。随着灯管两端电极之间的电压增高，灯管的电流逐渐增大。当灯管两端的供电电压大于启动电压 U_{start} 时，灯管启动结束。图中 U_{con} 为导通电压，U_T 和 I_T 分别为截止电压与截止电流。

当灯管启动后，灯管出现负阻效应，即灯管电流增大，两极间的电压减小。灯管稳定发光后，灯管两端电压受制于电流值，其发光亮度由电流决定。

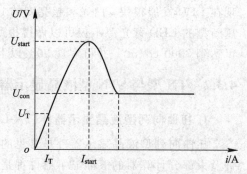

图 4 - 11　CCFL 的电压电流关系

3）CCFL 的高压交流驱动

CCFL 驱动电路如图 4 - 12 所示。这是一个自激推挽式 DC - AC 逆向变换电路。变压器由 3 个绕组组成，其中推挽管 V_1 和 V_2 的集电极之间接初级绕组，CCFL 两端通过电容 C_{bal} 接到次级绕组，V_1 和 V_2 的基极接到反馈绕组。L 的作用是为变压器 T 的中心抽头提供一个较高的交流输入阻抗。R_1 和 R_2 提供基极偏置电流，从而决定 V_1 和 V_2 的集电极电流大小，最终决定 CCFL 的次级电流大小。

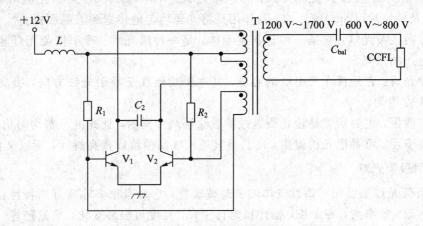

图 4 - 12　CCFL 的驱动电路

当电源接通后，由于 V_1 和 V_2 的性能不可能完全一致，因此假如 $I_1 > I_2$，则变压器的磁通方向由 I_1 决定。磁通的变化在反馈绕组产生感应电势，其极性是带"·"端为负。反馈电势使 V_1 电流再增大，使 V_2 电流再减小，这就是正反馈，从而形成振荡，并在次级绕组产生交流高压。此交流高压经 C_{bal} 加到 CCFL 灯管两端，驱动 CCFL 工作。

4）其他的背光源

（1）电致发光（EL）背光源。电致发光背光源体薄，重量轻，提供的面光源均匀一致，它的功耗很低，要求的工作电压为交流（AC）80 V～100 V，提供工作电压的逆变器可把 5/12/24 V DC 输入电压变换为 AC 输出。电致发光背光源寿命较短，平均半亮度寿命为 3000～5000 小时。电致发光背光源常用在手表、数字钟、单色 PDA 等 LCD 中。

（2）LED 背光源。LED 背光源的寿命比 EL 背光源长，超过 50 000 小时，而且使用 DC 电压。LED 背光源过去通常应用于小型的单色 LCD，如移动电话、遥控器、微波炉等。现在 LED 发展很快，白光和超亮度的 LED 相继出现，为 LCD 开辟了背光源的新途径。实用新型的 LED 背光源不仅可以做得很薄（达 0.7 mm），而且采用直射式的背光源，其亮度可达到 3000 cd/m²，并可实现 90% 以上的 NTSC 制式色域。

4.3.2　TN 型与 STN 型液晶显示器件

1. 扭曲向列型液晶显示器件（TN-LCD）

扭曲向列型液晶显示器件是常见的一种液晶显示器件。常见的手表、数字仪表、电子钟及大部分计算器的液晶显示器件都是 TN 型器件。一般来说，只要是笔段式数字显示器，则所用的液晶显示器件大都是 TN 型器件。因此，这种器件应该是人们最熟知的液晶显示器件了。

扭曲向列型液晶显示器件的基本结构是：将涂有氧化铟锡（ITO）透明导电层的玻璃光刻上一定的透明电极图形，在这种带有透明导电电极图形的前后两片玻璃基板之间，夹持一层具有正介电各向异性的向列相液晶材料，四周进行密封，形成一个厚度仅为数微米的扁平液晶盒。由于玻璃基板内表面涂有一层定向膜，并进行了定向处理，方向互相垂直，因此液晶分子在两片玻璃之间呈 90°扭曲,这就是扭曲向列液晶显示器件名称的由来。

在前面我们已经提到,在 TN 型液晶显示器件中,由于液晶分子在盒中的扭曲螺距远比可见光的波长大得多,在不加电场的情况下,入射光经过偏振片后通过液晶层,偏振光被分子扭转排列的液晶层旋转 90°,离开液晶层时,其方向恰与另一偏振片的方向一致,因此光线能顺利通过,整个电极面呈现光亮。如果在液晶盒上施加一个电压并达到一定值,液晶分子长轴将开始沿电场方向倾斜。当电压达到两倍阈值电压后,除电极表面的液晶分子外,所有液晶盒内两电极之间的液晶分子都变成沿电场方向的排列。这时 90°旋光的功能消失,上下偏振片就失去了旋光作用,使器件不能透光,电极面呈现黑暗状态。

2. 超扭曲向列型液晶显示器件(STN-LCD)

我们知道,扭曲向列型及其他大部分类型的液晶显示器件的电光响应曲线都不够陡峭,如图 4-13 所示。从图中可见,随着驱动电压 U 的升高,电光响应缓慢增加,阈值很不明显,这给多路驱动造成了困难,使液晶在大信息量显示和视频显示上受到了限制。

20 世纪 80 年代初,人们发现,传统的扭曲向列液晶(TN)器件,只要将其液晶分子的扭曲角加大,即可改善其驱动特性。经过努力,人们陆续开发出一系列超过了 TN 扭曲角 90°的液晶显示器件,我们把这类扭曲角在 180°～360°的液晶显示器件称为超扭曲(STN)系列产品。

目前,几乎所有的点阵字符液晶显示器件均已采用了 STN 模式。STN 技术在液晶产业中已处于成熟、完善的阶段。STN 模式的产品结构基本和 TN 模式是一样的,只不过盒中液晶分子排列不是沿着 90°扭曲排列,而是沿着 180°～360°扭曲排列,如图 4-14 所示。

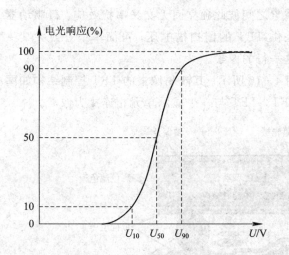

图 4-13　扭曲向列型液晶显示器件的电光响应曲线　　　图 4-14　STN 型液晶分子的扭曲状态图

4.3.3　薄膜晶体管型液晶显示器件(TFT-LCD)

由于 TN 型和 STN 型液晶的显示技术所限,因此如果它的显示部分越做越大,那么中心部分的电极反应时间可能就会比较长。对于需要大屏幕液晶显示器的设备来说,太慢的液晶反应时间就会严重影响显示效果,因此薄膜晶体管(Thin Film Transistor,TFT)液晶显示技术应运而生。

1. TFT-LCD 结构与工作原理

　　薄膜晶体管液晶显示器件 TFT-LCD 又称为三端子有源矩阵液晶显示器件，即在每个液晶像素的角上设计一个三端子元件——场效应开关管，如图 4－15 所示。TFT 的栅极与扫描电极母线相连。当开关导通时，位于同一行上的所有像素将与相应的数据电极母线相通，信号开始对上述液晶像素充电。TFT-LCD 的液晶显示部分与 TN-LCD 类似。

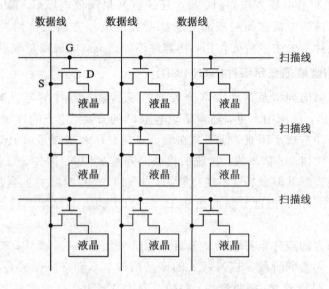

图 4－15　TFT-LCD 结构示意图

　　三端子开关元件的作用是使每个液晶像素之间彼此独立而无交叉串扰效应。行驱动器控制每行像素点上的 TFT 开/关状态，即提供 TFT 的栅扫描电压，可简单地开或关某一行所有的 TFT。在这一时刻，只允许访问这一行的像素。

　　一个典型的 TFT-LCD 液晶盒结构如图 4－16 所示。其液晶像素的 TFT 控制结构如图 4－17 所示。每行和每列的交叉点有一个 TFT，TFT 与一个显示单元相连接为像素。

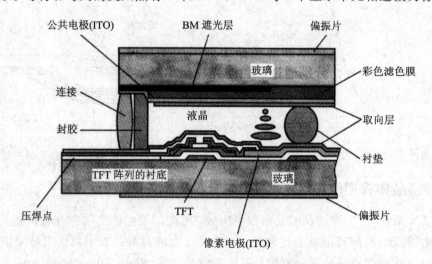

图 4－16　TFT-LCD 液晶盒结构

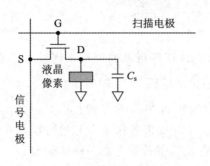

图 4-17　液晶像素的 TFT 控制

写入的电压由于场效应管电容 C_s 的作用，在撤销写入电压后会自行保持一段时间，可以保持半帧；下半帧时，改变输入极性，即可保证液晶处于交流驱动状态。当 TFT 晶体管的开、关等效电阻比达到 10^6 以上时，就可以满足液晶像素对通断的要求。驱动路数与 TFT 晶体管的特性有关，而与液晶的电光响应特性无关，这就彻底解决了液晶多路驱动的难题。

TFT 型液晶显示技术采用了"主动式矩阵"的方式来驱动，方法是利用薄膜技术所做成的电极，用扫描的方法"主动地"控制任意一个显示点的亮与暗。光源照射时先通过下偏振片向上透出，借助液晶分子传导光线。电极导通时，液晶分子就像 TN 型液晶的排列状态一样会发生改变，通过遮光和透光来达到显示的目的。这与 TN 型液晶的显示原理相同。不同的是，由于场效应晶体管具有电容效应，能够保持电位状态，因此已经透光的液晶分子会一直保持这种状态，直到场效应晶体管电极下一次再加电改变其排列方式为止，而 TN 型液晶就没有这个特性，液晶分子一旦没有加以电场，立刻就返回原来的状态，这就是 TFT 型液晶和 TN 型液晶显示原理的最大不同。

TFT 型液晶显示器件为每个像素都设有 TFT 开关，其工艺类似于大规模集成电路。由于每个像素都可以通过脉冲直接控制，因而每个节点都相对独立，并可以进行连续控制。这样的设计不仅提高了显示屏的反应速度，同时可以精确控制显示灰度，所以 TFT 型液晶的彩色更逼真。

2. TFT 和 TN、STN 型液晶显示器性能比较

TFT 和 TN、STN 型液晶显示器性能比较如表 4-1 所示。

表 4-1　TFT 和 TN、STN 型液晶显示器性能比较

性　能	TN	STN	TFT
驱动方式	单纯矩阵驱动	单纯矩阵驱动	主动矩阵驱动
视角大小	小(视角+30°)	中等(视角+40°)	大(视角+70°)
画面对比度	最小(画面对比度为 20∶1)	中等	最大(画面对比度为 150∶1)
反应速度	最慢(无法显示动画)	中等(150 ms)	最快
显示品质	最差	中等	最佳
颜色	单色(黑色)	单色或彩色	彩色
价格	最便宜	中等	最贵(约为 STN 的 3 倍)
适合产品	电子表、计算器、掌上游戏机等	移动电话、掌上电脑、低档笔记本	笔记本、PC 显示器、电视机

4.3.4　LCD 广视角技术

LCD 的可视角度定义为：LCD 保持画面失真不超过一定范围时的最大观看角度。

1. 导致 LCD 视角狭窄的根本原因

为什么 CRT 显示器不存在可视角度的限制？这是因为 CRT 显示器是靠电子撞击屏幕上的荧光粉来发光的，在玻璃介质下各像素发光的时候其光线都是无遮拦地向所有方向发射，这样眼睛在任意角度观看都能看到完全一样的画面。

TN 模式液晶利用液晶分子的光学特性来显示图像，但这种特性也正是导致 TN 模式液晶显示器可视角度狭窄的原因。我们可以看到，在显示不同灰阶的时候，液晶分子的长轴跟玻璃基板的角度是不一样的，用户从不同角度观看屏幕时，有时看到的是液晶分子的长轴，有时则是短轴。由于液晶分子在光学上表现为各向异性，因此我们在不同的角度所看到的亮度就会不一样，这就是 TN 模式液晶显示器的视角依存性。

另外，理论上玻璃电极板通电时，光线透过垂直于基板的液晶分子后是无法穿透第二块偏振片的，但实际上在某些特定角度范围内仍会看到液晶分子的长轴，即该角度上的透光率反而增加了，这样低灰阶的画面看上去可能比高灰阶的亮度还亮，这就是 TN 模式液晶显示器所固有的灰阶逆转现象。如图 4-18 所示，在 B 处正视屏幕看到的是正常的中灰阶画面，而在 A 处和 C 处看到的却分别是高灰阶和低灰阶，这样所看到的画面其灰阶是随观看角度的不同而渐变的。

液晶显示器的视角特性如图 4-19 所示。从图中可知，TN 模式液晶显示器的视角特性很不均匀，其垂直方向的视角远比水平方向的视角差，而且在屏幕下方较大的角度范围内都会看到灰阶逆转。

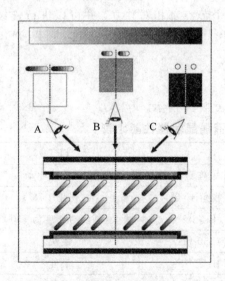

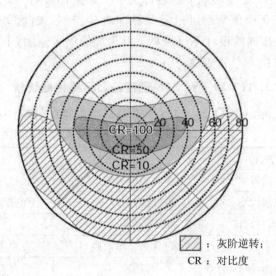

图 4-18　画面灰阶随观看角度的不同而渐变　　图 4-19　TN 模式液晶显示器的视角特性

要改善液晶显示器的视角依存性，必须采用相应的技术手段来降低或者消除这些由于液晶分子固有的光学特性对显示效果的负面影响。一些简单的处理方法对改善视角也是颇有成效的。如图 4-20 所示，在背光模组之后采用一纵一横的两块棱镜玻璃板来聚光，把面光源转成线光源再聚成点光源直射入液晶盒，这种准直背光源对提高对比度和可视角度有帮助。

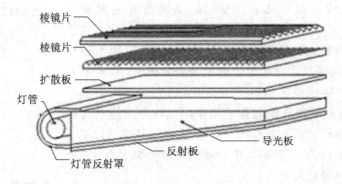

图 4-20　采用一纵一横的两块棱镜玻璃板来聚光

另外，针对 TN-LCD 对某一特定视角的依存性特性，采用多组长轴方向不同的液晶分子来合成一个像素，这样用不同朝向的液晶分子来补偿不同方向的视角，精确地设计好它们之间的排列，其合成的视角也可以达到比较理想的效果。这种方式叫做多畴 TN 模式，如图 4-21 所示。畴越多，所能补偿的视角也越多，当然这样对工艺要求也更高。

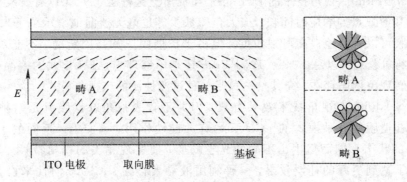

图 4-21　TN 型液晶中的取向分割

图 4-21 是一种双畴模式的原理图，畴 A 和畴 B 的液晶分子取向正好相反，这样可以解决水平或者垂直方向的视角问题。

2. TN＋Film 广视角技术

TN＋Film(视角扩展膜)技术基于传统的 TN 模式液晶，只是在制造过程中增加一道贴膜工艺，就可以将水平 90°增加到 140°。TN＋Film 技术可以沿用现有的生产线，对 TN 模式液晶屏的生产工艺改变不大，因此不会导致良品率下降，成本得到了有效控制。由此可见，TN＋Film 广视角技术最大的特点就是价格低廉，技术准入门槛低，应用广泛。

1) TN＋Film 广视角技术原理

TN＋Film 广视角技术是基于 TN 液晶显示器的改进技术，液晶分子的排列还是 TN 模式，运动状态仍然是在加电后由面板的平行方向向垂直方向扭转。它采用双折射率 $\Delta n < 0$ 的透明薄膜来补偿由于 TN 液晶盒($\Delta n > 0$)造成的相位延迟，以实现广视角的目的，所以这个膜又叫相差膜或者补偿膜。相差膜是将透明薄膜经过拉伸等处理后制成的预定形变的构件。

图 4-22 所示是补偿膜的补偿技术原理示意图。补偿膜并不只是贴在液晶面板的表面侧，而是液晶盒的两侧都有。

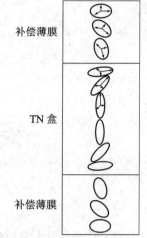

当光线从下方穿过补偿膜后便有负的相位延迟（因为补偿膜 $\Delta n < 0$），进入液晶盒之后由于液晶分子的作用，在液晶盒中间时，负相位延迟被正延迟抵消为 0。当光线继续向上进行时，又因为受到上部分液晶分子的作用而在穿出液晶盒的时候有了正的相位延迟，当光线穿过上层补偿薄膜后，相位延迟刚好又被抵消为 0。这样，用精确的补偿薄膜配合 TN 模式液晶可以取得很好的改善视角效果。

图 4-22 补偿技术原理示意图

2）TN+Film 广视角效果

由于 TN 模式液晶显示器在加电后呈暗态，未加电时呈亮态，因此它属于"常亮"模式液晶，简称 NW 模式。TN+Film 模式的广视角技术没有对此进行任何改进，所以仍然存在亮点较多的问题。

应用 TN+Film 广视角技术的 LCD 除了在视角上比普通 TN-LCD 有所改进之外，TN 模式液晶的其他缺点如响应时间长、最大色彩数少等也毫无遗漏地继承了下来。虽然通过精密的扩展膜可以有效地提高可视角度，但由于扩展膜毕竟是固定的，不能对任意灰阶、任意角度进行补偿，所以总体来说 TN+Film 还是不够理想，TN 模式的液晶显示器所固有的灰阶逆转现象依旧存在，充其量它只是一种过渡性质的广视角模式。

虽然 TN+Film 广视角技术效果有限，但并不代表视角补偿膜就是一种落后技术。相反，视角补偿膜在各种模式的 LCD 下均有关键性作用。事实上，不同的 LCD 都会因为液晶分子的状态不同而衍生出不同的光学畸变，要实现完美的视角特性，光学补偿必不可少。为了达到更好的补偿效果，一种利用液晶聚合物（LCP）取向性来设计的光学补偿膜已经开始实用化。良好的可视角度与合理的液晶模式设计和精密的视角补偿是分不开的。

3. MVA 广视角技术

富士通的 MVA（Multi-domain Vertical Alignment，多畴垂直取向）是指利用突出物使液晶静止时并非处于传统的直立式，而是偏向某一个角度静止，当施加电压让液晶分子改变成水平时可以让背光通过更为快速，这样便可以大幅度缩短显示时间；也因为突出物改变了液晶分子的配向，所以使得视野角度更为宽广。在视角的增加上可以达 160°以上，响应时间缩短至 20 ms 以内。就 MVA 的制作程序来说，它并不会增加太多的困难技术，因此很受加工厂商的欢迎。

1）MVA 广视角技术原理

TN 模式液晶显示器其视角狭窄的主要原因是液晶分子在运动时长轴指向变化太大，让观察者看到的分子长轴在屏幕上的"投影"长短有明显差距。在某些角度看到的是液晶长轴，在某些角度看到的是液晶短轴。VA（Vertical Alignment，垂直取向）模式则可改善这种液晶工作时长轴变化的幅度。

如图 4-23 所示，VA 模式依靠屋脊状态凸起物来使液晶本身产生一个预倾角。这个凸起物顶角度越大，则分子长轴的倾斜度就越小。早期的 VA 模式液晶凸起物只在一侧，后来的 MVA 凸起物则在上下两侧。

图 4-24 所示是一种双畴 VA 模式液晶示意图。未加电时，液晶分子长轴垂直于屏幕，只有靠近凸起物电极的液晶分子略有倾斜，此时光线无法穿过上下两片偏振片。加电后，凸起物附近的液晶分子迅速带动其他液晶分子转动到垂直于凸起物表面的状态，即分子长轴倾斜于屏幕，透射率上升，从而实现光线调制。

在这种双畴模式中，相邻的畴分子状态正好对称，长轴指向不同的方向。VA 模式就是利用这种不同的分子长轴指向来实现光学补偿的。双畴模式视角特性如图 4-25 所示，在 B 处看到的是中灰阶，在 A 处和 C 处能同时看到的是高灰阶和低灰阶，混色后正好是中灰阶。

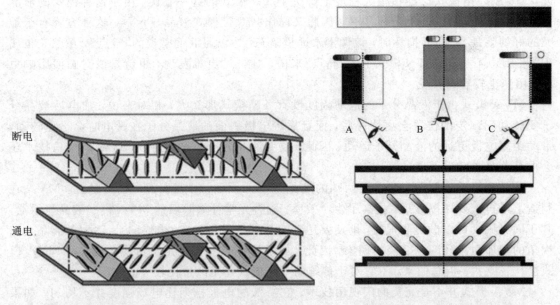

图 4-24　双畴 VA 模式液晶示意图　　　　图 4-25　双畴模式视角特性

当把双畴模式液晶中的直条三角棱状凸起物改成 90° 来回曲折的三角棱状凸起物后，液晶分子就可以被巧妙地分成四个畴。四畴模式液晶在受电后，各畴的液晶分子分别朝四个方向转动，这样就可以对液晶显示器的上下左右四个视角同时补偿，因此 MVA 模式的液晶显示器在这四个方向都有不错的视角。基于这样的补偿原理，可以更改凸起物的形状，采用更多不同方向的液晶畴来补偿任意视角，取得很好的效果。

2）MVA 液晶的视角

在未进行光学补偿的前提下，MVA 模式对视角的改善限于上下左右四个方向，而其他视角仍然不理想，如图 4-26 所示。如果采用双轴性光学薄膜补偿，则会得到更理想的视角，如图 4-27 所示。

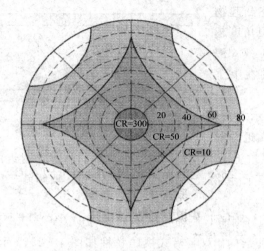
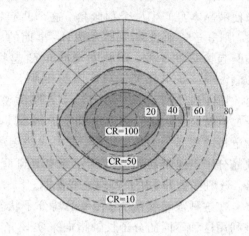

图 4-26　四畴 MVA 液晶的视角　　　　图 4-27　MVA＋光学补偿膜的液晶视角

尽管在某个特殊方位以很大的角度观察屏幕还可能会看到灰阶逆转的现象，但总的来说，MVA 广角模式已经在很大程度上解决了 TN 模式的这一痼疾。由于这种模式的液晶显示器在未受电时，屏幕显示黑色，因此又称作"常黑"模式液晶显示器。这种方式有个最大的好处就是当 TFT 损坏时，该像素永远呈暗态，也就是我们常说的"暗点"。虽然它也属于"坏点"，不过相对 TN 模式上的"亮点"来说，"暗点"更难发现，也就是说对画面影响更小，用户也较容易接受。

MVA 模式由于液晶分子的运动幅度没有 TN 模式那么大，相对来说，加电后液晶分子要转动到预定的位置会更快一些，而且靠近电极斜面的液晶分子在受电时会迅速转动，带动距离电极更远的液晶分子运动。因此，改变液晶分子的排列后的 MVA 广视角技术还会提高液晶的响应速度。

液晶分子垂直取向意味着屏两端的液晶分子无须平行于屏排列，也就是说，MVA 在制造上不再需要摩擦处理，提高了生产效率。配合光学补偿膜后的 MVA 模式液晶显示器，其正面对比度可以做得非常好，即使要达到 1000：1 也并不难。遗憾的是，MVA 液晶会随视角的增加而出现颜色变淡的现象。因此，如果以色差变化来定义可视角度，则 MVA 模式会比较吃亏。但总的来说，它对于传统的 TN 模式还是改进比较大的。

MVA 模式并不是完美的广视角技术。它特殊的电极排列让电场强度并不均匀，如果电场强度不够，则会造成灰阶显示不正确。因此，需要把驱动电压增加到 13.5 V，以便精确控制液晶分子的转动。另外，由于它的液晶分子排列完全不同于传统的 TN 模式，在灌入液晶时如果采用传统工艺，则所需要的时间会大大增加，因此，现在普遍应用一种叫 ODF 的高速灌入工艺。

4. PS 广视角技术

日立公司的 IPS(In-Plane Switching，平面控制模式)技术是以液晶分子平面切换的方式来改善视角，利用空间厚度和摩擦强度，并有效利用横向电场驱动的改变，让液晶分子作最大的平面旋转角度来增加视角。传统的液晶分子是以垂直和水平角度切换作为背光通过的方式，IPS 则将液晶分子改为水平旋转切换作为背光通过的方式。IPS 不需额外加补偿膜，显示视觉上对比度也很高，在视角的提升上可达到 160°，响应时间缩短至 40 ms 以内。经改良后的 IPS 技术叫作 Super-IPS,在视角的提升上可达到 170°,反应时间缩短至 30 ms 以内,NTSC 色纯度比也由 50% 提升至 60% 以上,与 MVA 技术并驾齐驱。

IPS 广视角技术的结构示意图如图 4-28 所示,细条型的正负电极间隔地排列在基板上,有些类似于早期的 VA 模式液晶。把电压加到电极上,原来平行于电极的液晶分子会旋转到与电极垂直的方向,但液晶分子长轴仍然平行于基板。控制该电压的大小就可把液晶分子旋转到需要的角度,配合偏振片就可以调制极化光线的透过率,以显示不同的灰阶。IPS 的工作原理类似于 TN 模式的工作原理,不同的是 IPS 模式的液晶分子排列不是扭曲向列,而是其长轴方向始终平行于基板。

针对 IPS 模式在斜 45° 方向的灰阶逆转现象,除了可以采用光学薄膜来补偿外,还可以依照 MVA 的特性来对 IPS 优化。如图 4-29 所示,把 IPS 原来直条形的电极改成像 MVA 模式那样的曲折人字形电极。这种改进后的 IPS 吸取了 IPS 和 MVA 的优点,可以称之为双畴 IPS,也就是新一代的 Super-IPS。

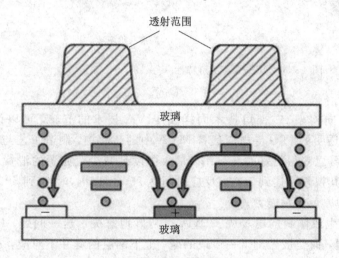

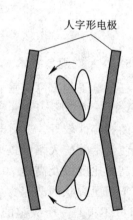

图 4-28 IPS 广视角技术原理示意图   图 4-29 IPS 模式的人字形电极

第一代 IPS 技术针对 TN 模式的弊病提出了全新的液晶排列方式,实现了较好的可视角度。第二代 IPS(Super-IPS)技术采用人字形电极,引入双畴模式,改善了 IPS 模式在某些特定角度的灰阶逆转现象。第三代 IPS(AS-IPS,即 Advanced Super-IPS,先进的超图像处理系统)技术减小了液晶分子间的距离,可获得更高的亮度。

目前,IPS 在各个方位都有最好的可视角度,如图 4-30 所示,而不像其他模式那样只是在上下左右四个角度上视角特别突出。应用 IPS 技术的液晶显示器在左上和右下角 45° 会出现灰阶逆转现象,这可以通过光学补偿膜来加以改善。

IPS 广视角技术液晶也属于 NB(常黑)模式液晶。在未加电时其表现为暗态,所以应用 IPS 广视角技术的液晶显示器相对来说出现亮点的可能性也较小。与 MVA 模式一样,IPS 广视角的暗态透过率也非常低,所以它的黑色表现是非常好的,不会出现漏光。

IPS 广视角技术的一个最大特点就是它的电极都在同一面上,而不像其他液晶模式的电极是在上下两面。因为只有这样,才能营造一个平面电场以驱使液晶分子横向运动。这种电极结构对显示效果有负面影响。当把电压加到电极上后,靠近电极的液晶分子会获得较大的动力,迅速扭转 90° 是没问题的。但是,远离电极的上层液晶分子就无法获得一样的动力，运动较慢。只有增加驱动电压才可能让离电极较远的液晶分子也获得不小的动力。因此，IPS 的驱动电压较高，一般需要 15 V。由于电极在同一平面会使开口率降低，减小透光率，因此 IPS 应用在平板液晶电视（LCD-TV）上时需要更多的背光灯。

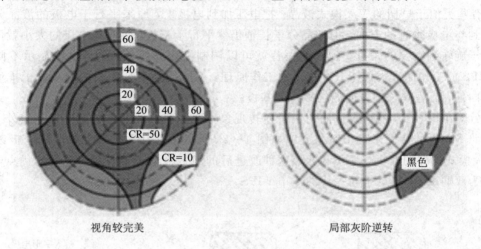

视角较完美　　　　　　　　　　局部灰阶逆转

图 4 - 30　IPS 模式视角特性

5. PVA 广视角技术

三星电子的 PVA（垂直取向构型）广视角技术同样属于 VA 技术的范畴，可以说是 MVA 的一种变形。PVA 采用透明的 ITO 导电层代替 MVA 中的凸起物，制造工艺与 TN 模式的相容性较好。透明电极可以获得更好的开口率，最大限度地减少背光源的浪费。该技术使显示效能大幅度提升，其视角可达到 170°，反应时间达 25 ms 以内，可得到 500∶1 的超高对比度以及高达 70％的原色显示能力。

不用屋脊状的凸起物如何生成倾斜的电场呢？PVA 很巧妙地解决了这一问题。PVA 的 ITO 不再是一个完整的薄膜，而是被光刻了一道道的缝，上下两层的缝并不对应，从剖面上看，上下两端的电极正好依次错开，平行的电极之间也恰好形成一个倾斜的电场来调制光线。

PVA 技术和 MVA 技术毕竟一脉相承，在实际性能上两者都是相当的。PVA 技术也属于 NB（常黑）模式液晶，在 TFT 受损坏而未能受电时，该像素呈现暗态。这种模式大大降低了液晶面板出现亮点的可能性。

6. CPA 广视角技术

CPA（连续焰火状排列）广视角技术由日本夏普公司主推，严格地说，它也属于 VA 阵营的一员。在未加电状态下，液晶分子与 VA 模式的特性一样都是分子长轴垂直于面板方向互相平行排列。

CPA 模式的每个像素都具有多个方形圆角的像素电极，当电压加到液晶层次像素电极和另一面的电极上时，形成一个对角的电场，驱使液晶向中心电极方向倾斜，且各液晶分子朝着中心电极呈放射的焰火排列。由于像素电极上的电场是连续变化的，因此这种广视角模式被称作连续焰火状排列模式。

在性能上，CPA 模式与 MVA 模式基本相当。而且 CPA 也属于 NB（常黑）模式液晶，在未受电情况下屏幕为黑色，当生产导致 TFT 损坏时也同样不易产生亮点。因为 CPA 模式在各个方向均有相应的液晶分子作补偿，因此在视角表现上除了水平和垂直两个方向外，在其他倾斜角也有不错的表现。

7. FFS 广视角技术

韩国现代电子公司采用 FFS(边缘场切换)技术，不需要额外的光学补偿膜。严格地说，FFS 应该是 IPS 模式的一个分支，主要是将 IPS 的不透明金属电极改为透明的 ITO 电极，并缩小电极宽度和间距。在制造上 FFS 比原先的 IPS 技术复杂，但因为使用了透明的 ITO 电极，使透光率比 IPS 的高出 2 倍以上。在视角的呈现上 FFS 达 160°，反应时间因受制于负极性液晶制造，故略逊于 IPS 技术。为了增加良品率与提升显示品质，人们采用了新的 UFFS 技术，该技术能将原色重现率提升至 75% 以上。

8. OCB 广视角技术

日本松下公司开发的 OCB(光学补偿弯曲排列/光学补偿双折射)广视角技术，利用其巧妙的液晶分子排列设计来实现自我补偿视角，所以它又叫自补偿模式。虽然视角仅 140°，但反应时间能缩短至 10 ms 以内，而色纯度的改进为传统 TFT 的 3 倍以上，因此，它多半用于娱乐视听型彩色液晶显示器面板。

OCB 模式的液晶排列看上去非常像两层 TN 模式液晶相叠，但它的液晶分子排列是上下对称的，这样由下面液晶分子双折射性导致的相位偏差正好可以利用上部的液晶分子自行抵消。相对于其他配向分割模式，OCB 的制造工艺更简单一些。在弯曲排列的液晶分子中，中间的液晶分子始终处于与基板垂直的状态。由于液晶分子是紧密排列在一起的，因此加电后，中间液晶分子的动作将牵拉或推动整个液晶盒，起到加速的作用。另外，OCB 模式的液晶分子长轴始终在一个平面，不需要像 TN 模式那样做扭曲的动作，而只需"弯曲"，相对来说只需很小的改变就可以达到预定的位置。因此，OCB 模式液晶显示器有着明显的速度优势。

4.4　TFT 液晶屏的驱动

液晶显示的驱动方式有许多种。根据常用的液晶显示器件分类，液晶显示器件的驱动主要可分为直接驱动法、有源矩阵驱动法及彩色液晶驱动等。在此主要介绍液晶电视中的 TFT 液晶屏的驱动。

4.4.1　TFT 液晶显示屏的电路结构

TFT 液晶显示屏的电路结构见图 4-31。从图 4-31 中可知，每一个 TFT 与 C_s 电容代表一个显示的点，而一个基本的显示单元像素需要三个这样的显示点来分别显示红、绿、蓝三基色。对于一个 1024×768 分辨率的 TFT-LCD 显示屏来说，共需要 1024×768×3 个这样的点组合而成。然后，再由图 4-31 中的门驱动所送出的脉冲依次将每一行的 TFT 打开，从而让整排的源驱动同时将一整行的显示点充电到各自所需的电压，显示不同的灰阶。当这一行充好电时，门驱动将电压关闭，然后下一行的门驱动便将电压打开，再由相同的一排源驱动对下一行的显示点进行充电。如此进行下去，当充好了最后一行的显示点后，又回过来从第一行开始充电。对一个 1024×768 SVGA 分辨率的液晶屏来说，总共有 768 行的门走线，而源走线共需要 1024×3＝3072 条。以一般的液晶屏为 50 Hz 的更新频率来说，每一幅画面的显示时间为 20 ms，由于画面的组成为 768 行的门走线，所以分配给每一条门走线的开关时间约为 20 ms/768≈26 μs。所以在图 4-31 中门驱动送出的波形为一个接着一个、宽度为 26 μs 的脉冲波，依次打开每一行的 TFT。而源驱动则在这26 μs 的时间内由源走线将显示电极充电到所需的电压，这样可以显示相对应的灰阶。

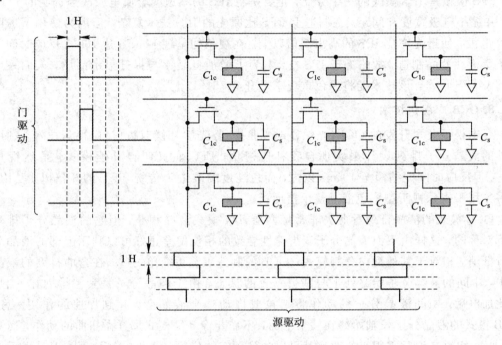

图 4-31　TFT 液晶显示屏的电路结构

4.4.2　液晶屏的反转驱动方法

1. 何谓反转驱动方法

由于液晶是有机化全物，在固定的电压作用下将发生电化学反应，从而导致液晶材料的老化及失效，因此液晶像素点不宜施加直流电压。如果液晶屏显示静止画面，也就是说，像素点一直显示同一个灰阶，那该怎么办？这就要采用反转驱动方法。

所谓反转驱动方法，就是指加在像素点上的电压正负极性是交替变化的。于是，液晶屏的驱动电压就分为两种极性，一种是正极性，另一种是负极性。当显示电极的电压高于公共电极的电压时，称之为正极性；而当显示电极的电压低于公共电极的电压时，就称之为负极性。不管是正极性或负极性，都会有一组相同亮度的灰阶。所以，当上下两层玻璃的压差绝对值是固定值时，不管是显示电极的电压高或是公共电极的电压高，所表现出来的灰阶是一模一样的。不过，在这两种情况下，液晶分子的转向却是完全相反的，从而避免了液晶分子转向固定的现象发生。因此，你所看到的液晶屏画面虽然静止不动，其实里面的电压极性在不停地变换，其中的液晶分子正不停地一次往这边转，另一次往那边转。

2. 帧反转、行反转、列反转、点反转和三角形反转

图 4-32 所示是液晶屏的几种反转驱动方法，其共同点都是在下一次更换画面数据时

变换驱动电压的极性(若更新频率为 50 Hz，则指每 20 ms 变换一次像素点驱动电压的极性)。也就是说，对于同一点而言，它的极性是不停地变换的。而相邻的点是否拥有相同的极性，则可依照不同的极性变换方式来决定。依照帧反转方式，其整个画面所有相邻的点都拥有相同的极性；依照行反转和列反转方式，每个点与自己相邻的上下左右四个点是不一样的极性；依照三角形反转方式，则以 RGB 三个点所形成的像素作为一个基本单位。当以像素为单位时，它就与点反转很相似了，也就是每个像素与自己上下左右相邻的像素是使用不同的极性来显示的。

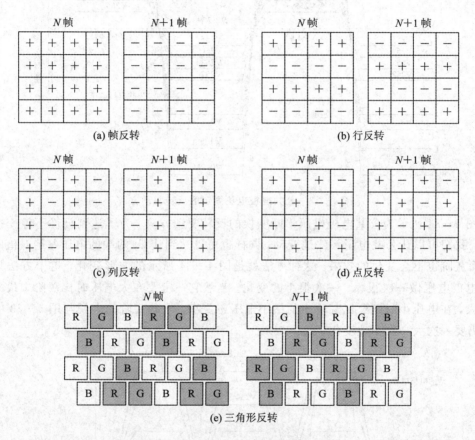

图 4 - 32　液晶屏的几种反转驱动方法

3. 公共电极电压的固定与不固定

图 4 - 33 所示为公共电极电压固定的反转驱动方法，此时公共电极的电压是一直固定不动的，而显示电极的电压依照其灰阶的不同不停地上下变动。图 4 - 33 中是 256 灰阶的显示电极波形变化。以 V0 这个灰阶而言，如果要在面板上一直显示 V0 这个灰阶，则显示电极的电压就必须以一次很高，而另一次很低的方式变化。为什么要这么复杂呢？就是为了让液晶分子不会因为一直保持在同一个转向而导致液晶物理特性永久破坏。因此，在不同的帧中，以 V0 这个灰阶来说，它的显示电极与公共电极的压差绝对值是固定的。它的灰阶也一直没有变动，只不过 C_s 两端的电压，一次是正的，称之为正极性，而另一次是负的，称之为负极性。

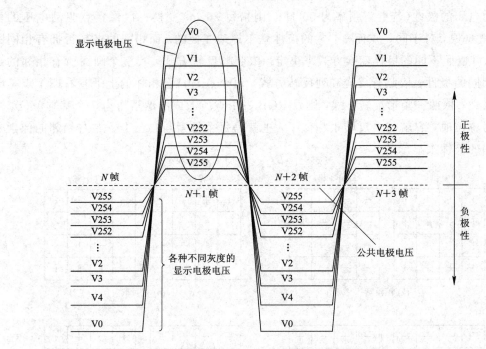

图 4-33　公共电极电压固定的反转驱动方法

　　图 4-34 所示为公共电极电压不断变换的反转驱动方法。为了达到极性不停变换这个目的，我们可以让公共电压不停地变动，同样也可以达到让 C_s 两端的电压差绝对值固定不变，而灰阶也不会变化的效果。这种方法就是图 4-34 所示的波形变化。这个方法只是将公共电极电压做一次很大、一次很小的变化。当然它一定要在大电压时比灰阶中最大的电压还大，在电压小时则要比灰阶中的最小电压还要小，而各灰阶的电压与图 4-33 中的一样，仍要一次大一次小地变化。

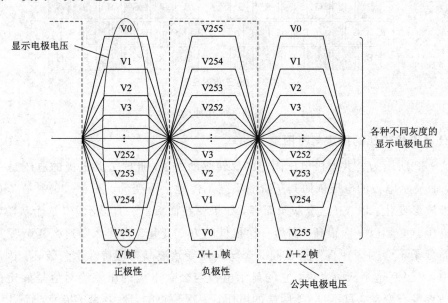

图 4-34　公共电极电压不同极性变换的驱动方法

　　这两种不同的公共电极电压驱动方式影响最大的是源驱动的使用。以图 4 - 35 中的不同公共电压驱动方式的穿透率来说，我们可以看到，当公共电极的电压固定不变时，显示电极的最高电压需要达到公共电极电压的两倍以上，而显示电极电压则来自源驱动。若公共电极电压固定于 5 V，则源驱动所能提供的工作电压范围就要到 10 V 以上。如果公共电极的电压变动，假使公共电极电压最大为 5 V，则源驱动的最大工作电压只要 5 V 即可。就源驱动的设计来说，需要的工作电压范围变大，则电路的复杂度相对会提高。

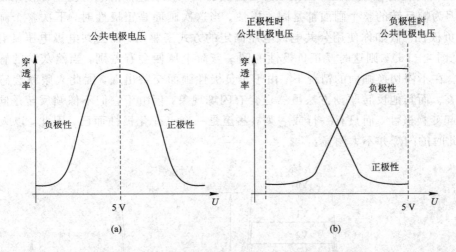

图 4 - 35　不同公共电极电压驱动方法的穿透率比较

4. 反转驱动方法与公共电极电压方式的搭配

　　并不是所有的反转驱动方法都可以搭配上述两种公共电极的驱动方式。当公共电极电压固定不变时，可以使用所有的反转驱动方法。但是，如果公共电极电压是变动的，则反转驱动方法就只能选用帧反转与行反转，详见表 4 - 2。也就是说，如果想使用列反转或点反转，就只能选用公共电极电压固定不变的驱动方式。首先，因为公共电极是位于和显示电极不同的玻璃上，在实际制作时，这一整片玻璃都是公共电极，也就是说，在面板上所有显示点的公共电极是全部接在一起的。其次，由于门驱动的操作方式是将同一行的所有 TFT 打开，让源驱动去充电，而这一行的所有显示点的公共电极都是接在一起的，所以如果选用公共电极电压可变动的方式，则无法在一行 TFT 上同时做到显示正极性与负极性，而列反转与点反转的极性变换方式在这一行的显示点上要求每个相邻的点拥有不同的正负极性。这就是公共电极电压变动的方式仅适用于帧反转和行反转的缘故。公共电极电压固定的方式就没有这些限制。因为其公共电极电压一直固定，只要源驱动能将电压充到比公共电极电压大就可以得到正极性，充到比公共电极电压低就可以得到负极性，所以公共电极电压固定的方式可以适用于各种面板极性的变换方式。

表 4 - 2　反转驱动方法与公共电极电压方式的搭配

反转驱动方法	可使用的公共电极电压驱动方式
帧反转	可使用固定与变动的公共电极电压
行反转	可使用固定与变动的公共电极电压
列反转	只能使用固定的公共电极电压
点反转	只能使用固定的公共电极电压

4.4.3　各种反转驱动方法的比较

1. 反转驱动方法对闪烁的影响

所谓闪烁现象，就是当人眼观看液晶显示器上的画面时会感觉到画面有闪烁的现象。它并不是故意让显示画面一亮一灭来给出闪烁的视觉效果，而是因为显示的画面灰阶在每次更新画面时会有些微变动，让人眼感受到画面在闪烁。这种情况易发生在使用帧反转方法时，因为帧反转的整个画面都是同一极性，当这次画面是正极性时，下次整个画面就都变成了负极性。假如你使用公共电极电压固定的方式来驱动，而公共电极电压又有了一点误差（见图 4 - 36），则这时候正负极性的同一灰阶电压便会有差别，当然灰阶的感觉也就不一样。在不停切换画面的情况下，由于正负极性画面交替出现，因此人眼就会感觉到闪烁的存在。而其他反转驱动方法虽然也会有闪烁现象，但由于它们不像帧反转是同时整个画面一起变换极性，而只有一行或一列，甚至是一个点变化极性而已，因此，以人眼感觉来说，此时的闪烁并不太明显。

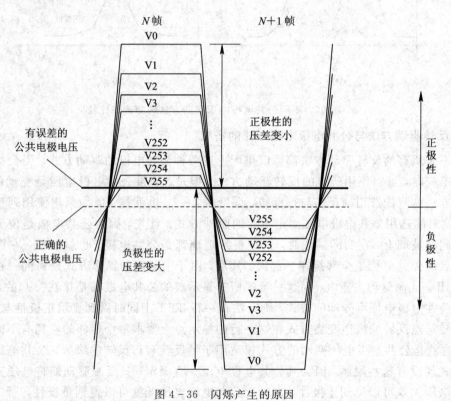

图 4 - 36　闪烁产生的原因

2. 反转驱动方法交谈的影响

交谈现象是指相邻的点之间要显示的信息会影响到对方，以至于显示的画面会有不正确的状况。虽然交谈现象的成因有很多种，但只要相邻点的极性不一样，便可以减少此现象的发生。因此，我们就可以知道为何大多数人都使用点反转了。

3. 反转驱动方法对耗电的影响

反转驱动方法对耗电也有不同的影响，不过它在耗电上需要考虑其搭配的公共电极电压方式。一般来说，公共电极电压若是固定的，则其驱动公共电极的耗电会比较小，但此时源驱动所需的电压比较高，因而源驱动的耗电会比较大。

在相同的公共电极电压方式下，就源驱动的耗电来说，就要考虑其输出电压的变动频率与变动电压大小。一般来说，在此种情形下，源驱动的耗电情况是：点反转＞行反转＞列反转＞帧反转。

现在，常用于个人计算机上的液晶显示器所使用的面板极性变换方式大部分是点反转。表 4－3 所示是四种反转驱动方法的比较。

表 4－3　四种反转驱动方法的比较

反转驱动方法	闪烁的现象	交谈的现象
帧反转	显示	垂直与水平方向都易发生
行反转	不显示	水平方向容易发生
列反转	不明显	垂直方向容易发生
点反转	几乎没有	不易发生

4.5　液晶屏组件

4.5.1　液晶屏内部的电路组件

液晶屏内部电路框图如图 4－37 所示，液晶屏分辨率为 1024×768，液晶屏中的背光

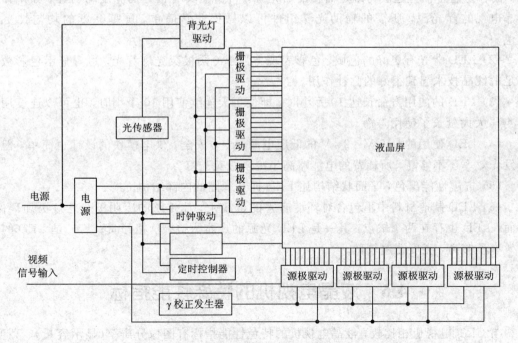

图 4－37　液晶屏内部电路框图

灯一般需要高压，因此，在液晶屏中，高压由面板外的高压板电路（也称逆变器）产生，经高压插头送往背光灯。根据液晶屏屏幕尺寸的大小以及对显示要求的不同，背光灯的数量是不同的。例如，早期的液晶屏仅使用一个灯管，一般位于屏幕的上方，后来逐渐发展为两个灯管，上、下各一个，现在的笔记本电脑液晶屏较多地采用这种方式。目前，一些尺寸较大的液晶屏采用 4 个灯管，大屏幕的液晶屏则使用 6 个、8 个甚至更多个灯管。

液晶屏外的主板电路通过面板排线和面板接口相连，不同的液晶屏，采用的接口形式不尽相同，主要有 TTL 接口、LVDS 接口等。

液晶屏中还设有几块 PCB 块，其上分布着时序控制器（TCON，此芯片有时也称为屏显 IC、行驱动器、列驱动器和其他元件），由主板电路送来的数据和时钟信号，经液晶屏TCON 处理后，分离出行驱动信号和列驱动信号，再分别送到液晶屏的行、列电极，驱动液晶屏显示出图像。

4.5.2　液晶屏的背光方式

液晶屏本身是不发光的，需要依靠外部光源，一般将光源安置在屏的背后，因此又称为背光。除了光源外，LCD 要显示图像，还要用一套高效的反射装置，与背光一起统称背光组件。目前采用的背光光源主要采用 CCFL 和 LED。

CCFL 即冷阴极荧光灯，已发展多年，技术相当成熟，无论是性能还是稳定性都久经考验。不过，冷阴极荧光灯属于管状光源，要将所发出的光均匀散布到面板的每一个区域需要相当复杂的辅助组件。

LED 即发光二极管，其优点如下：

（1）它是一种平面状的光源，最基本的 LED 发光单元是边长为 3 mm～5 mm 的正方形，极容易组合在一起成为既定面积的面光源，自身便具有很好的亮度均匀性，如果作为液晶电视的背光源，所需的辅助光学组件可以做得非常简单，屏幕亮度的均匀性更为出色。

（2）LED 背光有更好的色域，色彩表现力强于冷阴极荧光灯背光，可对显示色彩数量不足的液晶技术起到很好的弥补作用。

（3）LED 的使用寿命长达 10 万小时，即便每天连续使用 10 个小时，也可以连续用上27 年，大大延长了使用寿命。

（4）LED 使用的是 6 V～24 V 的低压电源，十分安全，供电模块的设计也简单，但由于发光效率还不够高，所耗费的电能略高于冷阴极荧光灯。

（5）抗震性能出色，平面状结构让 LED 拥有稳固的内部结构。

（6）LED 制造材料中不包含对环境有害的金属汞，比传统的冷阴极荧光灯更加环保。然而，LED 也存在两个缺点：其一是 LED 光源的成本太高，价格昂贵；其二是 LED 的发光效率不够高，亮度普遍较低。

4.6　液晶电视机的特殊性能指标

与 CRT 电视机相比较，液晶电视机的特色性能指标有图像分辨率（显示容量）、亮度、响应速度、对比度、视角、灰度、显示色数及寿命等。

4.6.1　图像分辨率(显示容量)

1. 屏分辨率与图像分辨率

显示容量表示总像素数。在彩色显示时,一般用 R、G、B 三点加起来表示一个像素。有时,总像素数也以分辨率表示。分辨率可用 1 mm 的像素数表示,也常用像素节距(pitch)表示。

分辨率是影响图像质量的一项重要指标。通常有屏分辨率(物理分辨率)与图像分辨率之分,二者不可混淆。屏分辨率是指屏幕上所能呈现的图像像素的密度,以水平和垂直像素的多少来表示。电视机上的屏像素总数量是固定的,与画面尺寸及像素间距(或电距)有关。

图像分辨率是数字化图像的大小,是对信号和图像视频格式而言的,也是以水平和垂直像素的多少来表示的。二者之间的区别在于:屏分辨率是由电视屏的结构、类型、像素组成方式(即产品本身)所确定的一个不变的量;而图像分辨率则表示图像系统分解像素的能力,由扫描行数、信号带宽等所确定。例如,PAL 的图像分辨率为 720×576,NTSC 制为 720×480,我国 HDTV 采用的图像分辨率为 1920×1080,还有各类显示标准规定的可以相互兼容和转换的多种级别的图像信号格式。

2. 分辨率术语

屏分辨率就是指显示屏的物理像素,例如分辨率为 1025×768 时,就是指在显示屏的横向上划分了 1024 个像素点,竖向上划分了 768 个像素点。在分辨率中,经常看到的是类似 VGA、SXGA 这些显示格式术语。

3. 图像清晰度

图像清晰度与图像分辨率是有区别的。图像清晰度是显示屏上人眼观察图像清晰、细腻程度的标志,采用线数来表示。线数是屏幕上可分清明、暗交替线条的总数。CRT 的图像清晰度并不等于图像分辨率,它还与图像传输通道的带宽、电视机的应用环境(全屏平均亮度、对比度、聚焦、会聚、荧光粉节距等)有关。较高的图像分辨率并不一定能得到较高的图像清晰度。

4.6.2　亮度、对比度、灰度及显示色数

1. 亮度

亮度表示电视机的发光强度,用每单位面积的亮度 cd/m^2(坎德拉每平方米)表示。在液晶电视机中,由于发光原理不同,全屏亮度会有很大差别。对于普通消费者而言,正常观看电视时的全屏亮度大约是(50~70)cd/m^2,电影院银屏的平均亮度大约为 3045 cd/m^2,室外观看电视图像时要求的平均亮度达到 300 cd/m^2。目前大多数台式 LCD-TV 的亮度为(150~300)cd/m^2,再高的可达 359 cd/m^2 或者 500 cd/m^2。在电视机中,表示屏幕亮度的指标主要有以下三个:

(1) 有用峰值亮度:用白窗口信号作为测试信号,在正常的亮度和对比度位置,用亮度计在白窗口内测量的亮度值

　　(2) 有用平均亮度：用 100% 的平均场信号作为测试信号，在正常的亮度和对比度位置，用亮度计在屏幕中心位置测量的亮度值。

　　(3) 全屏最大亮度：用 100% 的平均场信号作为测试信号，在亮度和对比度最大位置，用亮度计在屏幕中心位置测量的亮度值

2. 对比度

对比度是用最大亮度(L_{max})和最小亮度(L_{min})之比来表示的，即

$$C = \frac{L_{max}}{L_{min}}$$

如一台 LCD 电视机的基本最大亮度为 250 cd/m²，最小亮度为 0.5 cd/m²，则该 LCD 电视机的对比度为 500：1。对比度越高，重显图像的层次越多，图像质量越高。

对比度一般用在暗室的亮度比来表示，但在使用环境下，最小亮度往往因周围光而升高，所以实际对比度降低。如 L_A 表示环境光在屏幕上的亮度，则对比度计算式为

$$C = \frac{L_{max} + L_A}{L_{min} + L_A}$$

从式中可知，环境光在屏幕中的亮度越大，图像对比度越小。

图像对比度对重显图像质量至关重要，适当的图像对比度可以使图像层次分明、观看图像时有一定的纵深感。

3. 灰度(灰阶)

灰度是指显示像素点的亮暗差别。灰度级越多，图像层次越清楚逼真。灰度级取决于每个像素对应的刷新存储单元的位数和电视机本身的性能。如像素的灰度用 16 位二进制数表示，我们就叫它 16 位图，它可以表达 2^{16} 即 65 536 种颜色；像素用 24 位二进制数表示，我们就叫它 24 位图，它可以表达 2^{24} 即 16 777 216 种颜色。位数越高的图像，其明暗之间的过渡就越丰富，细节表现就更好。往往把灰度等级用 bit 表示，如 256 级灰度为 8 bit。

4. 显示色数

显示色数是指能够显示的颜色的总数，用每个基色的灰度等级数相乘之积来表示。显示色数除了取决于电视机本身的性能之外，还取决于驱动信号系统的水平。

显示色数是用来表示显示器屏幕能够显示的最大色彩数量的。比如，256 色就是能显示 256 种颜色，而 65 536 色就是能显示 65 536 种颜色。显然，越高的色数能够带来越高的色彩表现力，其显示效果更细腻。显示色数不是直接表示显示颜色的范围和鲜明度，而用色域来表示颜色的范围和鲜明度，通常用 CIE1931 国际标准色度图表示。

在数字驱动的场合，对屏幕上的每一个像素来说，256 种颜色要用 16 位二进制数表示，我们就叫它 16 位图，它可以表达 2^{16} 即 65 536 种颜色；还有 24 位图，它可以表达 2^{24} 即 16 777 216 种颜色。LCD-TV 一般支持 24 位真彩色。

4.6.3　响应速度

响应速度就是 LCD-TV 各像素点对激励电压反应的速度，即像素由暗转亮或由亮转暗所需要的时间。对于液晶电视机来说，响应速度就是在液晶分子内施加电压，使液晶分子扭转或回复的时间，常说的 25 ms、16 ms 就指的是这个响应时间。反应时间越短，则使

用者在看动态画面时越不会有拖尾的感觉。

CRT 电视机，只要电子束击打荧光粉立刻就能发光，而辉光残留时间极短，因此传统 CRT 电视机反应时间仅为 1 ms～3 ms。

液晶电视机是利用液晶分子扭转控制光的通断，而液晶分子的扭转需要一个过程，反应时间要明显长于 CRT。从早期的 25 ms 到最近的 12 ms，液晶电视机的响应时间被不断缩短。

4.6.4　可视角度

可视角度是 LCD-TV 最重要的技术指标。可视角度是指液晶电视机保持画面失真不超过一定范围时的最大观看角度。画面失真主要包括以下三个方面：

（1）对比度：随观看角度的增加，屏幕上出现对比度锐减（黑色变白，白色变黑）的现象。一般定义对比下降到 10 的时候，该角度为最大可视角度。

（2）色差：随观看角度增加，屏幕上颜色锐变，当这种变化即将超过一个"无法接受"值的时候，定义该角度为最大可视角度。

（3）灰阶逆转：随观看角度增加导致屏幕上出现灰阶逆转（低灰阶比高灰阶还要亮），定义即将产生逆转的临界点时的观看角度为最大可视角度。

由于液晶显示的原理依靠液晶分子的各向异性，对不同方向的入射光，反射率是不同的，所以可视角度小，随着视角加大，亮度、色度不均匀性变差。而主动发光的 CRT 型电视机和 PDF 电视机的可视角度较宽。LCD 的视角狭窄曾经一度是个问题，但近期 LCD 的视角取得突破性的进展。最近 LCD 的可视角已经达到 170°。

4.7　液晶电视机的电路

4.7.1　液晶电视机类型与电路特点

1. 液晶电视机的特点

液晶电视机具有的特点是：比较省电，寿命较长，没有烧屏的问题，没有图像几何失真，高清晰，高分辨率，画质精细，可视面积大，环保等，并可用于计算机显示器。

2. 液晶电视机的类型

液晶电视机即采用 LCD 面板作为显示器的电视机，简称 LCD-TV。液晶电视机是 LCD 最高级、最复杂的一个应用领域。液晶电视机发展迅猛，类型众多。从成像原理分类，有直视式、投影式（正投与背投）及虚影式等；按屏幕尺寸大小分类，有 6.35 cm～132 cm LCD-TV；按屏幕宽高比分类，有 4∶3 窄屏、16∶9 宽屏 LCD-TV；按显示模式分类，有彩（TFT）LCD-TV、伪彩（STN）LCD-TV；按用途分类，有车用 LCD-TV、家用 LCD-TV、公用 LCD-TV；按外观形状分类，有台式 LCD-TV、挂壁式 LCD-TV、便携式 LCD-TV；按电视信号类型分类，有模拟 LCD-TV、数字 LCD-TV；按解像度的高低分类，有标准清晰度 LCD-TV、高清晰度 LCD-TV。本节主要介绍家用直视式 LCD-TV。

3. 液晶电视机电路的特点

与 CRT 电视机相比较，LCD-TV 除了机身轻薄外，在电路方面具有下列特点：

（1）有丰富的输入信号接口。LCD-TV 通常有 RF 射频信号输入接口、AV 信号输入接口、S-VIDEO 端子信号输入接口、YUV（HDTV）信号输入接口、VGA 信号输入接口、DVI（Digital Visual Interface）信号输入接口及 HDMI（High-Definition Digital Multimedia Interface）信号接口。

（2）隔行—逐行扫描信号转换电路。我国现行的电视标准是 50 Hz 隔行扫描，此方法可有效地简化电视系统、减小视频带宽，具有较高的经济价值。但是，这种系统也有明显的缺陷：由于隔行扫描，使每一行的扫描频率比逐行扫描低了一半，因此不可避免会出现行间闪烁和行间抖动，对图像的清晰度影响较大；由于采用隔行扫描，每一场的扫描线只有逐行扫描的一半，使得行间距加大，就产生了行结构线，画面显得粗糙、不细腻，屏幕越大越明显；因为每秒传送 50 场信号，接近人眼的临界频率 46 Hz，仍会产生大面积闪烁。

随着数字化技术的发展，先后出现了 100 Hz 隔行扫描、1250 线精密显像、75 Hz 隔行扫描及 60 Hz 逐行扫描等技术。100 Hz 隔行扫描技术将场扫描频率加倍，可消除大面积闪烁，但仍有行闪烁和行结构线，1250 线精密显像技术将每场行扫描线加倍，提高了扫描线密度，但还不能解决大面积闪烁问题；75 Hz 隔行扫描技术是将场扫描频率提高为原来的 1.5 倍，解决了大面积闪烁问题，但和 100 Hz 技术一样，仍有行间闪烁和行结构线；而 60 Hz 逐行扫描等技术将每场行扫描线加倍，同时将场扫描频率提升为 60 Hz，远离人眼的临界频率，使画面细腻、清晰又不闪烁，是目前比较理想的解决方案。

（3）图像缩放（Scaler）。LCD-TV 采用 16∶9 宽屏，而现行电视图像宽高比为 4∶3，因此必须有图像尺寸缩放电路。

（4）LVDS 编码。低压差分信号（Low Voltage Differential Signal，LVDS）传输是一种满足当前高性能数据传输应用的新型技术。由于其可使供电低压低至 2 V，因此还能满足未来应用的需要。

LVDS 技术拥有 330 mV 的低压差分信号和快速过渡时间，这可以让产品达到自 100 Mb/s 至超过 1 Gb/s 的高数据数率。此外，这种低压摆幅可以降低功耗消散，同时具有差分传输的优点。LVDS 解决方案为设计人员解决高速 I/O 接口问题提供了新选择。LVDS 为当今和未来的高带宽数据传输应用提供毫瓦每千兆位的方案。

（5）I^2C 总线控制。I^2C 总线控制是指集成电路之间的总线控制，它能很好地解决彩电的 CPU 与众多的 IC 之间的输入/输出接口，使电路简化。I^2C 总线实际上是由一根串行时钟线（SCL）和数据线（SDA）组成的具有多端控制能力的双线双向串行数据总线，其核心是主控件 CPU。

I^2C 总线的主要功能是：首先是操作功能，此功能完成用户对电视机如存储器读写、节目预选、AV 切换、音量/亮度/对比度/色度的控制操作；其次是调整功能，此功能主要完成 CPU 对各单元电路的工作方式进行设立和调整。

（6）OSD 控制。OSD 是 On-screen Display 的简称，即屏幕菜单式调节方式。一般按 Menu 键后屏幕会弹出显示器各项调节项目信息的矩形菜单，可通过该菜单对显示器各项工作指标包括色彩、模式、几何形状等进行调整，从而达到最佳的使用状态。

4.7.2　基于 GM1501 芯片的 LCD-TV 电路

以 GM1501 芯片为核心的 LCD-TV 电路结构如图 4-38 所示，康佳液晶彩色电视机采用此电路结构，型号有 LC-TM3233、LC-TM4711 等。飞利浦液晶彩色电视机的电路结构也以 GM1501 芯片为核心，型号有 LC4.2A、LC4.6A 等。

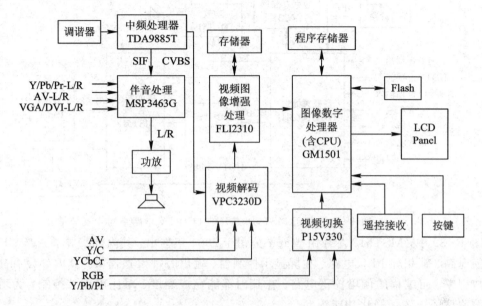

图 4-38　基于 GM1501 芯片的 LCD-TV 的电路结构

基于 GM1501 芯片的 LCD-TV 电路结构的主要 IC 介绍如下：

GM1501 是美国 Genesis 公司于 2003 年推出的芯片，可实现平板图像缩放。其内部集成了三路 8 bit 视频模/数转换器 ADC 和锁相环 PLL 电路，能够快速高质量地将输入的模拟信号转换为数字信号。集成的运动自适应交织器能完成显示格式的变换。芯片内部含有数字视频 DVI 接收器，在屏幕上显示 OSD 控制、运动自适应降噪器、在片微处理器控制、可编程控制 LVDS 发送器及可编程伽玛校正处理电路等。另外，此芯片可完成色调、色饱和度、亮度和对比度控制。此芯片有适应多种视频格式的输入端口，如 VGA - RGB 和 YPbPr 模拟信号输入端口、8 bit 的 YCbCr 和 16 bit 的 YCbCr 数字格式信号输入、数字视频 DVI 输入端口等。内部 LVDS 发送器将数字 RGB 信号和数字控制信号（Hsync、Vsync、EC 等）都转换成 LVDS 接收器，经还原后再送到显示器的逻辑控制驱动电路。

FL12310 是 Genesis 公司于 2002 年开发的芯片，常用于数字视频格式变换（隔行扫描变换成逐行扫描）、视频图像增强处理，以提高画质。

VPC3230D 是德国微科（Micronas）公司推出的多功能处理器，内含有自适应 4H 梳状滤波器 Y/V 分离电路、多制式彩色解码电路、高品质模/数转换器，可完成对亮度、对比度、色调、色饱和度的调整。

TDA9885T 是中频处理器，内设宽带图像中频放大器、视频检波、AGC 和 AFC、声中频 SIF 放大等。

MSP3463G 是多制式音频处理器，可完成 FM 解调和信源选择，完成低音、高音、平衡及响度调整，可将单声道转换成伪立体声。

4.7.3　基于 MST518 芯片的 LCD-TV 电路

基于 MST518 芯片的 LCD-TV 电路结构如图 4-39 所示，康佳 LC - TM1508S、

LC－TM2018S等液晶电视机就采用此电路结构。

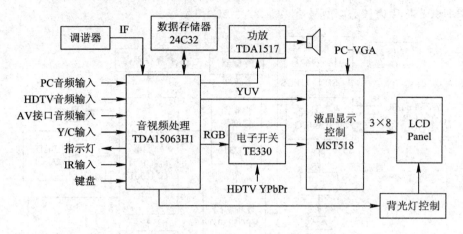

图 4－39　基于 MST518 芯片的 LCD-TV 电路结构

图 4－39 中，MST518 芯片由 Matar 公司于 2004 年推出，其内部集成了三路 8 bit 模/数转换电路、锁相环 PLL 电路、在屏显示控制器、输出时钟发送器等。其内部设有高性能的缩放引擎、可编程的伽马校正电路。在其内部能完成亮度、对比度调节控制，为增强图像的鲜明度还设置了峰化功能等。

该方案采用集成音视频处理器 TDA15063H1，内部集成了数字音频处理器、数字视频处理器、自适应数字梳状滤波器、快闪存储器、微处理器等。在其内部完成伴音中频和多制式音频信号处理以及图像中频和多制式视频信号处理等。

TDA15063H1 输出的 RGB 信号送入电子开关 TE330，与 HD－YPbPr 信号进行切换，被选定的信号送到 MST518。外接电脑 VGA－RGB 信号直接送入 MST518。MST518 可输出两种规格的数字信号到液晶显示屏的逻辑控制驱动板，一种是 3×8 bit 的数码 RGB 信号，另一种是 LVDS 低压差分信号。

4.8　创维 32 寸液晶电视机电路分析

创维 32 寸液晶电视机能实现多制式电视输入信号的重现，能以自动搜台的方式存储频道，最多可存储 256 个电视频道；同时该机可实现最高分辨率可达 UXGA 级别的模拟 R、G、B 输入信号的再现，支持 64 bit 色彩再现。行频为 30 kHz～80 kHz 以及场频为 56 Hz～75 Hz 的信号，可以实现同步自动检测。同步方式要求使用行、场分离的同步信号，可实现 S-Video 输入信号的重现。内置 2×10 W 的 B 类功放，编程音量调节，支持两通道外部音频信号输入，根据 Video、PC 的输入信号自动选择通道，同时具有功放输出功能。创维 32 寸液晶电视机的主要特性见表 4－4。

表 4－4　创维 32 寸液晶电视机的主要特性

	模拟 RGB(0.7 V)，行场同步分离（TTL）
输入信号	复合视频信号(1.0 V ±－5%)
	S 视频(S－Y：0.714 V ±5%；S－C：0.286 V ±5%；)
	两通道外部音频输入（PC 音效卡及 AV 设备声音输入）

续表

视频支持制式	PAL、NTSC、SECAM
TV 接收频段	VHF - L：49.75 MHz～160.25 MHz VHF - H：168.25 MHz～450.25 MHz UHF：451.25 MHz～863.25 MHz
支持模式	DOS、VGA、SVGA、XGA、SXGA、UXGA
色彩	64 bit
行同步范围	30 kHz～70 kHz
场同步范围	56 Hz～75 Hz
输出信号	LVDS 标准
音频输出功率	2×10 W，8 Ω
控制按键	MENU、LIFT、RIGHT、UP、DOWN、SOURCE、POWER （全部功能可由遥控器操作）
OSD 菜单	VGA：对比度、亮度、音量、语言 TV：对比度、亮度、饱和度、清晰度、音量、电视相关设置、语言
电源输入	12 V/2 A（±0.6 V）（DC）
电源操作	正常工作模式，低功耗模式
功耗	5 W（无负载时）
电源管理	待机功耗小于 5 W

4.8.1　创维 32 寸液晶电视整机组成

1. 创维 32 寸液晶电视机组成结构

图 4 - 40 所示为创维 32 寸液晶电视机电路组成结构。该电视机主要由音视频输入/输出接口单元、音频处理单元、视频处理单元、液晶屏及稳压电源单元等组成。其中音、视频处理单元芯片为 MST9E19B，音频功放处理单元芯片为 TPA3002。

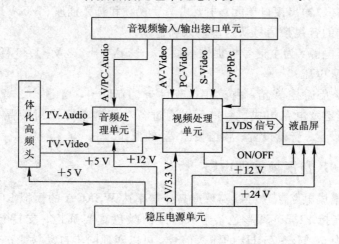

图 4 - 40　创维 32 寸液晶电视机电路组成结构图

图 4-41 为创维液晶电视机工作原理图。该电视机主要由电视调谐器(TV Tuner)、微处理器(Mico-controller)、视频解码器(Video Decoder)、解交织器/缩放器(Deinterlacer/Scaler)、LVDS 传输器(LVDS Tx)、降压器(Pwn Step-down)、时序控制器(TCON)等组成。

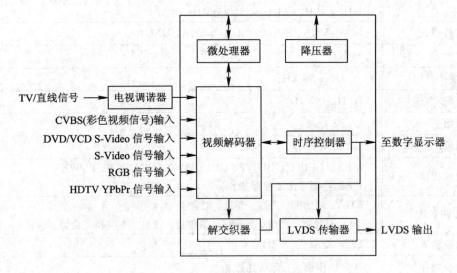

图 4-41　创维液晶电视机工作原理图

2. 各单元概述

(1) TV 接口：又称 RF(射频)输入。TV 接口的成像原理是将视频信号(CVBS)和音频信号(Audio)相混合编码后输出，然后在显示设备内部进行一系列分离/解码的过程，最后输出成像。由于需要较多步骤进行视频、音视频混合编码，所以会导致信号互相干扰，因此它的画质输出质量是所有接口中最差的。

(2) 音视频信号处理单元：主要由音频信号处理单元、视频信号处理单元、本机键盘及遥控处理单元和音视频信号输入/输出接口单元组成，针对从各端子进来的视频信号和声音信号及 RGB 信号进行处理，然后输出显示。

(3) 音视频输入/输出接口单元：主要由 AV 视频和音频插座、VGA 座、音箱插座和 S 端子组成，各部分的音视频信号从这里输入和输出。

(4) 开关稳压电源：为主信号板提供＋12 V、＋5 V、＋3.3 V、1.26 V 的直流电压及给逆变器提供＋24 V 电压。

(5) 本机键盘及遥控单元：由菜单、节目＋、节目－、音量＋、音量－、TV/AV、POWER 7 个功能键及电路组成，用户可以通过各功能键来完成对液晶电视的各项功能(输入设置、图像设置、音量设置、频道搜索等)的操作。

4.8.2　MST9E19B 音视频处理电路

MST9E19B 集成电路芯片可以实现最高分辨率达 WSXGA 的模拟 RGB 输入信号和数字信号，色彩可支持 24 bit 真彩色，显示的画面颜色真实鲜艳；支持行频为 30 kHz～80 kHz以及场频为 50 Hz～75 Hz 的输入信号，可以实现同步自动检测；支持两路可选 Y、Pb、Pr 信号，HDMI 信号，AV 信号(包括输入和输出)，S-Video 信号和 TV 信号的输入；

配置了 2×10 W 的 B 类功放，用数字脉冲信号来进行音量控制调节，支持多通道外部音频信号输入，当视频信号进行切换时，音频开关自动切换到相应的伴音输入通道；视频处理采用 10 位处理系统，3D 视频降噪；具有 MStarACE - 3 图像增强引擎。

1. MST9E19B 芯片功能说明

(1) 可支持输入 WSXGA 和 1080P 的图像。

(2) 面板分辨率为 SXGA(1280×1024)/WXGA(1440×900)。

(3) 多制式的电视解码器及 2D 梳状滤波器。

(4) 多标准电视声音解调器与解码器。

(5) TV、RGB、Y/Pb/Pr 的模/数转换器。

(6) 集成的 DVI、HDCP、HDMI 兼容接收。

(7) 高品质缩放引擎。

(8) SDTV 采用 3D 解交织和降噪处理。

(9) HDTV 采用 2D 解交织和降噪处理。

(10) 高级图像引擎(MStarACE - 3)。

(11) OSD 显示引擎。

(12) 内置 MCU 支持 PWM/GPIO 接口。

(13) 内置双线 8/10 位的 LVDS 信号传送。

(14) 输入耐压 5 V。

(15) 低电磁干扰和省电特征。

(16) 208 脚 PQFP 封装。

(17) NTSC/PAL/SECAM 视频制式。

① 支持 NTSC、NTSC - 4.43、PAL(B, D, G, H, M, N, I, Nc)和 SECAM 制式。

② 自适应 TV 标准探测。

③ 具有自适应 2D 梳状滤波器的 NTSC/PAL 制式。

④ 8 配置的 CVBS、Y/C 及 S 端子视频输入。

⑤ 支持图文测试 1.5 版本、WSS、VPS、CLOSED-CAPTION 和 V-CHIP 标准。

⑥ 显示检测。

⑦ CVBS 视频信号输出。

(18) 多制式电视音频解码器。

① 支持 BTSC/NICAM/A2/EIA - J 解调和解码。

② 调频立体声及 SWP 的解调。

③ 4 组左右声音和中音频输入。

④ 左右扬声和线性输出。

⑤ 支持超低音输出。

⑥ 内置音频输出数/模转换。

⑦ 音频处理扬声器通道，包括音量、平衡、静音、语气平和、虚拟立体声/环绕声。

(19) 数字音频接口。

① I^2S 数字音频输出。I^2S(Inter-IC Sound Bus)是飞利浦公司为数字音频设备之间的

音频数据传输而制定的一种总线标准。

② S/PDIF 数字音频输出。S/PDIF 是 SONY/PHILIPS 数字音频接口的简称，是一个数字信号的传递规范。

③ 提供音频/视频同步的延时编程。

(20) 模拟 RGB 自适应输入端口。

① 两个模拟端口支持高达 150 MHz 的信号。

② 支持 PC 的 RGB 输入 SXGA 分辨率，频率为 75 Hz。

③ 快速消隐和功能选择开关支持全面的扫描功能。

④ 支持分辨率为 1080P 的 HDTV RGB/YPbPr/YCbCr。

⑤ 支持复合同步和 SOG(Sync-on-Green)分离器。

⑥ 自动颜色校正。

(21) DVI/HDCP/HDMI 兼容输入口。

① 支持 150 MHz 信号。

② DVI1.0 接收机。

③ HDCP1.1 兼容接收机。

④ HDMI1.2 兼容接收机。

⑤ 电缆远程接收。

⑥ 接收 HDTV 可达 1080 p。

(22) 自动配置，自动检测。

① 自动检测输入信号的格式和模式。

② 自动调谐功能，其中包括逐步衰减、定位、偏移、增益和抖动检测。

③ 行场同步信号检测。

(23) 高性能的缩放引擎。

① 完全可编程的缩放能力。

② 支持各种模式的非线性视频缩放，包括全景摄影。

③ 支持投影机的梯形校正。

(24) 视频处理和转换。

① SDTV 采用 3D 解交织和降噪处理。

② HDTV 采用 2D 解交织和降噪处理。

③ 移动导向的自适应算法，圆滑的低角度的移动。

④ 自动 3∶2 下拉和 2∶2 下拉检测与恢复。

⑤ MStarACE‑3 高级图像引擎。

a. 亮丽和鲜艳的颜色；

b. 加大了对比度和细节；

c. 鲜明的肤色；

d. 加强真实的景深感；

e. 准确和独立的色彩控制。

⑥ SRGB 满足用户体验与 CRT 及其他显示器同样的色彩。

⑦ 可编程的 12 位 RGB 真色彩。

⑧ 帧速率转换。

(25) 屏幕 OSD 控制器。

① 16/256 调色板。

② 256/512 字节，1 个字体像素为 1 位。

③ 128/256 字节，1 个字体像素为 4 位。

④ 支持图文功能。

⑤ 支持 4K 属性和编码。

⑥ 横向和纵向延伸的 OSD 菜单。

⑦ 图形发生器作为生产测试。

⑧ 支持 OSD 多用户和混合性能。

⑨ 支持闪烁和滚动封闭字幕应用。

(26) LVDS 和 TTL 界面。

① 支持双线 8/10 位 LVDS，分辨率达到 SXGA/WXGA＋。

② 支持 8 位单一的 TTL。

③ 支持两种数据输出格式，即 Thine 和 TI 数据映像。

④ 兼容 TIA/EIA。

⑤ 有 6/8 位选择。

⑥ 减少 LVDS 摆动和低电磁干扰。

⑦ 支持灵活的扩频。

(27) 集成微控制器。

① 内嵌 8032 微控制器。

② 配置有 PWM 和 GPIO。

③ 可受系统控制的低速 ADC 输入。

④ 外部闪存的 SPI 总线。

⑤ 支持外部单片机的选项控制，通过四线双数据速率缓冲器连接单片机总线或 8 位单片机总线。

(28) 外部连接/组件。

① 下降沿宽调制功率控制。

② 所有的系统时钟合成都来自单一的外部时钟。

MST9E19B 集成电路芯片是一款高性能、高集成度的音视频处理芯片。TV 分辨率为 SXGA(1280×1024)/ WXGA 和 WXGA＋(1440×900)，它配置了一个综合 triple-ADC/PLL、一个综合 DVI 接口/HDMI 接收器及一个多标准的电视视频和音频解码器。通过视频隔行扫描、缩放引擎及 MStarACE-3 彩色引擎，可实现对屏幕的显示控制。其中有一个 8 位单片机，并内置有成组输出接口。MST9E19B 还集成了智能电源管理控制，并扩展频谱，支持 EMI 管理。MST9E19B 芯片管脚见附录 2。

2. MST9E19B 集成电路芯片主要管脚功能说明

表 4-5 列出了 MST9E19B 芯片管脚功能。

表 4 – 5　MST9E19B 芯片管脚功能

引脚名称	引脚号	功 能 说 明
RXCKN	1	DVI/HDMI 数据输入信号时钟对
RXCKP	2	
RX0N	4	DVI/HDMI 输入信号 0 通道数据对
RX0P	5	
RX1N	7	DVI/HDMI 输入信号 1 通道数据对
RX1P	8	
RX2N	10	DVI/HDMI 输入信号 2 通道数据对
RX2P	11	
DDCD_DA	14	DDC I^2C 时钟线
DDCD_CK	15	DDC I^2C 数据线
REXT	13	复位电路
HSYNC1	16	行同步输出控制 1
VSYNC1	17	场同步输出控制 1
HSYNC0	38	行同步输出控制 0
VSYNC0	39	场同步输出控制 0
BIN1P	22	B 基色输入通道 1+
BIN1M	23	B 基色输入通道 1−
SOGIN1	24	绿同步信号输入 1
GIN1P	25	G 基色输入通道 1+
GIN1M	26	G 基色输入通道 1−
RIN1P	27	R 基色输入通道 1+
RIN1M	28	R 基色输入通道 1−
BIN0M	29	B 基色输入通道 0+
BIN0P	30	B 基色输入通道 0−
GIN0M	31	G 基色输入通道 0+
GIN0P	32	G 基色输入通道 0−
SOGIN0	33	绿同步信号输入 0
RIN0M	34	R 基色输入通道 0+
RIN0P	35	R 基色输入通道 0−
C1	40	色度信号通道 1
Y1	41	亮度通道 1
C0	42	色度信号通道 0
Y0	43	亮度通道 0
CVBS3	45	复合视频输入通道 3
CVBS2	46	复合视频通输入道 2
CVBS1	47	复合视频输入通道 1
CVBS0	49	复合视频输入通道 0
CVBSOUT	51	复合视频通道输出
SIF1P	54	第二伴音输入通道
AUL0	61	音频左声道输入 0

引脚名称	引脚号	功 能 说 明
AUR0	62	音频右声道输入 0
AUL1	63	音频左声道输入 1
AUR1	64	音频右声道输入 1
AUL2	66	音频左声道输入 2
AUR2	67	音频右声道输入 2
AUL3	68	音频左声道输入 3
AUR3	69	音频右声道输入 3
AUOUTL3	70	音频左声音输出 3
AUOUTR3	71	音频右声音输出 3
AUOUTL2	72	音频左声音输出 2
AUOUTR2	73	音频右声音输出 2
AUOUTL	74	音频左声音输出
AUOUTR	75	音频右声音输出
GPIO(2~11)	78~87	通用编程 I/O 口
GPIO(12~19)	90~97	
AD(0~7)	108~115	模/数转换通道
SCK	121	串行传输从器件时钟线
SDI	122	串行传输从器件数据输入线
CSZ	123	选通信号
SD0	124	串行传输从器件数据输出线
SAR0	125	地址 SAR0~SAR3
SAR1	126	
SAR2	127	
SAR3	128	
PWM0	129	脉宽调制控制 0
PWM1	130	脉宽调制控制 1
PWM2	155	脉宽调制控制 2
PWM3	156	脉宽调制控制 3
DDCR_DA	131	DDCR 数据线
DDCR_CK	132	DDCR 时钟线
DDCA_DA	133	DDCA 数据线
DDCC_CK	134	DDCA 时钟线
IRIN	136	红外线接收输入
LVA4P	160	LVDS 输出信号
LVA4M	161	
LVA3P	162	
LVA3M	163	
LVACKP	164	

引脚名称	引脚号	功能说明
LVACKM	165	LVDS 输出信号
LVA2P	166	
LVA2M	167	
LVA1P	168	
LVA1M	169	
LVA0P	170	
LVA0M	171	
LVB4P	174	
LVB4M	175	
LVB3P	176	
LVB3M	177	
LVBCKP	178	
LVBCKM	179	
LVB2P	180	LVDS 输出信号
LVB2M	181	
LVB1P	182	
LVB1M	183	
LVB0P	184	
LVB0M	185	

MST9E19B 电路图见附录 2。

4.8.3　音频信号处理电路

1. 音频信号处理电路组成

音频信号处理电路组成框图如图 4-42 所示。

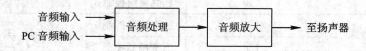

图 4-42　音频信号处理电路组成框图

音频信号处理电路将 PC 或播放器输入的音频信号及高频头的音频信号进行低音、平衡、放大等处理后输出至扬声器，推动扬声器发出声音。LCD-TV 的音频电路一般由集成电路实现。

外界输入的音频信号经 MST9E19B 处理后输出至音频功放部分，本音频功放处理单元主要是以芯片 TPA3002 为中心来构成的功放电路。

TPA3002 是一种高效率的 9 W（每通道）的 D 类音频放大器，用于推动桥接式立体声扬声器。在播放声音时，其较高的效率可以可降低外部散热、供电设备等方面的要求。TPA3002 内部有一 5 V 的调节电压可以用于驱动外部耳机工作，还集成有数字放大器所需的信号处理及调制电路，以及大功率输出 MOS-FET。所以只需外接少量外围元件，在输入端输入模拟音频信号，在输出端外接低通滤波器和扬声器就可对音频信号进行立体声功率放大。

2. 音频信号处理电路的主要特点

（1）工作电压为 +12 V；

（2）每通道 9 W 的功率驱动 8 Ω 的负载；

（3）高效率，D 类放大器；

（4）9 W 时效率为 81%；

（5）-40 dB～36 dB 宽范围的 32 阶直流音量控制；

（6）线性输出驱动外接耳机；

（7）低噪声；

（8）内有过热和短路保护；

（9）综合的启动和关闭的响声消除电路；

（10）静音/待机模式（睡眠）。

3. TPA3002 芯片管脚功能

TPA3002 芯片管脚功能说明见表 4－6。

表 4－6　TPA3002 芯片管脚功能

引脚号	引脚名称	功能说明
1	SD	关断信号输入端
2	RINN	右声道差分音频信号输入
3	RINP	
4	V2P5	2.5 V 模拟参考电压
5	LINP	左声道差分音频信号输入
6	LINN	
7	AVDDREF	参考 5 V 输出
8	VREF	增益控制参考端
9	VARDIFF	差分增益设置端
10	VARMAX	最大增益设置
11	VOLUME	音量控制输出
12	REFGND	地
13	BSLN	左通道输入/输出
24	BSLP	
14、15、22、23	PVCCL	供电端
38、39、46、47	PVCCR	
16、17	LOUTN	左通道放大器输出端
20、21	LOUTP	
18、19	PGNDL	音频地
42、43	PGNDR	
25	VCLAMPL	左通道内部电压供应端

续表

引脚号	引脚名称	功能说明
26、30	AGND	模拟地
27	ROSC	外接电阻到地
28	COSC	外接电容充/放电端
29	AVDD	5 V 调节输出
31	VAROUTL	左通道音频变量输出
32	VAROUTR	右通道音频变量输出
33	AVCC	模拟电源(8 V～14 V)
34	MODE	模式控制输入
35	MODE_OUT	模式控制输出
36	VCLAMPR	右通道内部电压供应端
37	BSRP	右通道输入/输出
48	BSRN	
40、41	ROUTP	右通道放大器输出端
44、45	ROUTN	

图 4 - 43 是 TPA3002 芯片的管脚分布图,图 4 - 44 是 TPA3002 电路图。

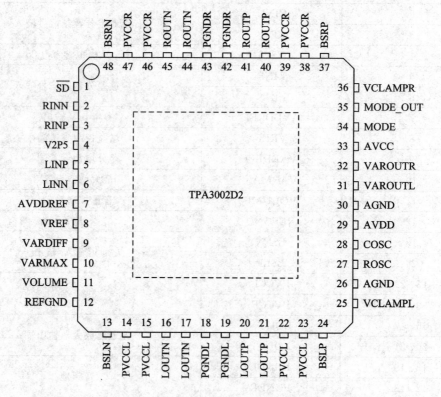

图 4 - 43　TPA3002 芯片管脚分布图

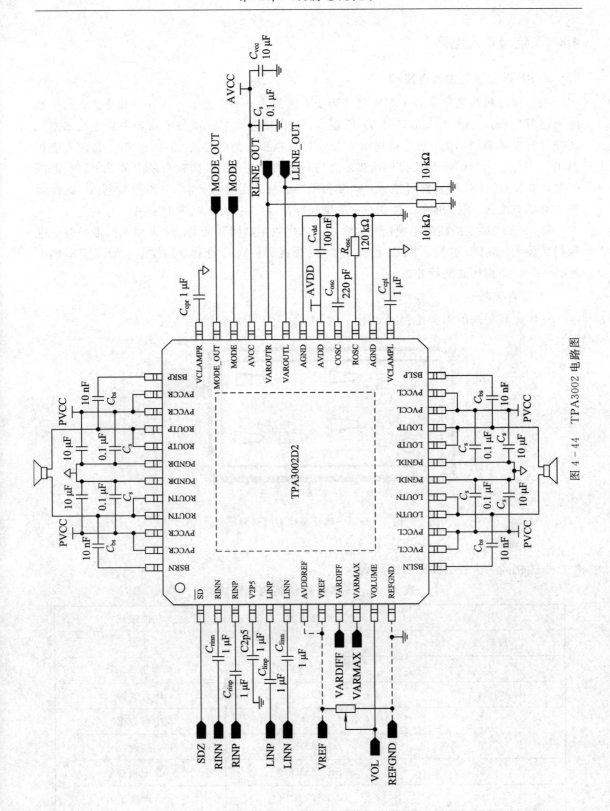

图 4 - 44　TPA3002 电路图

4.8.4　信号输入电路

1. RF 射频信号输入电路

一体化高频头是集高频头和中频解调于一体的二合一调谐器，具有灵敏度高、抗干扰能力强等特点，支持 PAL I/PAL D/K 制式。其内部包含了普通数字高频头功能及多制式图像伴音中频解调功能，可直接输出复合电视信号和解调的伴音信号。同时，高频头也可输出第二伴音中频信号 SIF 提供给带丽音解码的机型使用。该高频头采用单一＋5 V 电源供电，内含 DC/DC 转换器可把＋5 V 变为频率合成所需要的＋33 V 调谐高电压。该高频头具有集成度高、电性能好、体积小、重量轻等特点，在 LCD 电视上采用。

75 Ω 天线接收的高频电视信号，输入一体化数字高频调谐器，经高频调谐器的内部进行高频放大、混频、滤波、中放、检波、鉴频、预视放、AGC 自动增益控制、AFT 自动频率控制、PPL 锁相环滤波等处理。

1）引脚排列

一体化高频头的引脚排列图如图 4 - 45 所示。

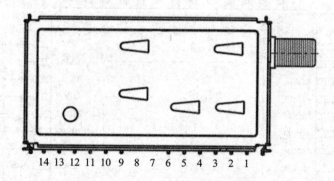

14 13 12 11 10 9　8　7　6　5　4　3　2　1

图 4 - 45　一体化高频头的引脚排列

2）引脚功能

一体化高频头各引脚的功能见表 4 - 7。

表 4 - 7　一体化高频头的引脚功能

引　脚	引脚名称	功能描述
1、2、7、8、9、10	NC	空脚
3、13	＋5 V	接电源＋5 V
4	SCL	串行时钟
5	SDA	串行数据
6	AS	接地
11	SIF/AUDIO	声音中频信号
12	CVBS/VIDEO	复合广播信号
14	AF O/P	空脚

3）高频头信号流程原理分析

如图 4-46 所示，一体化高频头 12 脚输出的 CVBS 信号经过 L801、R805、C802 滤波，经 C220 耦合输出 TV_Vin＋视频信号进入芯片 MST9E19B 的 49 脚。11 脚输出的 Audio 音频信号经过 R801 匹配，再经 C222 耦合输出 TV-SIFP 音频信号送入 MST9E19B 的 54 脚。

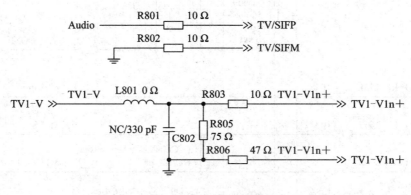

图 4-46　TV 信号电路图

2. AV 信号输入电路

AV 信号又称为音视频信号，它包括一路视频信号和两路（L、R）音频信号。AV 接口通常都是成对的白色音频接口和黄色视频接口，它通常采用 RCA（俗称莲花头）进行连接，使用时只需要将带莲花头的标准 AV 线缆与相应接口连接起来即可。AV 接口实现了音频和视频的分离传输，这就避免了因为音视频混合干扰而导致的图像质量下降。但由于 AV 接口传输的仍然是一种亮度/色度（Y/C）混合的视频信号，因此仍然需要显示设备对其进行亮色分离和色度解码才能成像。这种先混合再分离的过程必然会造成色彩信号的损失，色度信号和亮度信号也会有很大的机会相互干扰从而影响最终输出的图像质量。

如图 4-47 所示，从 AV1 端子进来的 AV1 视频信号经 L602、R610、R606、C217 滤波、耦合后输出 AV1_Vin＋进入 MST9E19B 芯片的 46 脚，在芯片内部进行处理。从 AV2 端子进来的 AV2 视频信号经 L604、R618、R614、C216 滤波、耦合后输出 AV2_Vin＋进入 MST9E19B 芯片的 45 脚，在芯片内部进行处理。从 AV1 进来的左右音频信号分别经过 R605、R609、C603、C226 和 R601、R608、C602、C227 信号滤波和耦合后分别进入 MST9E19B 芯片的 63 和 64 脚，在芯片内部进行处理。从 AV2 进来的左右音频信号分别经过 R613、R617、C609、C229 和 R612、R616、C608、C230 信号滤波和耦合后分别进入 MST9E19B 芯片的 66 和 67 脚，在芯片内部进行处理。

3. S-Video 信号输入电路

S 端子可以说是 AV 端子的改革，在信号传输方面不再将色度与亮度混合输出，而是分离进行信号传输，所以我们又称它为"二分量视频接口"。与 AV 接口相比，S 端子不再将色度与亮度混合传输，这样就避免了设备内因信号干扰而产生的图像失真，能够有效地提高画质的清晰程度。

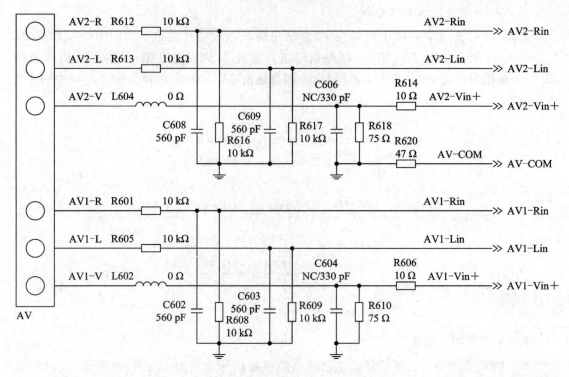

图 4 - 47　AV 音视频信号的传输

同 AV 接口相比，由于它不再进行 Y/C 混合传输，因此也就无须再进行亮色分离和解码工作，而且使用各自独立的传输通道在很大程度上避免了视频设备内因信号串扰而产生的图像失真，极大地提高了图像的清晰度。但 S-Video 仍要将两路色差信号(Cr、Cb)混合为一路色度信号 C 进行传输，然后再在显示设备内解码为 Cr 和 Cb 进行处理，这样多少仍会带来一定的信号损失而产生失真，而且由于 Cr、Cb 的混合导致色度信号的带宽也有一定的限制。S-Video 虽不是最好的，但考虑到目前的市场状况和综合成本等其他因素，它还是应用最普遍的视频接口。S-Video 端子各引脚功能见表 4 - 8。

表 4 - 8　S-Video 端子引脚功能

插座	信号	信号电平/V	阻抗/Ω
3	地(Y)	—	—
4	地(C)	—	—
1	色度信号(C)	1.0	750
2	亮度信号(Y)	0.3	750

如图 4 - 48 所示，S 端子的 1 脚输入的 C 信号经过 L603、R611、R607、C213 阻抗匹配及滤波耦合后输出 YC1 - Cin 进入 MST9E19B 芯片的 42 脚处理，S 端子的 2 脚输入的 Y 信号过 L601、R603、R602、C214 阻抗匹配及滤波耦合后输出 YC1 - Yin 进入 MST9E19B

芯片的 43 脚处理。S 端子的音频输入线路与 AV1 的音频线路相同。

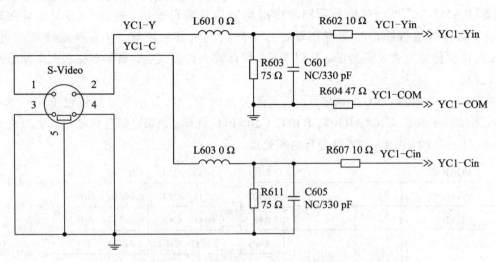

图 4-48 S-Video 外围电路原理图

4. YPbPr 信号输入电路

YPbPr 色差分量信号是在 S 端子的基础上，把色度（C）信号里的蓝色差（B）、红色差（R）分开发送，由于色度信号是分开发送的，减少了其相互之间的干扰，提高了信号的质量。YPbPr 信号分辨率可以达到 600 线以上，是现在家庭用户提高图像质量比较常用的一种信号输入接口。如图 4-49 所示，色差信号的亮度信号 Y 经过 L504、R516、R508、C506 阻抗匹配及滤波耦合后输出 SCG＋进入 MST9E19B 芯片的 32 脚进行信号处理。色差信号的蓝分量 Pb 经过 L505、R517、R510、C507 阻抗匹配及滤波耦合后输出 SCB＋进 MST9E19B 芯片的 30 脚进行信号处理。色差信号的红分量 Pr 经过 L506、R518、R506、C505 阻抗匹配及滤波耦合后输出 SCR＋进入 MST9E19B 芯片的 35 脚进行信号处理。

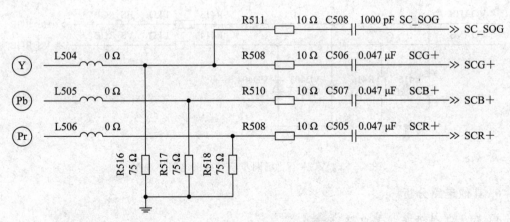

图 4-49 YPBPR 外围电路原理图

5. VGA 信号输入电路

VGA 的英文全称是 Video Graphic Array（视频图像阵列），接口采用非对称分布的 15

引脚连接方式。其工作原理是：将闪存以数字格式存储的图像（帧）信号，在随机存取数/模转换器（RAMDAC）里经过模拟调制成模拟高频信号后再输出。这样，VGA 信号在输入端，就不必像其他视频信号那样还要经过矩阵解码电路的换算。从视频成像原理可知，VGA 的视频传输过程是最短的，所以 VGA 接口拥有许多优点，如无串扰和无电路合成分离损耗等。

　　如图 4-50 所示，VGA 插座 1、2、3 脚输入的 R、G、B 信号分别经过 R404、R401、C401，R406、R402、C402，R407、R403、C403 阻抗匹配、滤波、耦合后输出到视频处理芯片 MST9E19B 的 27、25、22 脚进行内部处理。

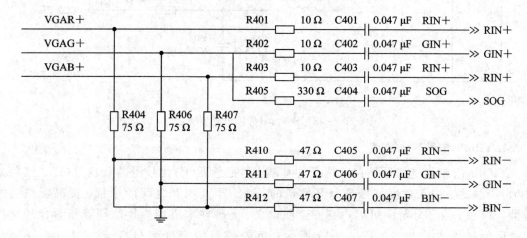

图 4-50　VGA 三基色外围电路原理图

　　如图 4-51 所示，从 VGA 插座的 13、14 脚输入的行场同步信号分别经过 VD403、VD404 抗静电后，再经过 R415、R413，R416、R414 阻抗匹配后进行 MST9E19B 的 16、17 脚进行处理。VGA 插座的 11、15 脚与存储芯片 AT24C 02 连接，实现总线控制。

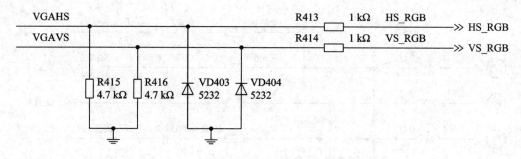

图 4-51　VGA 行、场同步信号外围电路原理图

6. 其他电路分析

1）背光工作开关控制电路

　　如图 4-52 所示，从 MST9E19B 芯片输出的 PANEL-ON/OFF 信号去控制三极管 Q102 的导通与截止，从而控制芯片 U101 场效应管的导通与截止，再把 12 V 信号传送给背光，以控制背光的开与关。

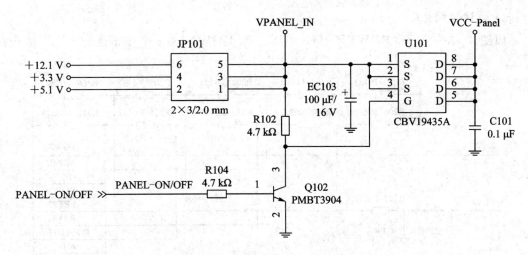

图 4-52　背光开关控制电路图

2）背光灯管启动的开关控制电路

如图 4-53 所示，从 MST9E19B 输出的 ON-PBACK 控制信号去控制三极管 Q103 的导通与截止，从而控制 +5 V 传送到背光灯管控制板上，来控制灯管的工作。

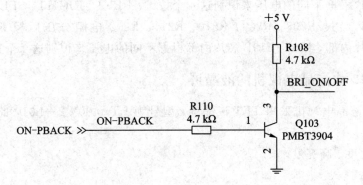

图 4-53　背光灯管工作开关控制电路

如图 4-54 所示，从 MST9E19B 输出的 ADJ-PWM2 信号，控制三极管 Q104 的导通电流的输出，去控制背光驱动板，从而控制灯管的亮度。

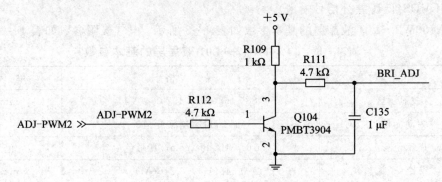

图 4-54　背光灯管亮度调节控制电路

3）按键控制电路

如图 4-55 所示，POWER、MENU、UP、DOWN 这 4 个按键通过＋3.3 V 经过

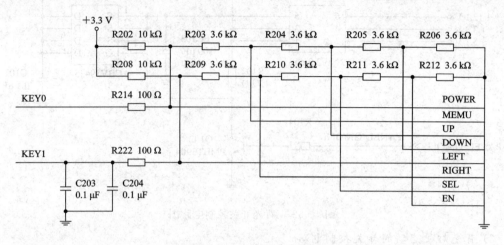

图 4-55　按键控制电路

R202、R203、R204、R205、R206 电阻分压后，经 R214 限流进入 MST9E19B 芯片，MST9E19B 芯片根据不同的电压来识别这 4 个按键；LEFT、RIGHT、SEL、EN 这 4 个按键通过＋3.3 V 经过 R208、R209、R210、R211、R212 电阻分压后经 R222 限流进入 MST9E19B 芯片内部，MST9E19B 芯片内部根据不同的电压来识别这 4 个按键。

4.8.5　创维 32 寸液晶电视机的液晶屏

创维 32 寸液晶电视机采用 TFT 液晶屏，型号为 LTA400W2—L01，此液晶屏具有下列特点：

（1）高对比度、高亮度。

（2）APVA 模式。

（3）宽视角＋/－170°。

（4）WXGA（1366 像素×768 像素）、16：9 的格式。

（5）20 直径类型的阴极荧光灯。

（7）LVDS（低压差分信号输入）。

LTA400W2—L01 液晶屏的基本参数如表 4-8 所示。电气极限参数如表 4-9 所示。

表 4-8　LTA400W2—L01 液晶屏的基本参数

项　目	规　　格	单　位
有效显示区	885.168（H）×497.664（V）	mm
驱动元件	a-siTFT 有源矩阵	
显示色彩	16.7M（8 bit/color）真彩色	色
像素节距（子像素）	0.648（H）×0.216（M）	mm
显示模式	透射/常暗模式	
表明处理	硬覆盖（3H、Haxe:44%）、防发射处理	

表 4 - 9 LTA400W2—L01 液晶屏的电气极限参数

项 目	符号	参数值		单位
		最小值	最大值	
电源电压	U_{CC}	−0.5	24	V
灯电流	I_L	TBD	TBD	mA
灯频率	F_L	TBD	TBD	kHz

LTA400W2—L01 液晶屏模块如图 4 - 56 所示。

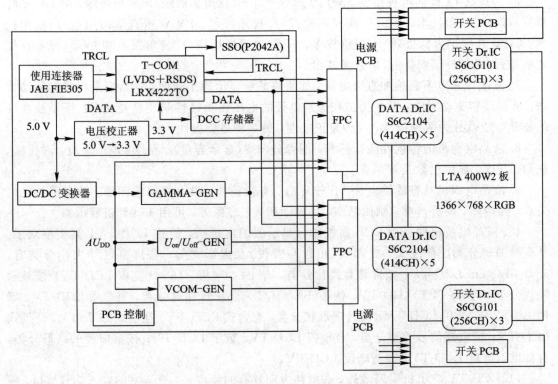

图 4 - 56 LTA400W2—L01 液晶屏模块

本 章 小 结

1. 液晶电视机是以液晶显示器(LCD)作为显示屏幕的一种平板型电视机,它是一种采用液晶控制透光度技术来实现色彩的显示器。

2. LCD 产品的特点:低压,微功耗;平板型结构;被动型显示;显示信息量大;易于彩色化;长寿命;无辐射,无污染;结构简单,易于驱动;LCD 的主要缺点是可视角度小。

3. 液晶是不同于通常的固态、液态和气态的一种新的物质状态,在一定温度范围内,可表现出多种物理性质,它既具有液体流动性、黏度、形变等机械性质,又具有晶体的自然效应、光学多向异性、电光效应、磁光效应等多种物理性质。

液晶可以分为热致液晶、溶致液晶、感应液晶及流致液晶。液晶具有流体的流动特性，又具有晶体的空间各向异性，包括介电特性、磁极化、光折射率等的空间各向异性。液晶材料有许多技术参数，包括光电参数与特性参数，主要有介电各向异性 $\Delta\varepsilon$、双折射率 Δn、体积黏度 η、弹性常数 K、相变 T_m 和 T_C 及液晶电阻率 ρ 等。

4. 液晶显示器是由液晶面板和背光模组两大部分组成的。液晶面板包括偏振片、玻璃基板、彩色滤色膜、电极、液晶定向层等。背光模组由冷阴极荧光灯、导光板、扩散板及棱镜片等组成。

5. 液晶显示的驱动方式有许多种。根据常用的液晶显示器件分类，液晶显示器件的驱动主要可分为直接驱动、有源矩阵驱动及彩色液晶驱动等。

6. 为提高 LCD 的可视角度，采用了 TN＋Film(视角扩展膜)广视角技术、MVA(多畴垂直取向)广视角技术、IPS(平面控制模式)广视角技术、PVA(垂直取向构型)广视角技术、CPA(连续焰火状排列)广视角技术、FFS(边缘场切换)广视角技术和 OCB(光学补偿弯曲排列/光学补偿双折射)广视角技术。

7. 液晶像素点不宜施加直流电压。如果液晶屏显示静止画面，这就要采用反转驱动方法。所谓反转驱动方法，就是指加在像素电极的电压正负极性是交替变化的。于是液晶屏的驱动电压就分为两种极性，一种是正极性，另一种是负极性。

8. 液晶电视机的特色性能指标有：图像分辨率(显示容量)、亮度、响应速度、对比度、视角、灰度、显示色数及寿命等。

9. 液晶电视机具有的特点是：比较省电、寿命较长、没有烧屏的问题、没有图像几何失真、高清晰、高分辨率、画质精细、可视面积大、环保等，可用于计算机显示器。

10. 液晶电视机即采用 LCD 面板作为显示器的电视机，简称 LCD-TV，其类型众多。从成像原理分类，有视式、投影式(正投与背投)及虚影式等；按屏幕尺寸大小分类有，6.35～132 cm LCD-TV；按屏幕宽高比分类，有 4∶3 窄屏、16∶9 宽屏 LCD-TV；按显示模式分类，有彩(TFT)LCD-TV、伪彩(STN)LCD-TV；按用途分类，有车用 LCD-TV、家用 LCD-TV、公用 LCD-TV；按外观形状分类，有台式 LCD-TV、挂壁式 LCD-TV、便携式 LCD-TV；按电视信号类型分类，有模拟 LCD-TV、数字 LCD-TV；按解像度的高低分类，有标准清晰度 LCD-TV、高清晰度 LCD-TV。

11. LCD-TV 除了机身轻薄外，在电路方面具有的特点是：有丰富的输入信号接口、隔行—逐行扫描信号转换电路、图像缩放电路、LVDS 编码、I^2C 总线控制和 OSD 控制。

思考题与习题

1. 晶体、液晶、液体的分子各有什么特点？

2. 液晶有哪些类型？用于显示的是什么液晶？

3. 液晶有哪些基本性质？

4. 简述液晶显示器的基本原理。

5. 液晶材料的主要技术参数有哪些？什么参数影响 LCD 的工作温度范围？什么参数影响 LCD 的响应速度？

6. 液晶显示器件由哪些部件组成？各部件的作用是什么？

7. CCFL 的负载特性如何？

8. 何谓 TN-LCD 器件？

9. 何谓 STN-LCD 器件？

10. 何谓 TFT-LCD 器件？其主要优点是什么？

11. LCD 视角狭窄的原因是什么？

12. 为提高 LCD 的可视角度，采用了哪些广视角技术？简述一种广视角技术。

13. 屏分辨率与图像分辨率有何区别？

14. 图像分辨率越高，图像清晰度是否也越高？

15. 对比度与灰度有何区别？

16. LCD-TV 电路与 CRT-TV 电路有何异同点？

17. 何谓 VGA、DVI、HDMI 信号？

18. LVDS 的含义是什么？为何采用该技术？

第 5 章　数字电视技术

学习目标：

(1) 熟悉数字电视的核心技术和数字电视系统的结构。

(2) 理解数字电视信号的信源编码、信道编码、数字调制的组成和工作原理。

(3) 了解数字视频广播系统及数字电视信号接收机。

(4) 掌握数字电视机顶盒组成、电路特点及工作原理。

能力目标：

(1) 能够正确分析数字电视信号的信源编码、信道编码、数字调制的工作过程。

(2) 能够正确分析数字电视机顶盒的工作过程。

5.1　数字电视概述

数字电视(Digital TV)是从信源开始，将电视信号经过量化、编码转换成由二进制数组成的数字式信号，然后对数字信号进行信源压缩编码、纠错、交织与调制等信道编码，再以较高的数码流发射、传输并由数字电视接收机接收、处理和显示的系统。

5.1.1　数字电视的优点及发展概况

1. 数字电视的优点

传统的模拟电视广播存在一系列问题与缺陷，不能满足人们对高品质视听生活的不断追求。模拟电视存在的主要问题如下：

(1) 模拟电视图像清晰度差，存在亮色干扰、大面积闪烁现象，节目源不能多次复制。

(2) 模拟电视带宽应用受限很大，模拟 PAL 制电视在 8 MHz 带宽内只能传送 1 路模拟视频信号和模拟音频信号，由于同频及邻频干扰，增加电视新频道难度很大。

(3) 模拟电视抗多径干扰能力差，接力传输产生噪声使信噪比不断恶化，图像损伤越来越严重，不能实现远距离传播。

(4) 模拟电视稳定度及可靠性差，存在时域混叠、调整复杂、不便于集成及不易实现自动控制等缺点。

数字电视克服了模拟电视许多无法避免的不足与缺陷，它具有以下优点：

(1) 采用数字传输技术，可提高信号的传输质量，不会产生噪声累积，信号抗干扰能力大大增强，收视质量高。

(2) 彩色逼真，无串色，不会产生信号的非线性和相位失真的累积。

(3) 可实现不同分辨率等级(SDTV、HDTV)的接收，适合大屏幕及各种显示器。

(4) 可移动接收，无重影。

(5) 可实现 5.1 路数字环绕立体声，同时还有多语种功能。

（6）易于实现加密/解密和加扰/解扰处理，便于开展各类有条件接收的收费业务，使电视的个性化服务和特殊服务在实际中得以方便实现，这是数字电视的重要增值点，也是数字电视快速滚动式发展的基础。

（7）利用数字技术产生各种特技形式，增强了节目的艺术效果和视觉冲击力。

（8）具有可扩展性、可分级性和互操作性，便于在各类通信信道的网络中传输，便于计算机网络联通。

2. 数字电视发展概况

当今时代被誉为信息时代，科学技术飞速发展，与此同时，广播电视领域也在发生深刻的革命，电视的数字化和网络化则集中体现了这场革命的深刻内涵。科学技术的迅猛发展、用户对高品质视听生活的不断追求正加速推动着模拟电视的数字化进程，模拟电视向数字电视转变已是大势所趋。数字电视代表着现代电视技术的发展潮流，因而正日益成为现代电视系统的主流。

自从 1936 年英国首先开通电子式的黑白电视广播以来，电视技术历经黑白电视、模拟彩色电视、数字高清晰度电视的发展历程。与此同时，电视也具有了无线广播、有线广播、卫星直播、数据广播、双向通信等多种传输方式。PAL、NTSC、SECAM 是广播电视经历几十年发展而逐步形成的模拟彩色电视的国际三大制式。如今，数字电视与高清晰度电视正轰轰烈烈地在全球实施推广，我国数字电视产业正在进入一个关键时期。

电视界有这样一种说法：将黑白电视称为第一代电视，模拟彩色电视称为第二代电视，高清晰度电视被誉为第三代电视，这种说法在一定意义上揭示了电视技术发展的方向和趋势。

数字电视最早诞生在德国。20 世纪 90 年代初，德国的 ITT 公司推出了世界上第一台数字彩色电视机，一时反响很大，但这台数字彩色电视机没有多大优势，因为它成本很高。成本高的原因是它使用了帧存储器，当时集成电路的生产技术与今天相比还很落后，电路密度很低，所以成本很高。这台数字彩色电视机在功能上虽然很简单，但在技术上已达到了非常高的水平，如用数字滤波技术进行 Y/C 分离和场闪烁处理。ITT 公司大约只生产了3000 台这样的电视机后，就再也没有生产了。由于当时人们都想象不到，电视技术能发展到今天这么快，由模拟信号一下子转变成全数字信号，因此人们都称它是世界上第一台数字电视机。在此基础上，后来人们发明了画中画（PIP）电视机，尔后又发明了插行电视机，或叫改善清晰度电视机 IDTV(Improved-Definition Television)，也就是现在的倍行、倍场等电视机。这些电视机都是只对视频信号做一些很简单的数字技术处理，图像质量并没有明显提高，但当时人们都认为是一种很了不起的数字电视技术，我国也把这种电视机定义为数字电视机，并制定了数字电视机标准，这个标准一直沿用到 2000 年。

其实国外的全数字信号电视机早已诞生，并且于 20 世纪 90 年代就已开始进行数字信号广播，如早期的 MAC、MUSE 和尔后的 DVB－S、DVB－C、DVB－T、HDTV 等。由于国内新的数字电视机标准迟迟未定，而旧的又不作废，因此国内的各种数字电视概念很多，如某些公司的数码电视等。

数字电视的发展是一步一步走过来的，最早要追溯到 60 多年前的傅里叶变换理论，它奠定了数字电视技术的基础。MPEG 信源编码技术标准的诞生，标志着数字电视技术已经基本成熟。而 MPEG 信源编码技术中最重要的两项分别为霍夫曼编码（Huffman Coding）

和差动脉冲编码调制(DPCM)。以上这些技术的应用都是为了一个目的，就是使数字信号能够在各种线路中进行传输。

数字电视的技术基础是模/数转换(Analog-to-Digital Converter，ADC)和编码(Coding)技术。编码技术现在已经成为一门很热门的科学技术，它是数学和物理学及其他科学交融在一起的一个崭新领域中的应用技术。

1) 国际发展概况

数字电视技术最先出现在欧洲。自 20 世纪 80 年代开始，欧洲几个电视技术较先进的国家，如德国、法国、英国都开始研究数字电视技术。自从德国的 ITT 公司推出了世界上第一台数字视频处理彩色电视机，彩色电视技术数字化的技术步伐就一直没有停止过。MAC1、MAC2、MAC3(多模拟分量分时传输技术)等都是在欧洲诞生的。随后开始了第三代数字卫星电视节目广播，当时数字技术已十分先进，它已经能够同时传播一路标准清晰度电视节目和多路伴音广播，并于 1992 年通过卫星进行了巴塞罗那奥运会的实况转播。

最早提出高清晰度电视这个概念的是日本。1984 年日本 NHK(日本广播协会)宣布了世界上第一个高清晰度电视研究方案，首先在卫星广播中采用了模拟调频技术的 MUSE(多重亚采样编码)系统，并于 1988 年开始了汉城奥运会试播。

1990 年美国的通用仪器公司(General Instrument，GI)在电视传播信号的数字压缩方面取得了轰动世界的突破，该公司宣布他们的数字压缩技术实现了高清晰度电视广播频宽不超过 6 MHz 的目标，这预示着美国全数字式 HDTV 电视研究的初步成功，同时也使美国在高清晰度电视技术上后来居上，一举超过了日本和欧洲。1998 年 11 月，美国 11 家电视台同时进行了 HDTV 地面广播。

荷兰在 2006 年年底开始回收模拟频谱，成为全球首个全数字电视的国家，2007 年开始享受其第一个全数字广播年。

法国政府拟订的"未来电视"法案，于 2007 年 1 月获国会通过。法国是数字电视起步相对较晚的西欧国家，其数字地面广播平台直到 2005 年才正式开播(英国为 1998 年，德国为 2002 年，意大利为 2003 年)。法国政府希望通过"未来电视"法案把法国发展成为数字电视领先的欧洲国家。

英国于 2007 年 3 月宣布开始回收模拟频道，2007 年 10 月在 Cumbria 的小镇率先关闭模拟电视，2012 年在伦敦完成了全国的模拟频谱回收工作。

2) 国内发展概况

我国数字电视的发展相比于国际发展滞后。1995 年中央电视台开始利用数字电视系统播出加密频道，利用卫星向有线电视台传送 4 套加密电视节目。1998 年 6 月，我国第一台自主研发的 HDTV 样机问世，并于同年 9 月在中央电视塔进行 HDTV 节目试播，1999 年 10 月 1 日成功进行了 50 年国庆阅兵直播。2003 年我国启动广播电视数字化，2005 年开展了数字卫星直播业务，2008 年我国已全面推广地面数字电视。2015 年我国停止模拟电视播出，实现了数字电视有线、卫星和无线的全国覆盖。

5.1.2 数字电视的核心技术

1. 信源编解码技术

所谓信源，是指字、符号、图形、图像、音频、视频、动画等各种数据。信源编解码技术包括视频压缩编解码和音频压缩编解码技术。无论是 HDTV 还是 LDTV，未压缩的数字电视信号都有很高的数据率。为了能在有限的频带内传送电视节目，必须对电视信号进行压缩。信源编码的主要任务是解决图像信号的压缩和保存问题。在数字电视的视频压缩编解码标准方面，国际上统一采用了 MPEG - 2 标准。在音频压缩编解码方面，欧洲、日本采用了 MPEG - 2 标准，美国采用了杜比 AC - 3 标准。

2. 信道编码技术

经过信源编码产生的节目传送码流，通常需要通过某种传输媒介才能到达用户接收机。传输媒介可以是广播电视系统，也可以是电信网络系统，这些媒介统称为传输信道。通常情况下，编码码流是不能或不适合直接通过传输信道进行传输的，必须经过某种处理，使之变成适合在规定信道中传输的形式。在通信原理上，这种处理称为信道编码与调制。

任何信号经过任何媒质传输都会产生失真，这些失真导致数字信号在传输过程中会产生误码。为了克服传输过程中会产生误码，针对不同的传输媒质，必须设计不同的信道编码方案和调制方案。数字电视信道编码及调制解调的目的是通过纠错编码、网格编码、均衡技术等提高信号的抗干扰能力。例如，数字电视系统采用 RS 编码或卷积码进行信道编码。其原理如下：

数字彩色信号在传输过程中，一般不是按电视机的扫描顺序来传送信号的，这是因为信号在传输过程中可能会出错。当信号在传输过程中出错时，如果信号按顺序传送，则电视画面上会集中在某个地方出现一大片马赛克，使人看起来非常不舒服；如果信号不是按顺序传送，而是按某种分布规律来传送，同样出错时，马赛克会被均匀地散布在整个画面上，使人看起来感到还可以接受。这种错位传输信号的方法称为 RS 编码或卷积码。

5.1.3 数字电视系统的结构

数字电视系统的组成如图 5 - 1 所示。发端由摄像机产生彩色电视图像，经 A/D 变换后，变为数字视频信号送入信源编码中。同时，音频数字化后也送入信源编码中，信源编码承担着图像和音频数据压缩功能，它去掉信号中的冗余部分，使传输码率降低。然后，经 MPEG - 2 标准压缩后的数字视频、音频信号和数据通过节目复用，送入传输码流复用。传输码流复用完成多套节目复用功能，然后将信号送入信道编码和调制器中。信道编码和调制包括纠错编码和各种信号传输处理以及数字调制功能，以提高信号在传输中的抗干扰能力。数据码流经长距离传输后不可避免地会引入噪声而发生误码，因此可加入纠错码和各种信号传输处理以提高其抗干扰能力。经纠错编码和各种信号传输处理和调制后的信号再通过输出接口电路送入传输线路。远距离传输时，可以采用数字光纤线路或数字卫星线路，也可以采用数字微波线路，并以接力传输方式实现。站与站的距离可达 50 km。接收端的过程与发送端相反，接收端接收信号后，通过输入接口电路把信号送入信道解码和数字解调器中，经数字解调和信道解码可纠正由传输所造成的误码，然后将信号送入解多路复用，最后再分别送入视频、音频解压缩处理电路中，还原成模拟的视频、音频信号。

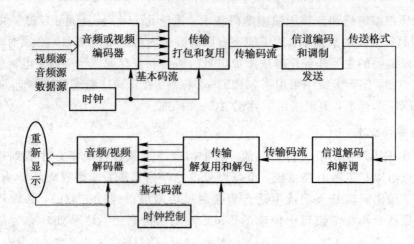

图 5-1　数字电视系统的组成

5.1.4　电视信号的数字化

　　彩色电视信号的数字化一定要经过采样、量化和编码 3 个过程。这个数字化的过程又称为脉冲编码调制(PCM)，它是数字电视信号产生的主要方法。模拟信号数字化图如图 5-2 所示。

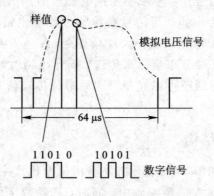

图 5-2　模拟信号数字化图

　　取样是将时间和幅度上连续的模拟信号转变为时间离散的信号，即时间离散化；量化是将幅度连续的信号转换为幅度离散的信号，即幅度离散化；编码是按照一定的规律，将时间和幅度上离散的信号用对应的二进制或多进制代码表示。

1. 图像信号取样结构和取样格式

　　电视信号的数字化处理有数字分量编码和数字复合编码两种方式。

　　数字分量编码方式是对三基色信号 E_R、E_G 和 E_B 或对亮度信号和色差信号 E_Y、E_{R-Y} 与 E_{B-Y} 分别进行数字化处理。

1) 取样结构

　　取样结构是指取样点在空间与时间上的相对位置，有正交结构和行交叉结构等。在数字电视中一般采用正交结构，如图 5-3(a)所示。这种结构在图像平面上沿水平方向取样点等间隔排列，沿垂直方向取样点上下对齐排列，这样有利于帧内和帧间的信号处理。图

5-3(b)所示为行交叉结构，每行内的取样点数为整数加半个。

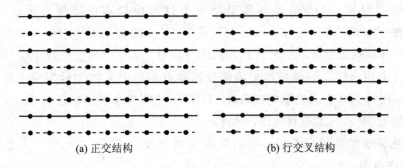

(a) 正交结构　　　　　　　　　　　　　(b) 行交叉结构

图 5-3　取样结构图

2) 图像信号取样频率

在数字电视中，Y 信号的取样频率要满足奈奎斯特取样定理，即取样频率应该大于视频带宽(6 MHz)的两倍。取样频率选为 13.5 MHz。

每行取样点数：

$$\frac{13.5 \text{ MHz}}{15625 \text{ kHz}} = 864$$

2. 色度信号取样格式

(1) 4：2：2 格式：Y 的取样频率为 13.5 MHz，色差信号 C_r 和 C_b 的取样频率均为 6.75 MHz。

$$f_{C_r} = f_{C_b} = \frac{f_y}{2} = 6.75 \text{ MHz}$$

(2) 4：4：4 格式：Y、C_r、C_b 的取样频率均为 13.5 MHz。

$$f_{C_r} = f_{C_b} = f_y = 13.5 \text{ MHz}$$

(3) 4：2：0 格式：C_r 和 C_b 取样频率均为 Y 取样频率的 1/4。

$$f_{C_r} = f_{C_b} = \frac{f_y}{4} = 3.375 \text{ MHz}$$

(4) 4：1：1 格式：C_r 和 C_b 取样频率均为 Y 取样频率的 1/4。

$$f_{C_r} = f_{C_b} = \frac{f_y}{4} = 3.375 \text{ MHz}$$

3. 数字电视信号的量化

量化就是把幅度连续变化的信号变换为幅度离散的信号。从降低信号的传输码率考虑，自然量化级数越小越好，但是，从减小量化噪声、改善图像质量考虑量化级数不能太小。所以综合考虑，广播电视的量化级数一般大于八级，才能满足电视信号的传输和处理要求。

5.1.5　数字电视的分类、传播方式与标准

1. 数字电视的分类

1) 按图像清晰度分类

按图像清晰度分类，数字电视可以分为数字高清晰度电视(HDTV)、数字标准清晰度

电视(SDTV)和数字普通清晰度电视(LDTV)三种。

标准清晰度电视(SDTV)是指质量相当于目前模拟彩色电视系统(PAL、NTSC、SECAM)的数字电视系统,也称为常规电视系统。其来源是 ITU – R601 标准的 4∶2∶2 的视频,经过某种数据压缩处理后所能达到的图像质量,水平清晰度约 500 线。

高清晰度电视(HDTV)是指水平清晰度和垂直清晰度大约为目前模拟彩色电视系统的 2 倍,宽高比为 16∶9 的数字电视系统。HDTV 的图像水平清晰度大于 800 线,图像质量可达到或接近 35 mm 宽银幕电影的水平。

数字普通清晰度电视(LDTV)的图像水平清晰度为 200～300 线,主要是对应现有 VCD 的分配率量级。

2) 按传输方式分类

按信号传输方式分类,数字电视可分为地面无线电传输数字电视(地面数字电视)、卫星传输数字电视(卫星数字电视)和有线传输数字电视(有线数字电视)三类。

3) 按显示屏幕幅型比分类

按显示屏幕幅型比分类,数字电视可分为 4∶3 幅型比和 16∶9 幅型比两种。

2. 三种数字电视传播方式

数字电视信号的传输与传统的模拟电视完全不同,它是由数字 0 和 1 构成的二进制数字流来传输的,目前主要有三种传输途径:地面开路传输、有线电视网传输和卫星传输。

1) 卫星广播数字电视(Satellite)

卫星数字电视基本为 LOS(Light Of Sight)传输,可用单载波。通常采用键控移相调制(QPSK),其调制效率低,要求传输途径的信噪比低,适合维修广播。

卫星数字电视是最早应用的数字电视技术,卫星传播方式覆盖面广,接收设备成本也不高。目前卫星数字电视已普及。

2) 有线数字电视(Cable)

有线数字电视通常采用正交振幅调制(QAM),其调制效率高,要求传输途径的信噪比高,适合在传输环境最好的光纤和同轴电缆中传输。利用有线网相对较好的传输环境,数字电视在有线网中传输可以得到更高的效率,在具备双向传输的有线网络里,可以开展多种数字电视交互业务。

3) 地面数字电视(Tessitrial)

由于地面传输环境复杂,信号在传输路径上有建筑物等遮挡造成信号回波反射,技术实现难度相对大。地面数字电视也是国际上数字电视传输标准最不统一的领域,目前有北美、欧洲和日本三种不同的地面传输体制,相互不兼容,并均已成为国际电工委员会(IEC)标准。

3. 数字电视系统关键技术

1) 数字电视的信源编解码技术

(1) 视频编解码技术。数字电视尤其是数字高清晰度电视与模拟电视相比,在实现过程中，最为困难的部分就是视频信号的压缩。在 1920×1080 显示格式下，数字化后的码率在传输中高达 995 Mb/s，这比现行模拟电视的传输信息量大得多。因此，数字电视的图像不能像模拟电视的图像那样直接传输，而是要多一道压缩编码工序。视频编码技术的主要功能是完成图像的压缩，使数字电视的信号传输量由 995 Mb/s 减小为 (20~30) Mb/s。

(2) 音频编解码技术。与视频编解码相同，音频编解码的主要功能是完成声音信号的压缩。声音信号数字化后，信息量比模拟传输状态大得多，因而数字电视的声音不能像模拟电视的声音那样直接传输，而要进行压缩编码。

(3) 信源编解码的相关标准。国际上对数字图像编码曾制定了三种标准，分别是主要用于电视会议的 H.261 标准、主要用于静止图像的 JPMG 标准和主要用于连续图像的 MPEG 标准。

在 HDTV 视频压缩编解码标准方面，美国、欧洲和日本都采用 MPEG－2 标准，MPEG 压缩后的信息可以供计算机处理，也可以应用于电视广播设备。在音频编码方面，欧洲、日本采用了 MPEG－2 标准，美国采用了杜比 (Dolby) 公司的 AC－3 方案，而将 MPEG－2 作为备用方案。

中国的数字音视频编解码标准工作组制定了面向数字电视和高清激光视盘播放机的 AVS 标准。该标准与 MPEG－2 标准完全兼容，其压缩水平据称可达到 MPEG－2 标准的 2~3 倍，而与 MPEG－4 AVC 相比，AVS 更加简洁的设计降低了芯片实训的复杂度。

2) 数字电视的复用系统

数字电视的复用系统是数字高清晰度电视 (HDTV) 的关键技术之一。从发送端信息的流向来看，它将视频、音频、辅助数据等编码器送来的数据比特流，经处理复合成单路串行的比特流，送给编码及调制。接收端与此过程正好相反。在 HDTV 复用传输标准方面，美国、欧洲、日本都采用了 MPEG－2 标准。美国已有 MPEG－2 解复用的专用芯片。

3) 数字电视的信道编解码及调制解调

数字电视的信道编解码及调制解调的目的是通过纠错编码、网格编码、均衡等技术提高信号的抗干扰能力，通过调制把传输信号放在载波或脉冲串上，为发射做好准备。目前各国数字电视的制式标准不统一，主要指各国在纠错、均衡等技术方面的不同及带宽的不同，尤其是调制方式的不同。

数字传输的常用调制方式有：

(1) 正交振幅调制 (QAM)：调制效率高，要求传送途径的信噪比高，适合有线电视电缆传输。

(2) 键控移相调制 (QPSK)：调制效率高，要求传送途径的信噪比低，适合卫星广播。

(3) 残留边带调制 (VSB)：抗多径传输效应好 (即消除重影效果好)，适合地面广播。

(4) 编码正交频分调制 (COFDM)：抗多径传输效应和同频干扰好，适合地面广播和同频网广播。

4. 数字电视标准

数字电视标准包括两大部分。一是信源编码，即在信源编码的过程中，利用数据压缩技术把节目源信号变为数字信号,需要有统一的变换标准。例如,MPEG - 2 压缩编码是数字电视压缩技术的国际标准,它的应用很广泛,从家庭使用的 DVD 到数字卫星电视、数字有线电视等都普遍采用的是这种标准。二是信道编码,即在传输过程中,需要把经过压缩的数字信号源进行一系列有利于提高传输质量的处理,并按照要求的传输功率送入传输网络。信道编码只是传输的需要,必须保证在传输的过程中不改变原信号源的内容,信息在传输通道中要有很高的抗干扰性和保真度。

根据传输方式的不同,数字电视传输标准可分为地面传输标准、有线传输标准和卫星传输标准。

目前数字电视广播有三个相对成熟的标准制式:欧洲 DVB (Digital Video Broadcasting)、美国 ATSC(Advanced Television Systems Committee)、日本 ISDB (Integrated Services Digital Broadcasting)。

对于数字电视有线传输标准和卫星传输标准,目前世界上大多数国家(包括中国)接受了欧洲的 DVB - C 和 DVB - S 标准,但卫星传输标准还不统一。

1) 美国数字电视标准 ATSC

美国于 1996 年决定常用以数字高清晰度电视为基础的标准——先进电视制式 ATSC。ATSC 标准具备噪声门限低、传输容量大、传输距离远、覆盖范围广和接收方案易实现等主要技术优势。但是也存在一系列问题,最主要的是不能有效对付强多径和快速变化的动态多径,造成某些环境中固定接收不稳定。另外,ATSC 标准不支持移动接收。

2) 欧洲数字电视标准 DVB

欧洲数字电视标准为 DVB,即数字视频广播。从 1995 年起,欧洲陆续发布了数字电视地面广播(DVB - T)、数字电视卫星广播(DVB - S)、数字电视有线广播(DVB - C)的标准。欧洲数字电视首先考虑的是卫星通道,采用 QPSK 调制。欧洲地面广播数字电视采用 COFDM 调制,8 MHz 带宽。欧洲有线数字电视采用 QAM 调制。

DVB 标准采用的大量导频信号保护间隔技术使得系统具有较强的多径反射适应能力,在密集的接收群中也能良好接收,除能够移动信号外,还可建立单频网。另外,欧洲系统还对载波数目、保护间隔长度和调制星座数目等参数进行组合,形成了多种传输模式供使用者选择。

但欧洲标准也存在缺陷:频带损失严重;即使采用大量导频信号,对信道估计仍然不足;在交织深度、抗脉冲噪声干扰及信道编码等方面的性能存在明显不足;覆盖面较小。

3) 日本数字电视标准 ISDB

ISDB 是日本的数字广播专家组制定的数字广播系统标准,它利用一种已经标准化的复用方案在一个普通的传输信道上发送各种不同种类的信号,同时已经复用的信号也可以通过各种不同的传输信道发送出去。

频谱分段传输与强化移动接收是日本 ISDB - T 标准的两个主要特点,是对地面数字电视体系众多参数及相关性能进行客观分析优化组合的结果,但是此标准是日本根据本国具体情况及产业发展战略进行权衡取舍的。

数字电视三种标准比较见表 5 - 1。

表 5 - 1　数字电视三种标准比较

	ATSC	DVB			ISDB
		DVB - T	DVB - C	DVB - S	
视频编码方式	MPEG - 2	MPEG - 2	MPEG - 2	MPEG - 2	MPEG - 2
音频编码方式	AC - 3	MPEG - 2	MPEG - 2	MPEG - 2	MPEG - 2
复用方式	MPEG - 2	MPEG - 2	MPEG - 2	MPEG - 2	MPEG - 2
调用方式	8VSB	COFDM	QAM	QPSK	QPSK
带宽/MHz	6	8	—	—	27

5.2　数字电视信号的信源编码

电视信号数字化后的第一个处理环节就是信源编码。信源编码是通过压缩编码去掉信号源中的冗余成分以达到压缩码率和带宽的目的，确保信号有效地进行传输。因此，信源编码技术是标准信源编码的核心。数字电视信源编码主要包括视频信源编码和音频信源编码。对于视频图像信源中静止图像的编码，采用 JPEG 标准，而运动图像则采用 MPEG标准。

MPEG - 2 是专为数字电视（标准数字电视和数字高清晰度电视）制定的压缩编码标准。MPEG - 2 压缩编码输出的码流作为数字电视信源编码的标准输出码流已被广泛认可。目前数字电视系统中信源编码以外的其他部分，包括信道编码、调制器、解调器等，大都以 MPEG - 2 码流作为与之匹配的标准数字信号码流。对于音频信源的编码则采用 MPEG编码方式或 AC - 3 编码方式。

5.2.1　图像压缩编码技术

1. 图像数据压缩的必要性

图像数据为什么要压缩？在对视频图像进行数字化时，将生成大量的数字信息，通信信息的数据量相当大。例如，一帧 720×576 点阵、16 位色的数字图像占用 1.35 MB 的存储空间，对每秒 25 帧的活动电视图像，所占用的码率将高达 33.75 MB/s，照此速度，常用的 CD - ROM 光盘只能存储 16 s 这种活动图像。大数据量的图像会给存储器的存储容量、通信干线信道的带宽以及计算机的运行速度增加极大的压力。因此，为了进入实际应用，必须对视频信号进行压缩。

2. 图像数据压缩的可能性

图像数据的压缩机理是：一方面图像中存在大量冗余度可供压缩；另一方面利用了人眼的视觉特性。

在大量的视频图像数据中，有一些是带有信息的，而另外一些几乎不携带什么信息。我们把这些数据的总量称为数据量，把携带信息的数据称为信息量，而把不携带信息的那部分数据称为冗余量。分析表明，图像中确实存在大量冗余可供压缩，同时，利用人眼的视觉特性，可以减少要传送的信息而不影响收看质量。

图像数据中存在以下几个方面的冗余：

（1）空间冗余。空间冗余表现了一幅图像内相邻像素之间的相关性。在一幅图像中，往往规则的物体和规则的背景具有很强的相关性。例如，一幅蓝天中漂浮着白云的图像，其蔚蓝的天空及白云都有大块面积的具有相同亮度的彩色，它们经过光电转换及数字化之后，各像素具有相同的数据，即相关性很强，只有轮廓边缘才有较大差别。这种相关性的图像部分，在数据中表现为冗余。空间冗余是视频图像中常见的一种冗余。

（2）时间冗余。对于某些动画类的图像，前后相邻的两幅图像中，往往存在着较强的相关性，即画面像素相似，这称为时间冗余。如静止图像，相邻两幅图像的内容完全相同。

（3）结构冗余。从大面积上看，图像存在着有规律的纹理结构，称之为结构冗余。如太阳是圆的，楼房建筑多为长方形，人的身体具有对称性等。

（4）知觉冗余。知觉冗余是指那些处于人们听觉和视觉分辨力以下的视音频信号，若在编码时舍去在感知门限以下的信号，虽然这会使恢复原信号产生一定失真，但并不能为人们所感知。这种超出人们感知能力部分的数据就称为知觉冗余。例如，一般的视频图像采用 28 级灰度等级，而人们的视觉分辨力仅达 26 等级，此差额即为视觉冗余。根据人眼的视觉特性，人眼有一定的亮度辨别阈值，当景物的亮度在背景亮度基础上增加很少时，人眼是辨别不出的，只有当亮度增加到某一数值时，人眼才能感觉其亮度有变化。此外，视觉对一幅图像相邻像素的亮度和细节的分辨力，也会因不同的图像内容而有所变化。

3. 图像压缩编码过程

图像压缩编码过程如图 5-4 所示，这也是信源编码的框图。其中，变换编码和统计编码是可逆的过程，而量化是不可逆的。

图 5-4　图像压缩编码过程

模拟图像信号经模/数转换后成为数字信号，数字信号首先进入预测编码器，消除数据中的相关冗余；然后进行变换编码（映射），即变换描写信号的方式，以削弱图像信号的相关性，降低结构上的冗余度；接着通过符合主观视觉特性的量化，来达到在满足对特性质量要求的基础上，较少表示信号的精度；最后利用统计编码，消除统计冗余度。

4. 图像压缩编码的分类

图像压缩编码的算法根据不同的方法有不同的分类。

1）根据图像质量有无损失分类

根据图像质量有无损失，图像压缩方法可以分成两类：一类是无损压缩编码，又称为可逆编码；另一类是有损压缩编码，又称为不可逆编码。

无损压缩在回放压缩文件时，能够准确无误地恢复原始数据。这种方法常用于数据文件的压缩，例如 ZIP 文件。无损压缩常用的算法是霍夫曼方法和可变游程编码。

有损压缩靠丢掉大量冗余信息来降低数字图像所占的空间，回放时不能完整地恢复原始图像，而将有选择地损失一些细节，损失多少信息由需要多高的压缩率决定。对同一种压缩算法来讲，所需压缩率越高，损失的图像信息越多。一般采用的算法为变换编码＋运动检测。现在通用的变换编码有 DCT（离散余弦变换）和小波变换编码，运动检测采用块检索算法。

现在所用的 MPEG、H.263 等压缩标准，都是基于变换编码＋运动检测方法，都属于有损算法。选择哪一类压缩，要折中考虑。尽管我们希望能够无损压缩，但是通常有损压缩的压缩比（即原图像占的字节数与压缩后图像占的字节数之比，压缩比越大，说明压缩效率越高）比无损压缩要高。

2）根据压缩机理分类

（1）基于图像信源统计特性的压缩方法有：预测编码、变换编码、量化编码、子带—小波编码和神经网络编码法等。

（2）基于人眼视觉特性的压缩方法有：基于方向滤波的图像编码法和基于图像轮廓—纹理的编码法。

（3）基于图像景物特征的压缩方法有：分形编码法和基于模型的编码方法等。

3）根据压缩处理的像素分布范围分类

根据压缩处理的像素分布范围分类有：帧内编码和帧间编码。帧内编码压缩方式是在一帧（或一场）内进行，其目的是消除一帧（或一场）内图像的空间冗余，帧间编码是在相邻两帧或几帧之间进行，其目的是消除静止图像或慢速运动图像的时间冗余。

4）根据是否自适应分类

根据是否自适应编码，可以分为自适应编码和非自适应编码。

数字电视在信源编码中，由于要求压缩比高，普遍采用的是有损压缩编码方法。

5.2.2　预测编码

预测编码的主要作用是减少数据在时间和空间上的相关性，预测编码属于有损压缩编码。预测编码既可以在一帧图像内进行帧内预测编码，也可以在多频图像内进行预测编码。预测编码的基本技术是对信号的最佳预测和最佳量化。

在预测编码时，不直接传送图像样值的本身，而是根据某一模型，利用过去的样值对当前样值进行预测，然后将当前样值的实际值与预测值相减得到一个误差值，只对这一预测误差值进行编码和传送。这种预测方式称为 DPCM（Differential Pulse Code Modulation，差分脉冲编码调制）。

1. DPCM 的基本原理

在 PCM（Pulse Code Modulation，脉冲编码调制）系统中原始的模拟信号经过采样后得到的每一个样值都被量化成为数字信号。

为了压缩数据，可以不对每一样值都进行量化，而是预测下一样值，并将实际值与预测值之间的差值进行量化，这就是 DPCM。

DPCM 系统又称为预测量化系统，DPCM 所传输的是经过再次量化的时间样值与其预测值之间的差值，即预测误差。DPCM 系统框图如图 5-5 所示。其中编码器和解码器分别完成对预测误差量化值的编码和解码。

图 5 - 5　DPCM 系统框图

设 X_n 为待编码的像素，其前面 $N-1$ 个像素可以记为 $\{X_i: i=1, 2, \cdots, N-1\}$，在图像信号的线性预测中，如用 $N-1$ 个像素来预测第 X_N 个像素，有

$$X_N = a_1 X_1 + A_2 X_2 + \cdots + a_{N-1} X_{N-1}$$

式中，$a_1, a_2, \cdots, a_{N-1}$ 为相关系数，满足 $\sum_{i=1}^{N-1} a_i = 1$。

X_N 为 X_n 的预测值，得到的预测值 X'_N 与真正要发射的 X_n 相减，就得到了预测误差 E_N，即 $E_N = X_n - X'_N$。

显然，预测精度越高，预测误差 E_N 便越小，在实际应用中，将差值信号 E_N 代替原先要发射的信号 X_n 经过量化编码后传输出去，可以使传的数据大为减少。

接收端采用和发射端相似的预测形式，把接收到的 E_N 与本地算出的 X'_N 相加可以重新得到 X_n。

然而，由于 E_N 要经过量化变换成 E'_N，实际传输的差值信号 E 的量化编码值为 E'_N，发送端量化器会产生量化误差，而整个预测编码系统的失真完全由量化器产生。因此，当 X_n 已经是数字信号时，如果去掉量化器，使 $E'_N = E_N$，则量化误差等于 0，发射端的预测值和接收端的预测值相等。这表明，这类不带量化器的 DPCM 系统也可用于无损编码，但如果量化器误差不等于 0，则为有损误差。

2. 帧内预测及帧间预测

1）帧内预测

帧内预测利用图像信号的空间相关性来压缩图像的空间冗余，根据前面已经传送的同一帧内的像素来预测当前像素。如果所选的参考样值在同一扫描行内，则叫作一维预测。如果参考样值除了本行的，还与前一行或前几行有关，则叫作二维预测。由于采用隔行扫描，一帧分成奇偶两场，因此二维预测又分为帧内预测和场内预测。

2）帧间预测

电视图像在相邻之间存在很强的相关性。选择前一帧图像上的样值作为参考样值，叫作三维预测。

对压缩比要求不高的系统采用场内 DPCM，而对于要求高压缩比的视频传输系统，则必须采用含有运动补偿的帧间压缩。

3. 自适应预测

自适应预测又称为非线性预测。根据图像每一局部的特点，自适应地变更预测公式中的预测系数，尽可能地使预测公式随时与被预测样值附近图像局部的统计特性相匹配，从而避免出现过多的大的预测误差。

4. 运动补偿预测

当图像存在运动物体时，简单的预测不能收到好的效果。例如，图像中当前帧与前一帧的背景完全一样，只是小球平移了一个位置，如果简单地以第 $k-1$ 帧像素值作为 k 帧的预测值，则预测误差都不为零。

如果已经知道了小球运动的方向和速度，可以从小球在 $k-1$ 帧的位置推算出它在 k 帧中的位置，而背景图像（不考虑被遮挡的部分）仍以前一帧的背景代替，将这种考虑了小球位移的 $k-1$ 帧图像作为 k 帧的预测值，就比简单的预测准确得多，从而可以达到更高的数据压缩比。这种预测方法称为具有运动补偿的帧间预测。

具有运动补偿的帧间预测编码是视频压缩的关键技术之一，它包括以下几个步骤：首先，将图像分解成相对静止的背景和若干运动的物体，各个物体可能有不同的位移，但构成每个物体的所有像素的位移相同，通过运动估值得到每个物体的位移矢量；然后，利用位移矢量计算经运动补偿后的预测值；最后对预测误差进行量化、编码、传输，同时将位移矢量和图像分解方式等信息送到接收端。

5.2.3　变换编码与统计编码

1. 变换编码

变换编码（Transform Coding）的基本思想是将通常在空间域中描写的图像信号变换到另外的向量空间（变换域）进行描写，然后再根据图像在变换域中系数的特点和人眼的视觉特性进行编码。根据选用的变换函数不同，可分为 $k-1$ 变换、哈尔（Haar）变换、离散余弦变换（DCT）和沃尔什（Walsh）变换等。

一般来说，图像变换不是对整幅图像一次进行，而是在存储器中把一幅图像分成许多 $N \times N$ 的图像块，然后依次将每个方块内的 $N \times N$ 个样点同时送入变换器进行变换运算。

变换器把输入的 $N \times N$ 点的像块由原空间域变换到变换域中，映射成同样大小的 $N \times N$ 点的变换系数矩阵，经过变换后系数矩阵更有利于压缩。

量化器用有限个值来表示变换后的系数矩阵，通过量化器舍弃一些小幅度的变换系数。

2. 统计（熵）编码

统计编码是一种基于量化系数统计特性所进行的无失真编码，是根据信息论的原理，认为在压缩图像数据时，只要不丢失信息熵，解码后就可以无失真地恢复原图像，这种编码方式又称熵编码。

信息"熵"的含义是信源发出任意一个随机变量的平均信息量。常用的统计编码有霍夫曼编码和算术编码等。

1）霍夫曼编码

霍夫曼编码（Huffman Coding）是一种可变长（Variable-Length Coding，VLC）编码，是图像压缩中最重要的编码方法之一，1952 年由霍夫曼提出。若信源中符号出现的概率分布越不均匀，则霍夫曼编码效果就越好。

例如，信源符号为 X_1、X_2、X_3、X_4、X_5、X_6、X_7、X_8，设其发送概率分别为 0.20、

0.19、0.17、0.16、0.12、0.11、0.017、0.013，霍夫曼编码过程如图 5－6 所示。

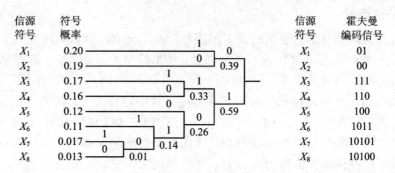

图 5－6　霍夫曼编码过程

霍夫曼编码步骤如下：

（1）把信源符号按出现概率由大到小顺序排列（相同概率的符号可以任意颠倒排列位置）。

（2）将最小的两个概率相加，形成一个新的概率集合，再按照第（1）步的方法重新排列后，仍将最小的两个概率相加，如此重复下去，直到只有两个概率系列为止。

（3）定义码字，如对符号按概率大小定义为"0"和"1"，但要注意，若大概率定义为"1"，则所有的大概率都要定义为"1"，在同一霍夫曼编码中不得改变。

（4）从右到左，写出各自符号的编码。

2）算术编码

算术编码（Arithmetic Coding）也是对出现概率大的符号采用短码，对出现概率小的符号采用长码，但其编码原理与霍夫曼编码截然不同。算术编码并不是为每个符号产生一个单独的代码，而是使整条信息共用一个代码，增加到信息上的每个新符号都递增地修改输出代码。

5.2.4　图像压缩的主要技术标准

目前有关图像压缩方面的主要标准包括国际电报咨询委员会（CCITT）的 H.261、JPEG 和 MPEG，分别针对电视电话图像、静止图像和活动图像的压缩编码标准。这几种压缩标准虽然各自针对性不同，但压缩编码方法大体相似。

1. JPEG 标准

JPEG（Joint Photographic Experts Group）是联合（静止）图像专家组的英文缩写。1986年，国际标准化组织（ISO）和国际电报电话咨询委员会（CCITT）共同成立了联合图像专家组，对静止图像压缩编码的标准进行了研究。JPEG 小组于 1988 年提出建议书，1992 年成为静止图像压缩编码的国际标准。

1）JPEG 标准的特点

JPEG 是一个达到数字演播室标准的图像压缩编码标准，其亮度信号与色调信号均按照 ITU－R601 的规定取样后划分为 8×8 子块进行编码处理。

JPEG 不含帧间压缩，这使得各帧在压缩编码后是各自独立的，这一点对于编码来说是有利的，可以实现精确到逐帧的编辑。

2) JPEG 标准的基本压缩方法

JPEG 标准所根据的算法是基于 DCT 和可变长编码。

JPEG 的关键技术有变换编码、量化、差分编码、运动补偿、霍夫曼编码和游程编码等。JPEG 标准包括两种基本压缩方法：① 有损压缩方法，这是以 DCT 变换为基础的压缩方法，其压缩比较高，是 JPEG 标准的基础；② 无损压缩方法，又称预测压缩方法，是以二维 DPCM 为基础的压缩方式，解码后能完全精确地恢复原图像才有值，其压缩比低于有损压缩。

3) JPEG 编码过程

基于 DCT 的 JPEG 编码原理框图如图 5-7 所示。

JPEG 编码过程主要有以下几个重要步骤：

将一幅静止图像分成 8×8 像素块之后送入 DCT 变换器，目的是去除图像数据的空间冗余。

输入信号经 DCT 变换后，按固定的亮度与色度量化矩阵进行非线性量化。

JPEG 推荐了亮度信号和色度信号两种量化表，色度信号的量化系数大于亮度信号的量化系数，高

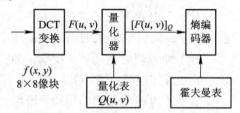

图 5-7　JPEG 编码原理框图

频区的量化系数大于低频区的量化系数，这是通过实验和统计后确定的视觉阈值，充分利用了人眼的视觉特性。在进入编码器前，还要进行"之"字形扫描，其目的是把二维的变换矩阵转换为一维系列，最后将数组送入熵编码器完成编码。对量化后的 DCT 直流系数进行差分编码，交流系数进行游程编码，再按霍夫曼码表进行变长编码后，送缓存器输出。

2. MPEG 标准

1988 年，国际标准化组织(ISO)和国际电工委员会(IEC)共同组建了运动图像专家组 MPEG(Moving Picture Experts Group)，对运动图像的压缩编码标准进行了研究。1992 年和 1994 年分别通过了 MPEG-1 和 MPEG-2 压缩编码标准。针对不同的应用，MPEG 现在已经有了 MPEG-1、MPEG-2、MPEG-3、MPEG-4、MPEG-7 等一系列标准。

1) MPEG 的基本特点

MPEG-1 主要是针对运动图像和声音在数组存储时的压缩编码，经典应用如 VCD 等家用数字音像产品，其编码最高码率为 1.5 Mb/s。MPEG-1 主要包括三个部分：第一部分为系统(ISO/IEC11172-1)，是关于数字视频、数字音频和辅助数据等多路压缩数据流复用和同步的规定；第二部分为视频(ISO/IEC11172-2)，是关于位速率约为 1.5 Mb/s 的视频信号的压缩编码的规定；第三部分为音频(ISO/IEC11172-3)，是关于每通道位速率为 64 kb/s、128 kb/s 和 192 kb/s 的数字音频信号的压缩编码的规定。

MPEG-1 标准的目标主要包括以下几方面：

(1) 在图像和声音的质量上必须高于可视电话和会议电视的声像质量，至少应达到 VHS 家用录像机的声像质量。

(2) 压缩后的数码率应能存储在光盘、数字录音带 DAT 或可写磁光盘等媒体中。

(3) 压缩后的码率应与目前的计算机网络传输码率相适配，为 (1.2~1.5)Mb/s。

(4) 在通信网络上能适应多种通信网络的传输。

2) MPEG-2 的基本特点

MPEG-2 是针对数字电视的视、音频压缩编码，对数字电视各种等级的压缩编码方案及图像编码中划分的层次作了详细的规定，其编码码率为(3~100)Mb/s。

MPEG-2 主要包括三个部分：第一部分为系统(ISO/IEC13818-1)，是关于多路音频、视频和数据的复用和同步的规定；第二部分为视频(ISO/IEC13818-2)，主要涉及各种比特率的数字视频压缩编解码的规定；第三部分为音频(ISO/IEC13818-3)，扩充了 MPEG-1 的音频标准，使之成为多通道音频编码系统，可达到环绕声 5.1 声道。

MPEG-2 已广泛应用于 DVD、SDTV 和 HDTV 中。

3) MPEG 标准中的图像帧

对数字电视图像的传送，在 MPEG-1 和 MPEG-2 的编码方式中，不是依次传送每帧图像，而是将要传送的图像重新定义为以下三种图像帧：

第 1 种为帧内编码帧，简称 I 帧。I 帧的图像只进行帧内压缩，作为预测基准的独立帧，不考虑其他帧，编码采用 JPEG 压缩标准，具有较小的压缩比。

第 2 种为前向预测编码帧，简称 P 帧。P 帧只传送在它前面的 I 帧的差值信息，即预测误差信息，该差值信息可以看成是运动图像的变化部分。由 I 帧前向预测产生的 P 帧具有中等压缩比，并与 I 帧一起成为 B 帧的预测基准，如图 5-8 所示。

第 3 种为双向预测内插编码帧，简称 B 帧。B 帧是根据它前面的 I 帧(或 P 帧)和后面的 P 帧来获取预测误差的，如图 5-9 所示。由于 B 帧传送它前面的 I 帧(或 P 帧)与后面的 P 帧之间的预测误差，故称为双向预测，这种双向预测产生的 B 帧具有最高的压缩比。

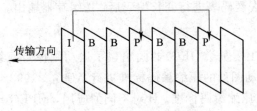 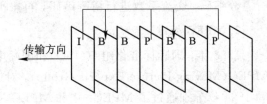

图 5-8　P 帧图像的获取　　　　　　　图 5-9　B 帧图像的获取

4) MPEG-2 标准码流的形成

在各种图形压缩编码标准中，MPEG-2 是专门针对数字电视的。MPEG-2 的压缩编码及其标准码流的形成构成了数字电视信源编码的核心。为了形成统一标准的 MPEG-2 输出码流，MPEG-2 对其压缩编码的适用范围和编码语法、码流的打包与复用等作了详细具体的规定。

在对数字电视信号进行压缩编码时，MPEG-2 可采用多种编码工具并实现不同层次的清晰度，分别称为 MPEG-2 的型(Profile)和级(Level)。

MPEG-2 图像压缩标准制定的"级"和"型"方法使压缩标准具有很大的灵活性、实用性，在压缩数字视、音频信号时，能提供多种可选择的方法，从可视电话到高清晰度的图像压缩处理，都能找到相应可以采用的"级"和"型"。具体分为五型四级：

(1) 主型(Main Profile, MP)：图像质量合乎一点要求，允许有一定损伤。

(2) 简单型(Simple Profile, SP)：和主型相同，但不用 B 帧，节约 RAM。

(3) 信噪比可分型(SNR Scalable Profile, SNRSP)：比主型的改进之处是信噪比可分级。

（4）空间可分级型（Spatial Scalable Profile，SSP）：在空间分辨率方面也可分级。

（5）增强型（High Profile，HP）：支持 4∶2∶2 并全面可分级。

级是表示 MPEG-2 编码器输入端的信源格式，四级分别是：

（1）低级（Low Level，LL）：编码的最大输出码率为 4 Mb/s。

（2）主级（Main Level，ML）：对应于 ITU-R601 建议的信源格式，即 720×480×29.97或 720×576×25，最大允许输出码率为 15 Mb/s，适用于普通电视。

（3）高 1440 级（High 1440 Level）：大致相当于每行 1440 个采样点的 HDTV。

（4）高级（High Level，HL）：是适用于高清晰度电视的信源格式，即 1920×1080×30 或 1920×1152×25，最大输出码率为 80 Mb/s，每行 1920 个采样点的 HDTV。

MPEG-2 标准的图像清晰度由低到高逐级提高，使用的编码工具从简单型到增强型依次递增。其中主型主级 MP@ML 适用于标准数字电视，主型高级 MP@HL 适用于高清晰度电视。

MPEG-2 对编码的数据规定了一个分层结构，根据图像块和图像帧的不同组合划分为视频序列层、图像组层、图像层、像条层、宏块层和像块层。

（1）视频序列是表现连续图像的比特流。一个编码的图像序列，总是从一个序列头开始，其后可接 1 个或数个图像组，最后用 1 个序列尾码结束，各个序列构成能够连续重放的图像。

（2）图像组层由相互间相关的一组 I、B、P 帧组成，组内开头的编码图像必须是 I 帧。

（3）图像层由一系列像条构成一幅完整的图像，图像分为 I、B、P 三类。

（4）像条层是图像从左到右完整的一条图像，是由若干个宏块构成的。

（5）宏块层由宏块头加块层数据构成。在 MPEG 中，图像以亮度数据阵列为基准，被分成若干个 16×16 像素单位，称为宏块。在 MPEG-2 中，定义了三种宏块结构：4∶2∶0 宏块，表示一个宏块包含 4 个亮度像块、1 个 Cr 色差像块和 1 个 Cb 色差像块；4∶2∶2 宏块，表示一个宏块由 4 个亮度像块、2 个 Cr 色差像块和 2 个 Cb 色差像块组成；4∶4∶4 宏块，表示一个宏块由 4 个亮度像块、4 个 Cr 色差像块和 4 个 Cb 色差像块组成。

（6）像块层是 MPEG 数码流的最底层，由 8×8 像素构成，在编码中是 DCT 的处理单元。像块是编码的第 1 步，从像块开始从下至上依次编码，并在除像块和宏块外的每一层的开始处加上起始码和头标志，就形成 MPEG-2 基本码流（Elementary Stream，ES）。

5）MPEG-2 基本码流的打包与复用

从 MPEG-2 编码器中输出的视频、音频和数据基本码流无法直接送信道传输，需要经过打包和复用，形成适合传输的单一的 MPEG-2 传输码流。

视频、音频及数据基本码流先被打成一系列不等长的 PES 小包，称为打包的基本码流。每个 PES 小包带有一个包头，内含小包的种类、长度及其相关信息、视频、音频及数据的 PES 小包，按照共同的时间基准，经节目复用后形成单一的节目码流。多路节目码流经传输复用后形成由定长传输小包组成的单一的传输码流，成为 MPEG-2 信源编码的最终输出信号。

在数字化电视信号的信源编码中，根据对图像清晰度的不同要求及其他方面的考虑，可分别采用 JPEG、MPEG-1 和 MPEG-2 作为编码方法。其中，MPEG-2 由于专门针对数字电视的信源编码制定了一系列的语法和规范并被广泛认可，已成为数字电视广播信源编码的核心技术与标准。

5.3　数字电视信号的信道编码

信道编码是通过按一定规则重新排列信号码元或加入辅助码的方法来防止码元在传输过程中出错，并进行检错和纠错，以保证信号的可靠传输。所以，信道编码是为了保证信号的快速性和可靠性而增加的一些纠错码。信道编码后的基带信号经过调制，可送入各类通道中进行传输。

那么，什么是信道呢？信道实际上是传送信息的载体，即信号所通过的通道。信息是抽象的，而信道则是具体的。比如打电话时，电话线就是通道，在信息系统中信道主要用于传输与存储信息，而在通信系统中则主要用于信息的传输。目前数字电视的传输信道有卫星信道、有线电视信道和地面广播信道等。

卫星广播着重于解决大面积覆盖的问题，有线电视广播着重于解决城镇等人口居住稠密地区"信息到户"的问题，而地面无线广播则具有简单接收和移动接收的能力。

5.3.1　信道编码的原因与要求

1. 信道编码的原因

数字信息在传输中往往由于各种原因，使得在传送的数据流中产生误码，从而造成接收端图像出现跳跃、不连续和马赛克等现象。

数据在信道中传输，往往会受到系统本身和外界环境的干扰而形成误码。误码包括随机误码和突发误码。

（1）随机误码：数据流在信道中传输时受到随机噪声的干扰，使高低电平的码元在信道输出端产生电平失真，导致接收端解码时发生码元值的误判决，形成误码。产生随机误码的信道，称为随机信道。对随机性误码的差错控制编码措施有 RS 纠错码。

（2）突发误码：在传输通道中常有一些瞬间出现的短脉冲干扰，它们引起的不是单个码元误码，而往往是一串码元内存在大量误码，前后码元的误码之间表现为一定的相关性。由于这种干扰是突发的，因此称为突发误码。产生突发性干扰误码的信道，称为突发信道。突发信道的误码成串地在短时间内产生，对此相应的差错控制编码措施有交织纠错码。

2. 降低误码率的主要方法

在数字信号传输系统中，误码的轻重程度通常以误码率（误比特率 BER 或误符号率 SER）来衡量，它表示为单位时间内无码数目占总数据数目的比例值。一般来说，当误码率小到 1×10^{-11} 时，可以被称为准无误码（QEF）状态。

实践证明，要求在接收端难以察觉误码图像。对于 DPCM，传输误码率要优于 5×10^{-6}；对于一维预测，传输误码率要优于 10^{-9}；对于二维预测，传输误码率要优于 10^{-8}。不同的压缩标准，对传输信道的误码率要求也不一样。为了提高图像的传输质量，必须降低误码率。降低误码率的主要方法有：

（1）选取抗干扰强的码型，如双极性非归零码、多元码等。

（2）选取先进的调制方法。

（3）加入检错、纠错码。

因此，数字音、视频信号经压缩编码和复用，形成符合 MPEG - 2 系统层规范的传送流（TS），通过卫星、有线电视网或地面广播信道发送之前，需要通过信道编码这一环节，对数码流进行相应的处理，即在其中加入检纠错码，并进行交织等处理，这个处理过程就是信道编码。

3. 信道编码的要求

信道编码的本质是增加通信的可靠性。信道编码一般有下列要求：

（1）增加尽可能少的数据率而可获得较强的检错和纠错能力，即编码效率高，抗干扰能力强。

（2）对数字信号有良好的透明性，也即传输通道对于传输的数字信号内容没有任何限制。

（3）传输信号的频谱特性与传输信道的通频带有最佳的匹配性。

（4）编码信号内包含有正确的数据定时信息和帧同步信息，以便接收端准确地解码。

（5）编码的数字信号具有适当的电平范围。

（6）发生误码时，误码的扩散蔓延小。

5.3.2　信道编码的基本原理

1. 信道编码的一般结构

信道编码的过程是在源数据流中加插一些码元，从而达到在接收端进行判错和纠错的目的，这就是我们常说的开销。这就好像我们运送玻璃杯一样，为了保证运送途中不至于打碎玻璃杯，我们通常会用一些泡沫或海绵等物将玻璃杯包装起来，这种包装使玻璃杯所占的容积变大，使原有的能装 5000 只玻璃杯的空间，包装后只能装 4000 个了，显然包装的代价使运送玻璃杯的有效个数减少了，但增加了运送的安全性。同样，在带宽固定的信道中，总的传送码率也是固定的，由于信道编码增加了数据量，其结果只能以降低传送有用信息码率为代价。

因此，编码效率为有用比特数与总比特数之比，不同的编码方式，其编码效率有所不同。

信道编码的一般结构如图 5 - 10 所示。

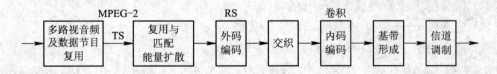

图 5 - 10　信道编码的一般结构

在数字电视传输过程中，信道编码主要由 RS 编码、交织、卷积编码及 QPSK、QAM、VSB、COFDM 调制方式组成。

2. 检错纠错编码方式

提高数据传输效率，降低误码率是信道编码的任务。数字电视中的纠错编码，通常采用两次附加纠错码的前向纠错(Forword Error Correction，FEC)方式。前向纠错码的码字是具有一定纠错能力的码型，发送端发送能够纠正错误的码，接收端收到信码后自动纠正传输中的错误。因此，采用前向纠错方式，在接收端解码后，不仅可以发现错误，而且能够判断错误码元所在的位置，并自动纠错，其特点是单向传输，实时性好。广播系统(单向传输系统)都采用这种信道编码方式，但译码设备较复杂。

纠错码按照检错纠错功能的不同，可分为检错码、纠错码和纠删码三种。

纠错码按照误码产生原因的不同，可分为纠随机误码和纠突发误码两种。前者应用于主要产生独立性随机误码的信道，后者应用于易产生突发性局部误码的信道。

对具体的纠错码，可以从不同角度对其分类，图 5-11 所示即为纠错码的分类情况。

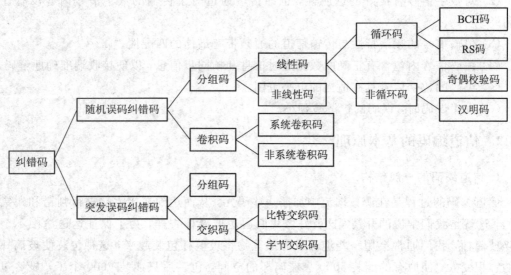

图 5-11　纠错码的分类

1) RS 码

RS 码即里德-所罗门码，由 Reed 和 Solomon 两位研究者开发，故称 RS 码，是一种能够纠正多个错误的纠错码，具有较强的纠错能力。

一个能纠正 t 个符号错误的 RS 码有如下参数：

(1) 码长 $n \leqslant 2^m - 1$ 符号或 $n \leqslant m(2^m - 1)$ 比特。

(2) 信息段 k 个符号或 $k \times m$ 比特。

(3) 监督段 $n - k = 2t$ 符号或 $m(n-k)$ 比特。

(4) 最小码距 $d_0 = 2t + 1$ 符号或 $m(2t+1)$ 比特。

RS 码属于第一个 FEC，188 字节后附加 16 字节 RS 码，构成(204，188)RS 码，这也可以称为外编码。第二个附加纠错码的 FEC 一般采用卷积码，又称内编码。外编码和内编码结合在一起，称之为级联编码。级联编码后得到的数据量再按规定的调制方式对载频进行调制。

2）卷积码

卷积码非常适用于纠正随机错误，但是，解码本身的特性却是：如果在解码过程中发生错误，解码器可能导致突发性错误。为此在卷积码的上部采用 RS 码块，RS 码适用于检测和校正那些由解码器产生的突发性错误。所以卷积码和 RS 码结合在一起可以起到相互补偿的作用。

（1）基本卷积码。基本卷积码编码效率为：$\eta=1/2$。其编码效率低，优点是纠错能力强。

（2）收缩卷积码。如果传输信道质量较好，为提高编码效率，可以采用收缩截短卷积码。编码效率为：$\eta=1/2、2/3、3/4、5/6、7/8$。其编码效率高，一定带宽内可使有效比特率增大，但纠错能力会减弱。

3）Turbo 码

1993 年诞生的 Turbo 码，是一种新型的差错控制编码。其基本思想是利用短码率来构造长码，并在译码时使用一种全新的译码算法——迭代译码，将长码化为短码，以达到最小的错误概率。

目前。具有 Turbo 码编码/解码功能的芯片，运行速率已达 40 Mb/s。该芯片集成了一个 32×32 交织器，其性能和传统的 RS 外码和卷积内码的级联一样好。Turbo 码是一种先进的信道编码技术，由于其不需要进行两次编码，所以其编码效率比传统的 RS 加卷积码要好。

4）交织

在实际应用中，比特差错经常成串发生，这是由于持续时间较长的衰弱谷点会影响到几个连续的比特，而信道编码仅在检测和校正单个差错和不太长的差错串时才最有效（如 RS 只能纠正 8 B 的错误）。为了纠正这些成串发生的比特差错，可以用前向码对其纠错。例如，在 BVB - C 系统中，RS(204,188)的纠错能力是 8 B，交织深度为 12，那么纠可抗长度为 $8\times12=96$ B 的突发错误。

实现交织和解交织一般使用卷积方式。

交织技术对已编码的信号按一定规则重新排列，解交织后突发性错误在时间上被分散，使其类似于独立发生的随机错误，从而前向纠错码加交织的作用可以理解为扩展了前向纠错的可抗长度字节。纠错能力强的编码一般要求的交织深度相对较低。纠错能力弱的则要求更深的交织深度。图 5 - 12 为交织的原理图。

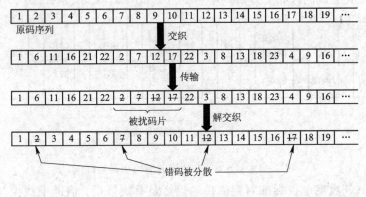

图 5 - 12　交织的原理图

　　一般来说，对数据进行传输时，在发送端先对数据进行 FEC 编码，然后再进行交织处理。若接收端的次序和发送端相反，则先做去交织处理，再由 FEC 解码实现数据纠错。另外，从图 5-12 中可以看出，交织不会增加信道的数据码元。

　　5）伪随机序列扰码

　　进行基带信号传输的缺点是，其频谱会因数据出现连"1"和"0"而包含大的低频成分，不适应信道的传输特性，也不利于从中提取出时钟信息。解决办法之一是采用绕码技术，使信号受到随机化处理，变为伪随机序列，又称为数据随机化和能量扩散处理。绕码不但能改善位定时的恢复质量，还可以使信号频谱平滑，使帧同步、自适应同步和自适应时域均衡等系统的性能得到改善。

　　扰码虽然扰乱了原有数据的本来规律，但因为是人为的扰乱，在接收端很容易去加扰，恢复成原数据流。

　　实现加扰和解扰，需要产生伪随机二进制序列（PRBS），再与输入数据逐个比特做运算。PRBS 也称 m 序列，这种 m 序列与 TS 的数据流进行特定运算后，数据流中的"1"和"0"的连续游程都很短，且出现的概率基本相同。

　　利用伪随机序列进行扰码也是实现数字信号高保密性传输的重要手段之一。一般将信源产生的二进制数字信息和一个周期很长的伪随机序列相加，就可得原信息变成不可理解的另一序列。这种信号在信道中传输复杂，具有高度的保密性。在接收端将接收信号再加上同样的伪随机序列，就恢复为原来发送的信息。

　　在 DVB-C 系统中的 CA 系统原理就源于此，只不过为了加强系统的保密性，其伪随机序列是不断变化的（10 s 变一次），这个伪随机序列又叫控制字（CW）。

5.3.3　信道编码方案概述

　　根据传输信道不同，信道编码方案也有所不同。在 DVB-T 数字电视中，由于是无线信道且存在多径干扰和其他干扰，为此它的信道编码是：RS＋外交织＋卷积码＋内交织。采用了两次交织处理的级联编码，可增强其纠错的能力。RS 作为外编码，其编码效率是188/204（又称外编码率）。卷积码作为内编码，其编码效率（又称内编码率）有 1/2、2/3、3/4、5/6、7/8 五种选择。信道的总编码效率是两种编码效率的级联叠加。一个总传输率是27.586 Mb/s 的信道，有效传输率是 $27.586 \times (188/204) \times (2/3) = 16.984$ Mb/s，如果加上保护间隔的插入所造成的开销，有效码率将更低，如图 5-13 所示。

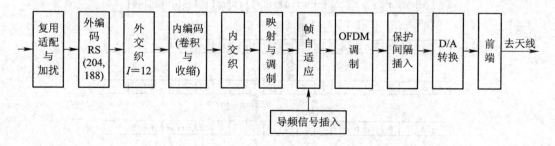

图 5-13　DVB-T 的信道编码和调制框图

　　由于 DVB-C 数字电视标准对应的传输信道是有线信道，信道干扰少，所以它的信道编码是 RS＋交织，如图 5-14 所示。

一般的 DVB‐C 的信道物理带宽是 8 MHz，符号率为 6.8966 Mb/s，调制方式为 64QAM 的系统中，总传输率是 41.379 Mb/s，用于其编码效率为 188/204，所以有效率为 $41.379 \times 188/204 = 38.134$ Mb/s。

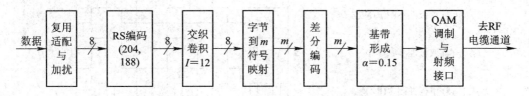

图 5‐14 DVB‐C 的信道编码和调制框图

5.4 数字基带信号与数字调制方式

经过信源编码数据压缩和信道编码差错控制后得到的数字信号，通常为二元数字信息，其脉冲波形占据的频带一般从直流或较低频率开始直至可能的最高数据频率（几十千赫、几百千赫或几兆赫、几十兆赫），带宽会很宽，能达到短波波段的射频范围。

5.4.1 数字基带传输

通常将发送调制前的信息称为基带信号。图 5‐15 所示为基带传输系统的基本结构框图，它由信道信号形成器、传输信道、接收滤波器和取样判决器等几部分组成。

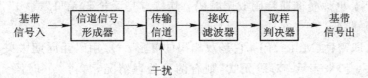

图 5‐15 基带传输系统的基本结构框图

对基带信号的要求主要有两点：一是对各种代码的要求，期望将原始信息符号编制成适合于传输用的码型；二是对所选的码型的电波形的要求，期望电波形适宜于在信道中传输。

数字基带信号的常用码型如图 5‐16 所示。

（1）信息码元：基带信号的信息码元。

（2）位定时信号：脉宽 T 代表 1 bit 的宽度，升降沿代表每比特定时的开始。

（3）单极性不归零（NRZ）码：二进制符号"1"和"0"分别对应正电平和零电平，在整个码元持续时间电平保持不变。

（4）双极性不归零码：二进制符号"1"和"0"分别对应正、负电平。

（5）单极性归零（RZ）码：它与单极性 NRZ 码相似，区别在于码元"1"的高电平持续时间 $\tau < T/2$，其余时间返回零电平（低电平）；而码元"0"一直处于零电平，它实际上是以时间 T 内无脉冲调变信号来表示"1"和"0"。

（6）单极性传号差分（NRZ‐M）码：其特点是以位定时信号边沿时刻有电子跳变表示"1"，无电子跳变表示"0"。

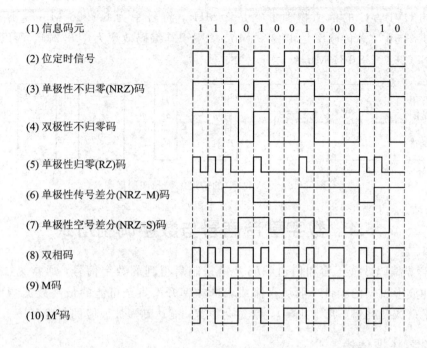

图 5 - 16 数字基带信号的常用码型

(7) 单极性空号差分(NRZ - S)码：其特点是以位定时信号边沿时刻有电子跳变表示"0"，无电子跳变表示"1"。

(8) 双相码：也称曼彻斯特码或调频码，其特点是无论码元"1"或"0"，每一码元比特的边缘都有电平跳变。

(9) M 码：即密勒(Miller)码，它是双相码的变形。"1"用码元周期中央出现跳变(而其前后沿不出现跳变)来表示；对码元"0"则有两种处理情况，单个"0"时码元周期内不出现跳变，连"0"时在相邻的"0"交界处出现跳变。

(10) M² 码：即密勒平方码，它是密勒码的变形，其区别在于无论"1"还是"0"，当连续出现的相同码元超过 2 时省去最后一个比特上的电平跳变，即对于"1"省去其中央电平跳变，对于"0"省去其最后一个码元"0"的前沿跳变。

5.4.2 数字调制技术

为避免数字信号在传输时受信道特性的影响，使信号产生畸变，通常需要在发射端对基带信号进行调制。

从原理上看，数字调制与模拟调制没有根本上的差别。模拟调制是由模拟信号的瞬时值改变载波信号的某个参量(幅度、频率或相位)实现载波调制的，模拟信号在时间上和幅度上都是连续的，所以载波信号的调制参量也是连续变化的。而数字调制则是用载波信号的某些离散状态来表征所传输的信息，在接收端解调时对信号的离散调制量进行检测。

数字调制有调幅、调频和调相三种方式。在二进制时，数字信号的三种调制分别称为幅度键控(ASK)、频移键控(FSK)和相位键控(PSK)，并由此派生出多种形式。数字调制的三种键控方式如图 5 - 17 所示。

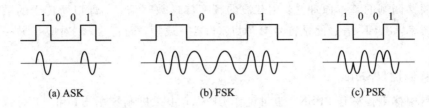

图 5 - 17　数字调制的三种键控方式

1. 幅度键控（ASK）

数字幅度调制又称幅度键控，二进制幅度键控称作 2ASK。

数字幅度调制 2ASK 的基本原理是：由二进制数据 1 和 0 组成的基带信号对载波进行幅度调制，而利用代表数字信息"0"或"1"的矩形脉冲序列去键控一个连续的载波，使载波时断时续地输出。有载波输出时表示发送"1"，无载波输出时表示发送"0"。

2ASK 信号解调的方法是：由接收机产生一个与发送载波同频同相的本机载波信号，利用此载波与收到的已调信号相乘，再经低通滤波器滤除第二项高频成分后，即可输出信号。

1）残留边带（VSB）调制

残留边带调制是指双边带信号的一个边带几乎完全通过，而对另一个边带只允许少量部分即残留部分通过。现行模拟大赛制式中，对图像信号的调制就是用了残留边带调幅方式。残留边带调制的优点是抗多径传播效应好（即消除重影效果好），适合地面广播。

用手指信号进行 VSB 调制时，由于调制信号是各电平的离散值，为了表示各电平所对应的调制状态，通常用矢量点表示它们的对应关系，反映多电平进制的 VSB 调制称作 M - VSB，如 8 电平 VSB 表示为 8 - VSB，它反映了 3 bit 信息。

采用多电平基带信号对一个高频载波进行平衡调制，得到多种幅度的高频已调波，这种多电平（M 个电平）的 ASK 调制方式也称为 MASK，其调制框图如图 5 - 18 所示。

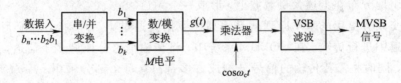

图 5 - 18　MASK 调制框图

2）正交幅度调制（QAM）

正交幅度调制是用两个独立的基带信号对两个相互正交的同频载波进行抑制载波的双边带调制。利用这种已调信号在同一带宽内频谱正交的性质来实现两路并行数字信息传输，可获得很高的频谱利用率。正交幅度调制方式调制效率高，要求传送途径的信噪比高，适合有线电视电缆传输。

2. 频移键控（FSK）

数字频率调制又称频移键控，二进制频移键控记作 2FSK。发射端采用两个不同频率的载波来表示数字信号的两种电平。而接收端则将接收到的不同载波信号再变换为原数字信号，以完成信息的传送。

　　数字频移调制的基本原理是：用载波的频率传送数字信息，即以所传送的数字信息控制载波的频率，2FSK 信号便是符号"1"对应于某一载频，而符号"0"对应于另一载频的已调波形。

3. 相移键控(PSK)

　　二进制相移键控称作 2PSK，也可记作 BPSK，由二进制数据＋1 和－1 对载波进行相位调制，是利用载波的相位(指初相)直接表示数字信号的相移方式。

　　在相移键控(PSK)调制中，最常用的是四相移相键控(4PSK 或 QPSK)和差分四相移相键控(4DPSK 或 DPSK)方式。

　　四相移相键控 QPSK 中 Q 表示正交，PSK 表示二相移相键控。QPSK 的调制过程是：先将单极性的输入码元转换为双极性波形后，分别对两个正交载波进行 2 电平双边带调制。QPSK 调制效率高，要求传送途径的信噪比低，适合卫星广播。目前数字电视卫星广播(DVB－S)Z 中就采用了这种多进制的 QPSK 方式：将用 MPEG－2 压缩方式压缩后的数字视、音频信号经 RS 纠错编码电路，经数据交织和卷积编码后，分为两路送入 QPSK 调制器中，进行数字移相，然后通过上变频和功放电路，经天线发送至卫星。

4. 编码正交频分复用(COFDM)

　　数字电视系统的串行数据需要以非常高的数据率进行传输，但由于无线接入信道具有多径传播、衰落等因素，使得无线信道在传输高速数据时，容易造成码间干扰，导致信号的传输质量大幅度下降。此外，码元速率较高时，信号带宽较宽，而当信号带宽大于信道的相关宽带时，信道的时间弥散将对接收信号造成频率选择性衰落，这些都限制了数据传输速率的上限。

　　编码正交频分复用调制技术较好地解决了这一问题。编码(C)是指信道编码采用编码率可变的卷积编码方式，以适应不同重要性数据的保护要求；正交频分(OFD)指使用大量的载波(副载波)有相等的频率间隔，都是一个基本振荡频率的整数倍；复用(M)指多路数据源相互交织地分布在上述大量载波上，形成一个频道。

　　编码正交频分复用的基本原理就是将高速数据流通过串/并转换，分配到传输率较低的若干个信道中进行传输。在 COFDM 系统中，将传输信道分成许多子信道，每个信道对应一个载波，同时将需要传输的信号分割成许多部分，每个部分采用一个载波进行传输。经过这样的分割后，每个信道中传输的信号的速度将会变得很低。于是信道中的每个调制后的符号的时长将远远大于回拨的延时长度，如果在每个符号间隔再插入保护间隔，则只要多迳延时不超过保护间隔的长度，多径传输就不会带来符号间的相互干扰，只能是在符号内部相互叠加或相互削弱，而这种特性可以表示为信道正确恢复符号的原始值。

　　COFDM 技术标准为增强频谱资源的利用率提供了一种有效的解决途径，特别是在强的干扰环境下，具有多径传播效应和同频干扰好的特点，适合地面广播和同频网广播。欧洲的数字视频地面广播 DVB－T 中就采用了 COFDM 技术。DVB－T 传输系统框图如图 5－19 所示。

　　采用 COFDM 传输方案，包括图像、伴音、附加数据等在内的总有效数据率为 25.088 Mb/s，经 RS 纠错编码后达到 27.017 Mb/s，用格状编码 QAM 调制到 N 个并行频率信道上，然后采用双边带调制到载波上发射出去，信号带宽为 8 MHz。

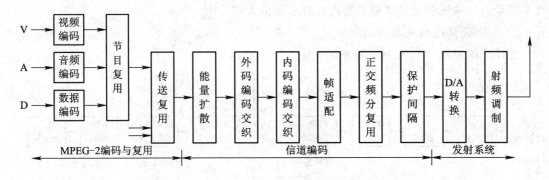

图 5 - 19　DVB - T 的信道编码和调制系统框图

5.5　数字视频广播系统

5.5.1　数字视频广播系统概述

1. ATSC 数字电视系统

美国的 ATSC(Advanced Television System Comittee)数字电视标准是 FCC(美国联邦通信委员会)提出的全数字化 HDTV 数字电视广播标准。ATSC 标准中规定了可以采用的18 种数字图像源格式,包括一帧图像的像素数和扫描方式。

1) 传送端的形成

ATSC 信道输入的是传送流(TS 流)数据,TS 流形成过程如图 5 - 20 所示,包含了应用层、压缩层、传送层和传输层 4 层,传送层的输出即为传送流。

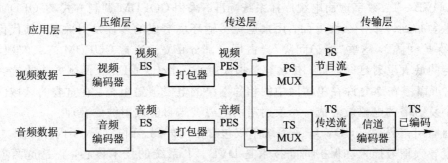

图 5 - 20　TS 流的形成

应用层(Application Layer)是演播室内根据规定的视音频标准原始产生的未压缩的视音频数据流,例如视频是 SDI 或 HD - SDI 数据流,音频是立体声或环绕声的数据流。

压缩层(Compression Layer)根据规定的信源编码标准将输入的数据流予以码率压缩,产生出视频基本流(VES)和音频基本流(AES)。视频基本流由像块、宏块、像条、图像(帧)、COP(图像组)和序列等 6 个层次构成。

传送层(Transport Layer)中将 ES 打包,形成打包基本流(PES),并实现视音频 PES的复用,组成复用的节目流(PS MUX)和传送流(TS MUX)。

传输层(Transmission Layer)内包含信道编码和载波调制,其输出是调制在中频上的数字已调波，馈送至上变频器，经高功放级后由天线发射。

2）ATSC 信道编码与调制流程

ATSC 信道编码与调制流程框图如图 5-21 所示。

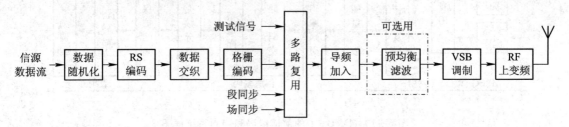

图 5-21　ATSC 信道编码与调制流程框图

2. DVB 数字电视系统

国际数字视频广播组织（Digital Video Broadcasting，DVB）提出了一套对所有传输媒体都适用的数字电视技术与系统解决方案，这一方案涉及我们常用的传输媒介：数字卫星电视标准系统、数字有线电视系统和数字开路广播电视系统。

1）DVB 系统的主要标准

（1）DVB-S：满足卫星转发器的带宽及卫星信号的传输特点而设计的数字卫星电视标准，适用于 11/12G 频段的卫星系统。

（2）DVB-C：数字有线电视广播系统标准。由于传输媒介采用的是同轴线，与卫星传输相比外界干扰小，信号强度相对高些，所以前向纠错编码保护中取消了内码。DVB-C标准具有 16、32、64QAM（正交调幅）几种调制方式，工作频率在 10 GHz 以下。采用64QAM 时，一个 PAL 通道的传送码率为 41.34 Mb/s，可用于多套节目的复用。

（3）DVB-T：数字地面电视广播系统标准，采用 COFDM 调制方式，COFDM 调制方式将信息发布到许多个载波上面，用来避免传输环境造成的多径发射效应，其代价是引入了传输"保护间隔"。这些"保护间隔"会占用一部分带宽，通常 COFDM 的载波数量越多，对于给定的最大发射延时时间，传输容量损失越小。由于 COFDM 调制方式的抗多径反射功能，它可以潜在地允许在单频网中的相邻网络的电磁覆盖重叠，在重叠的区域内可以将来自两个发射塔的电磁波看成一个发射塔的电磁波与自身反射波的叠加。

从前向纠错码来看，DVB-T 系统不仅包含了内外码，而且加入了内外交织。

大量导频信号插入和保护间隔技术是 DVB-T 系统的技术核心，正是这两项技术使DVB-T 系统在抗强多径和动态多径及移动接收的实测性能方面优于 ATSC 系统。

另外，DVB-SMATV 是数字卫星共用天线电视（SMATV）广播系统标准，DVB-MS是高于 10 GHz 的数字广播分配系统（MMDS）标准，DVB-MC 是低于 10 GHz 的数字广播分配系统标准。

2）DVB 系统的核心技术

（1）DVB 标准的核心。DVB 系统采用 MPEG 压缩的音频、视频及数据格式作为数据源；系统采用公共 MPEG-2 传输流（TS）复用方式；采用公共的用于描述广播节目的系统服务信息（SI）；系统的第一级信道编码采用 R-S 前向纠错编码保护；调制与其他附属的信道编码方式，由不同的传输媒介来确定；使用通用的加扰方式以及条件接收界面。

（2）DVB 的视频特点。DVB 系统的音频编码采用 MPEG-2 的第二层编码，也称作 MUSICAM。MPEG-2 的第二层音频编码可用于单音、立体声、环绕声和多路多语言声音的编码。DVB 系统视频编码采用标准的 MPEG-2 压缩编码。

（3）MPEG-2 码流复用及服务信息。数字电视音、视频信号首先经过 MPEG-2 编码器进行数据压缩，接着通过节目复用器形成基本码流（ES），基本码流经过打包后形成有包头的基本码流（PES）流送入传输复用器进行系统复用，复用器的码流叫作传送流（TS）。传送流中包括多个节目源的不同信号，为了区分这些信号，在系统复用器上需要加入服务信息（SI），使接收端可以识别出不同的节目。

5.5.2　数字电视信号接收机

这里以美国的 ATSC8-VSB 数字电视地面广播（见图 5-22）为例，简要介绍数字电视接收机的工作原理。数字电视接收数字电视信号的过程大致为：高频接收→均衡→信道解码→解复用→信源解码（图像、声音、数据解码）→数/模转换，经放大电路后分别送显示器和扬声器中还原。

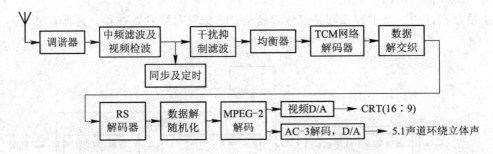

图 5-22　ATSC8-VSB 数字电视接收机基本框图

5.5.3　数字电视机顶盒

数字电视机顶盒（Set-Top Box，STB）是放在电视机上面的一个小盒子，所以我们称它为机顶盒。

机顶盒是一种将数字电视信号转换成模拟信号的变换设备，是模拟电视转向数字电视的桥梁，是实现交互功能的关键设备。机顶盒也是电视接入因特网的重要工具。

机顶盒的主要作用是接收数字电视信号，并对数字图像和声音信号进行解码还原产生模拟信号，供模拟电视机使用。

1. 机顶盒的分类

机顶盒按照用途可以分为三种：① 数字电视机顶盒，使模拟彩电能够接收数字电视信号；② 网络电视（Web TV）机顶盒，使模拟彩电能够浏览互联网；③ VOD 数字机顶盒，是一种基于宽带网，可实现上网和双向视频点播功能的产品。

数字电视机顶盒又分为有线数字电视机顶盒、卫星数字电视机顶盒和地面数字电视机顶盒，三种机顶盒的硬件结构主要区别在解调部分。

目前家庭使用比较多的是有线数字电视机顶盒，主要提供基本音视频业务和数据应用。有线数字电视机顶盒将充分利用 CATV 网络带宽较宽的特点，实现交互功能，最终发展成为集解压缩、Web 浏览、解密收费和交互控制为一体的数字化终端设备。

有线数字电视机顶盒根据其功能也有基本型、增强型和高级型之分。

基本型机顶盒主要以接收基本的付费数字电视节目为主，具备授权数字电视业务的接收、中文显示、基本电子节目指南 EPG(节目预告)、软件在线更新升级、加密信息提示、故障提示等功能。

增强型机顶盒在基本型基础上增加了基本中间件软件系统，基于基本中间件可以实现数据信息浏览、准视频点播、实时股票接收等多种应用，能满足按次付费业务、数据广播、广播式视频点播和本地交互业务的需要。

高级型机顶盒在增强型的基础上，能满足视频点播、上网浏览业务、电子邮件收发、互动游戏及 IP 电话业务等功能。

2. 机顶盒的基本结构及工作原理

机顶盒的功能取决于其结构与关键技术，作为有线数字电视终端产品的机顶盒在近几年获得了快速发展。国际上主流芯片的机顶盒解决方案有 ST、IBM、LSI Logic、Fujitsu、Philips 等，在国内均已产品化。

机顶盒设计的一个重要原则是开放式结构，既能与网络有效连接，又具有灵活的可扩充性。图 5-23 为数字电视机顶盒的基本结构框图。

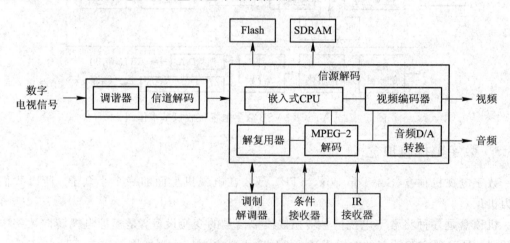

图 5-23 数字电视机顶盒的基本结构框图

由于信源在进入传输网络前要完成两级编码，第一级是音、视频信号的信源编码和将所有信源封装成传输流，第二级是传输用的信道编码，所以接收端机顶盒首先要完成信道解调，其次要还原压缩的信源编码信号，恢复原始音、视频流，同时完成其他数据业务的接收、解调。

因此，数字电视机顶盒的工作过程大致为：高频调谐器接收来自传输网络的高频数字电视信号，通过信道解码器，从载波中分离出包含音、视频和其他数据信息在内的传送流，完成信道解码。

传送流中一般包含多个音、视频流及一些数据信息，解复用器则用来区分不同的节目，提取相应的音、视频流和数据流，送入 MPEG-2 解码器和相应的解析软件，完成数字信息的还原。

条件接收器对音、视频流实施解扰，并采用含有识别用户和进行记账功能的智能卡，保证付费电视合法用户正常收看。MPEG - 2 解码器完成音、视频信号的解压缩，再送到 PAL/NTSC/SECAM 制以得到相应格式的视频信号。在此过程中，可以叠加图形发生器产生的图形信号，然后送终端显示设备，显示高质量图像，并提供多声道立体声节目。

3. 机顶盒关键技术

机顶盒的关键技术涉及硬件和软件技术，主要有以下几种：

1）信道解调技术

由于各国的卫星广播数字电视系统几乎均采用 DVB - S 标准，而 DVB - S 的信道编码是采用 RS 前向纠错编码和卷积交织方式，调制则采用 QPSK 方式，因此相应的卫星广播数字电视机顶盒必须具有 OPSK 解调、RS 解码和解交织（纠错处理）的功能。

欧洲的数字有线电视广播系统采用 DVB - C 标准，采用 QAM 调制方式。我国在有线网络中传输数字电视及其增值业务也采用 QAM 调制方式，所以有线电视机顶盒必需的信道解码应包括 QAM 解码功能。

地面数字电视的传播条件复杂，容易受到地形及其他因素的影响。目前，国际上地面数字电视广播传输系统有单载波和多载波 COFDM 两种传输方式。美国的 ATSC 方案采用的是 8 - VSB 单载波调制方式，欧洲的 DVB 方案则采用的是 COFDM 多载波调制方式，而日本的 ISDB 方案则采用修改后的 OFDM 调制方式。因此，数字电视机顶盒必须具有相应的解调功能。

2）信源解码技术

模拟信号数字化后，由于数据量巨大，必须采用相应的数据压缩标准。在高清晰度数字电视的视频压缩编码标准方面，美国、欧洲和日本没有分歧，都采用 MPEG - 2 视频标准。在音频压缩编码方面，欧洲、日本采用了 MPEG - 2 标准，美国则采纳了杜比（Dolby）公司的 AC - 3 方案，MPEG - 2 为备用方案。另外，在将视频、音频、辅助数据等由编码器送来的数据比特流，经处理复合成单路串行的比特流，送给信道编码及投资的复用传输方面，美国、欧洲和日本也全部采用了 MPEG - 2 标准。信源解码器必须适应不同的编码策略，正确还原原始音、视频数据。

3）大规模集成芯片技术

为实现实时的解复用和数据信息处理，目前系统大多采用专用芯片，将 CPU 内核与 MPEG - 2 传输流解复用器、DVB 通用解扰器、MPEG 音视频解码器和 NTSC/PAL 编码器集成，形成 STB 的核心芯片。

4）上行数据的调制编码

开展交互式应用，需要考虑上行数据的调制编码问题。目前普遍采用的有电话线、以太网卡及通过有线网络传送上行数据等三种方式。

5）机顶盒软件技术

软件技术在数字电视技术中占有十分重要的位置，如电视内容的重现、操作界面的实现、数据广播业务的实现，直至机顶盒和个人计算机的互联以及和 Internet 的互联都需要由软件来实现，主要有：

（1）硬件驱动层软件。驱动程序驱动硬件功能，如射频解调器、传输解复用器、A/V

解码器、OSD、视频编码器等。

（2）实时操作系统。与 PC 操作系统不同，机顶盒中的操作系统采用实时操作系统（RTOS），可以在实时的环境中工作，并能在较小的内存空间中运行。目前流行的实时操作系统有 VxWorks、Psos、OS20、Windows CE 等。这些操作系统各有所长，在机顶盒中都要应用。

（3）中间件。在开发机顶盒上层应用中常常会面对实时多任务操作系统、硬件平台原理细节、复杂的行业标准、繁杂的用户界面以及使用功能等各项跨行业的难题。为了解决上述问题，中间件应运而生，并成为数字电视的核心技术，也就是我们前面提到的开放式业务平台。中间件是在数字电视接收机的应用程序和操作系统、硬件平台之间嵌入的一个中间层，定义一组较为完整的、标准的应用程序接口，使应用程序独立于操作系统和硬件平台，从而将应用的开发变得更加简捷，使产品的开放性和可移植性更强。它通常由 Java 虚拟机、网络浏览器、图像与多媒体模块等组成。开放的业务平台上的特点在于产品的开发和生产以一个业务平台为基础，开放的业务平台为每个环节提供独立的运行模式，每个环节拥有自身的利润，能产生多个供应商。只有采用开放式业务平台才能保证机顶盒的扩展性，保证投资的有效回收。

（4）上层应用软件。上层应用软件执行服务商提供的各种服务功能，如电子节目指南、准视频点播、视频点播、数据广播、IP 电话和可视电话等。上层应用软件独立于 STB 的硬件，它可以用于各种 STB 硬件平台，消除应用软件对硬件的依赖。

4. 有线电视数字机顶盒

有线电视数字机顶盒的基本功能是接收数字电视广播节目，其硬件如图 5-24 所示。

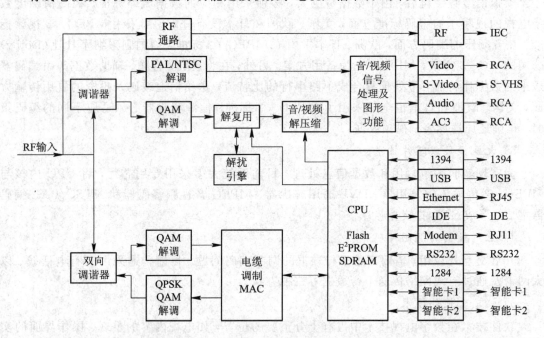

图 5-24　有线电视数字机顶盒硬件框图

来自有线电视网络的射频信号首先进入高频调谐器，由高频调谐器放大、变频为中频信号，经 A/D 转换变为数字信号，再送入 QAM 解调，输出 MPEG 传输流串行或并行数据，送入解复用模块。

解复用模块接收 MPEG 传输流，区分不同的节目，提取相应的音视频流和数据流，送入 MPEG－2 解码器。解复用模块中包含一个解扰引擎，可以对加扰的数据机械解扰，输出已解扰的数据流送入音/视频信号处理及图形功能模块。视频数据流送入视频解码模块，取出 MPEG 视频数据，并对 MPEG 视频数据机械解码，然后送入 PAL/NTSC 编码器，编码成模拟电视信号，再经视频输出电路输出。音频数据流送入其中的音频解码模块，取出 MPEG 音频数据，并对 MPEG 音频数据机械解码，输出 PCM 音频数据到 PCM 解码器，PCM 解码器输出立体声模拟音频信号，经音频输出电路输出。

CPU 与存储器模块用来存储和运行软件系统，并对各个模块进行机械控制。接口电路则提供了丰富的外部接口，包括 USB、1394、以太网、RS232、视频接口、音频接口等等。

由双向调谐器、下行 QAM 解调器、上行 QPSK/QAM 调制器和媒体访问控制（MAC）模块组成电缆调制解调模块。有线电视用户接入 Internet 需采用电缆调制器，将数据调制在一定的频率范围内，通过有线电视网输出信号。

数字机顶盒在网络通信上可以看成是 IP 路由器接收用户端，通过 PSTN（公用电话网）传来的点播信号，并不传送到 Internet 服务器/路由器。目前主要参照 DAVIC 和 IEEE803.14 标准。

5. 机顶盒的发展趋势

（1）小型化。调谐器和解调芯片合二为一，可以减小体积，降低成本，提高性能，或者采用芯片实现解调功能。

（2）双向传输。由 CPU 与 TS 流解复用器、MPEG－2A/V 解码器和视频编码器形成的 STB 核心芯片，其发展趋势是 CPU 处理速度越来越快，存储器容量越来越大，MPEG 解码器将同时指出多路节目的解码。由于有线电视网络有着较好的传输质量，并随着电缆调制、解调器技术的成熟，各种交互式应用将得以实现。因此，通过上行通道和机顶盒，观众坐在家中就能享受到视频点播（VOD）、网上冲浪、远程购物、交互游戏的乐趣，因此双向传输方案将成为机顶盒发展的主流。

（3）外部接口将更加丰富。通过 USB 口可以实现和数码相机的连接，通过 IDE（Integrated Device Electronics，集成设备电路）接口可以挂接硬盘实现解码存储，等等。机顶盒是网络的终端产品，目前正在实现将数字机顶盒发展成为家庭网关，将机顶盒与 PC、打印机、DVD 机等数字设备连接起来，并通过双向模块与 Internet 相连，真正成为信息家电。

（4）应用范围更为广泛。随着有线电视网络数字化改造的不断深入及开放式业务系统的广泛使用，机顶盒将支持越来越多的应用，如电子节目指南、视频点播、数据广播、Internet接入、电子邮件以及 IP 电话和可视电话等。而上述应用的发展，必须依靠机顶盒的软件平台，也就是中间件。因此，机顶盒的发展趋势在很大程度上依靠中间件技术的发展方向。

本 章 小 结

1. 数字电视是从信源开始，经过量化、编码转换成由二进制数组成的数字信号，然后进行信源压缩编码、纠错、交织与调制等信道编码后，以较高的数码流发射、传输，并由数字电视接收机接收、处理和显示的系统。

2. 数字电视的优点有：采用数字传输技术，可实现彩色图像逼真，无串色，不会产生信号的非线性和相位失真的累积；可实现不同分辨率等级（SDTV、HDTV）的接收，适合大屏幕及各种显示器；可实现移动接收，无重影；可实现 5.1 路数字环绕立体声，同时还有多语种功能；易于实现加密/解密和加扰/解扰处理，便于开展各类有条件接收的收费业务；利用数字技术产生各种特技形式，增强了节目的艺术效果和视觉冲击力；具有可扩展性、可分级性和互操作性，便于在各类通信信道的网络中传输，便于计算机网络联通。

3. 数字电视的核心技术有：信源编解码技术、信道编码技术。

4. 彩色电视信号的数字化一定要经过采样、量化和编码 3 个过程。数字化处理有数字分量编码和数字复合编码两种方式。

5. 数字电视的分类：按图像清晰度分类，数字电视可分为数字高清晰度电视（HDTV）、数字标准清晰度电视（SDTV）和数字普通清晰度电视（LDTV）三种。按信号传输方式分类，数字电视可分为地面无线电传输数字电视（地面数字电视）、卫星传输数字电视（卫星数字电视）和有线传输数字电视（有线数字电视）三类；按显示屏幕幅型比分类，数字电视可分为 4∶3 幅型比和 16∶9 幅型比两种。

6. 数字电视的三种传输途径是：地面开路传输、有线电视网传输和卫星传输。

7. 数字电视系统的关键技术有：数字电视的信源编解码技术、数字电视的复用系统、数字电视的信道编解码及调制解调技术。

8. 数字电视标准有三个相对成熟的标准制式：欧洲 DVB、美国 ATSC 和日本 ISDB。

9. 图像压缩编码的分类：根据图像质量有无损失可以分成无损压缩编码（又称为可逆编码）和有损压缩编码两类。根据压缩机理分类：① 基于图像信源统计特性的压缩方法有预测编码、变换编码、量化编码、子带—小波编码和神经网络编码法等；② 基于人眼视觉特性的压缩方法有基于方向滤波的图像编码法和基于图像轮廓—纹理的编码法；③ 基于图像景物特征的压缩方法有分形编码法和基于模型的编码方法等。此外，还可根据压缩处理的像素分布范围分类及根据是否自适应分类。

10. 图像压缩的主要技术标准有：JPEG 标准、MPEG 标准。

11. 数字电视传输过程中，信道编码主要由 RS 编码、交织、卷积编码及 QPSK、QAM、VSB、COFDM 调制方式组成。

12. 为提高数据传输效率，降低误码率是信道编码的任务。数字电视中的纠错编码，通常采用两次附加纠错码的前向纠错方式。纠错码按照检错纠错功能的不同，可分为检错码、纠错码和纠删码三种。纠错码按照误码产生原因的不同，可分为纠随机误码和纠突发误码两种。

13. 数字基带传输系统由信道信号形成器、传输信道、接收滤波器和取样判决器几部分组成。对基带信号的要求主要有：① 对各种代码的要求，期望将原始信息符号编制成适合于传输用的码型；② 对所选的码型的电波形的要求，期望电波形适宜于在信道中传输。

14. 为避免数字信号在传输时受信道特性的影响，使信号产生畸变，通常需要在发射端对基带信号进行调制。数字调制则是用载波信号的某些离散状态来表征所传输的信息，在接收端解调时对信号的离散调制量进行检测。数字调制也有调幅、调频和调相三种方式。在二进制时，数字信号的三种调制分别称为幅度键控（ASK）、频移键控（FSK）和相位键控(PSK)。

15. ATSC 数字电视标准是 FCC(美国联邦通信委员会)提出的全数字化 HDTV 数字电视广播标准。ATSC 标准中规定了可以采用的 18 种数字图像源格式,包括一帧图像的像素数和扫描方式。

16. DVB 数字电视系统是国际数字视频广播组织提出的一套对所有传输媒体都适用的数字电视技术与系统解决方案。这一方案涉及数字卫星电视标准系统、数字有线电视系统和数字开路广播电视系统。

17. 数字电视接收数字电视信号的过程大致为：高频接收→均衡→信道解码→解复用→信源解码(图像、声音、数据解码)→数/模转换,经放大电路后分别送显示器和扬声器中还原。

18. 数字机顶盒是一种将数字电视信号转换成模拟信号的变换设备,是模拟电视转向数字电视的桥梁,是实现交互功能的关键设备。机顶盒也是电视接入因特网的重要工具。

机顶盒的主要作用是接收数字电视信号,并对数字图像和声音信号进行解码还原产生模拟信号,供模拟电视机使用。

机顶盒按照用途可以分为数字电视机顶盒(使模拟彩电能够接收数字电视信号)、网络电视(WebTV)机顶盒(使模拟彩电能够浏览互联网)和 VOD 数字机顶盒(一种基于宽带网,可实现上网和双向视频点播功能的产品)。数字电视机顶盒又可分为有线数字电视机顶盒、卫星数字电视机顶盒和地面数字电视机顶盒,三种机顶盒的硬件结构主要区别在解调部分。

19. 机顶盒的关键技术涉及硬件和软件技术,主要有信道解调技术、信源解码技术、大规模集成芯片技术、上行数据的调制编码、机顶盒软件技术、上层应用软件等。

20. 数字机顶盒的发展趋势为小型化、双向传输、外部接口更加丰富、应用范围更为广泛等。

思考题与习题

1. 何谓数字电视？与模拟电视相比,它有哪些突出优点？

2. 数字电视有哪几种传输方式？

3. 简述数字电视系统的结构特点及其关键技术。

4. 为什么要对数字图像信号进行压缩？压缩的依据是什么？

5. 什么是有损压缩？什么是无损压缩？

6. 什么是信源编码？为什么要进行信源编码？

7. 什么是信道编码？为什么要进行信道编码？

8. 二进制数字信号有哪几种调制方式？

9. 什么是机顶盒？数字电视机机顶盒有哪几种类型？

10. 机顶盒有哪些关键技术？

11. 简述机顶盒的工作原理。

第 6 章　彩色电视机的检修技术

学习目标：

（1）掌握彩色电视机的检修技术及应注意的主要事项。

（2）掌握 CRT 彩色电视机的故障分析与检修方法。

（3）掌握液晶电视机的保养与维修方法。

能力目标：

（1）能够正确应用检修技术对 CRT 彩色电视机进行故障判断和电路维修。

（2）能够正确判断液晶电视机的故障部位。

6.1　CRT 彩色电视机基本检修技术

6.1.1　检修彩色电视机的条件

1. 技术条件

（1）熟悉彩色电视机的方框图和工作原理，明确各部分电路的供电情况、信号流程、关键测试点的波形与电压数据。

（2）掌握基本的维修方法，如电阻法、电压法、信号注入法、示波器法、替代法等。

（3）熟悉彩色电视机的调整方法。

2. 物质条件

（1）要有必要的技术资料，如彩色电视机的使用说明书、电原理图等。

（2）要有必要的维修工具和仪器，万用表是必不可少的，示波器、隔离电源等也是很重要的。

（3）要备有常用的和易损的元器件，例如集成电路、晶体管、电阻、电容、行输出变压器、高频头、熔断器等。

6.1.2　检修彩色电视机应注意的主要事项

1. 一般注意事项

（1）注意底盘带电，应加隔离变压器。特别使用仪器检测时，必须加隔离变压器。

（2）不要在开关电源的负载全部断开情况下通电运行，以防止击穿开关管；也不要在行偏转线圈或行逆程电容断开情况下通电运行，以防止击穿行输出管。

（3）不可用拉弧放电法检测显像管阳极高压，以防损坏行输出管或高压整流元件。

（4）拔取高压帽时一定要切断电源，并用表笔串接一只 20 kΩ/2 W 电阻将高压嘴对显像管地线放电后进行。

（5）不要长期靠近荧光屏正面，以减少 X 射线对人体的损害。

（6）更换显像管时要小心托住屏面，并戴上防爆眼镜。

（7）当屏幕出现一个亮点或一条亮线时，应立即将亮度关小（必要时可通过逆时针调加速极电位器来实现）或关机，以防烧坏荧光粉。

（8）测量集成电路引出脚电压时，不要使表笔将相邻脚短路，以防损坏集成块。

（9）不要盲目调整可调元件。

（10）更换元件时，一定要切断电源。要注意元件参数和性能的一致性，特别是有特殊标记的元件。

2. 更换元器件注意事项

1）元器件的拆装

电视机的故障大部分是因某些元件损坏而造成的。检修时，常常需要将某些元件焊下进行检测和更换，对于检查无损的元件应及时正确地恢复原位，特别注意集成电路和晶体管的管脚、电解电容器的正负极不能焊错。有时元件本身完好，而因拆装不慎反被损坏，要引起注意。

2）元器件的替换

更换元件时应以相同规格的良品元件替换。更换电路图上注明的重要元件时，应该用厂家所指定的替换元件。因为这些元件具有许多特殊的安全性能，而这种特殊性能在表面上往往看不出来，手册中也不注明。所以，即使使用额定电压或功率更大的其他元件代用，也不一定能得到指定元件所具有的保护性能。

由于电视机元件规格繁多，在备件不齐的情况下，便要用其他规格的元件代换。一般来说，可用性能指标优于原来的元件换上；对于电阻、电容元件，可用串联或并联暂时代用，有了相同规格元件时，再行换上。

3）集成电路的更换

集成电路（IC）损坏后，一定要用同型号的或可直接代换的集成电路更换。更换集成块时，务必确定正确的插入方向，切不可将引脚插错，也不可将引脚片过度弯折，以免损坏集成电路。

拆装集成电路时，烙铁外壳不可带电，宜用 20 W～35 W 的小型快速电烙铁，烙铁头应挫尖，以减小接触面积。焊接时动作应敏捷、迅速，以免烫坏集成电路或印制板。焊锡也不要过多，以防焊点短接电路。要从底板上取下集成块时，可用合适的注射针头，先将集成块的各脚悬空，然后用拔取器或用小起子轻轻从两端逐渐撬起来，将它取下。插入集成电路之前应将各引脚孔中的焊锡去掉，并用针捅孔，使各孔都穿通后再插入集成电路，然后逐渐焊好。

4）晶体管的更换

更换晶体管最好用相同型号的管子，或者用晶体管对换表中所列功能相同的管子。对于功率管，其耐压和功耗应符合要求。

更换高频头内部的晶体管时，必须使管脚引线与更换前保持同样长度，因为过长的引线会影响电路的高频性能。

5) 线圈、变压器的更换

因为各种电视机所用线圈、变压器的参数不尽相同，所以更换时要用与原机相同规格的线圈或变压器。但是这些元件在原机中一般都已调整过，因此换上同规格的元件后，电视机可能仍不能正常工作。故更换线圈、变压器后，需作适当的调整。

若无成品更换而需自行制作时，则应该用同样线径的导线，按同样的工艺绕制和处理，以确保参数相同，绝缘性能良好。应特别注意其引出头位置应与原来相同。

6) 彩色显像管的更换

彩色电视机通常采用自会聚彩色显像管，其偏转线圈是由厂家配套供应的，并已事先调整到最佳状态。显像管衰老或损坏时，需用同规格的显像管连同偏转线圈一起更换。如果只更换显像管，则更换后需要进行色纯与会聚的严格调整。

3. 其他

维修人员必须养成良好的安全工作习惯，如单手操作，及时复原，加隔离变压器，桌面上应垫上毛毯或橡皮垫等。工具和元件应放在工具盒内，不要乱放在工作台上，更不能放在主板的下面，以便在出现紧急情况或技术疏忽的瞬间，能有效地防止因不慎而引起的新故障。

6.1.3　彩色电视机检修步骤和故障排除顺序

1. 彩色电视机的检修步骤

对于一台有故障的彩色电视机，检修步骤大体上可分为五步。

(1) 确认故障现象。

在接到一台待修的电视机时，首先要向用户了解情况，问明故障现象，询问电视机的使用情况和故障发生前有没有其他异常现象等。其次进行外观检查，检查天线、开关、旋钮、电源插头等是否正常，看看电视机的牌号、型号、新旧程度等。然后加电观察。加电时应注意机内有无打火、冒烟、异常响声、异常气味等，一旦有异常应立即断电。若无异常，可通过必要的外部旋钮调整，根据电视机光栅、图像、颜色或伴音方面的缺陷，确认故障现象，例如无光栅、光栅异常、无图像、图像不稳、无彩色、无伴音等。

(2) 判断故障范围。

通过仔细观察故障现象，在动手查找故障之前，应认真地研究该电视机的原理图，该机的机芯类型，是热底盘还是冷底盘，各部分电路的供电情况和信号流程等，以大致判断故障范围。例如：故障现象是无光栅、无伴音，若故障机的 12 V 电源取自开关电源，可判断为电源故障；若 12 V 电源取自行输出级，可判断为电源或行扫描电路的故障；若故障现象是有光栅、无图像、无伴音，则可判断为公共通道有故障。

(3) 确定故障部位。

当判断出故障的范围后，应通过检查和分析进一步确定故障部位。例如，有光栅、无图像、无伴音故障，从大的范围来看，属于公共通道故障，但它是高频调谐器故障，还是图像中频通道故障呢？这要通过检查和分析，才能确定其具体部位(例如通过信号注入法)。再如，若已知无光栅故障是行扫描电路造成的，那么到底是行振荡部分，或是行激励部分，还是行输出级故障呢？这要通过对关键点的电压测量和波形测量来判断。可见，这里说的故障"部位"与前面讲的故障"范围"有所不同，"部位"是更小的"范围"。故障范围通过故障现象就可判断，而故障部位要通过检查才能确定。

（4）查找故障元件。

当确定了故障部位后，应进一步找出故障元件。查找故障元件的方法很多，而最常用的方法有三种。一是用万用表测量，通过测量电压、电阻来确认故障元件。测量电阻并不一定将元件拆下，有些情况下测量在路电阻也是有效的。例如，判断晶体营 PN 结的好坏，用万用表 $R×10\ \Omega$ 或 $R×100\ \Omega$ 挡，在电路上能测出 PN 结正反向电阻有区别，就可判断它是好的；若正反向阻值完全一样，则 PN 结可能损坏，再拆下测量即可准确判断。二是开路、短路或跨接元件。对于接触不良、元器件内部开路、导线断线、印制板断裂等故障，用短路法（用导线或电容短路）是很有效的。对于元器件耐压不够、元器件击穿、辅助元件是否失效等故障，则用开路法是很有效的。例如，若怀疑耦合电容开路造成信号不通，可并联一只同规格的电容试之；若怀疑声表面波滤波器失效而造成无图、无声，可在其输入端和输出端跨接一个小电容，看能否出现图像进行判断。三是替代。用替代法来判断故障元件，是行之有效的。特别是被怀疑的小电容、晶振、陶瓷滤波器、延迟线、集成电路等不易测量的元件，用替代法更有效。对于软击穿、热稳定性差的元件，用替代法判断最准确。可以替代某个元器件，也可以替代一块电路板。在检修中，对于插件式的元件和组件应多用替代法。

（5）修理和排除故障。

当查明发生故障的元器件后，就应进行修理或更换元器件，或通过调整而排除故障。更换元器件时，如果有相同型号和规格的元件，只要直接换上好的元器件即可。如果没有相同型号和规格的元器件，就要考虑用参数和规格相近的元器件进行代换。这时必须首先弄清楚已损坏元器件的主要技术参数和规格，以及它的主要功能和作用，再去找与其功能和技术参数相近的元器件进行代换试验。

应当指出，有的元器件更换后，要进行必要的调整。例如：更换行输出变压器后，需要调整聚焦电压；更换色同步电位器后，必须重调色同步；更换"中周"后，往往需要重调其谐振频率；更换显像管后，需要重新调整白平衡等。

对于不是元器件损坏而造成的故障，并不一定要更换元器件，只需要通过调整相关的元器件就能修复。例如：逃台故障可能只需调整 AFT 移相网络中的"中周"就可修复；底色偏，很可能通过调整暗平衡就能解决；出现场回扫线，可能只要把加速极电压调得低些就能消除。

2. 修理和排除故障的顺序

彩色电视机基本上由电源电路、扫描电路和显像营及其附属电路、图像通道和图像稳定电路、彩色解码器和伴音通道五部分组成。在维修过程中，根据各部分电路的自身作用及其电路间的联系，一般应按照下列顺序对故障进行修理和排除。

（1）修理和排除电源故障。

电视机电源电路正常，是机内其他电路正常工作的前提条件。因此，如果电视机的电源电路和其他电路同时发生故障，应先修理电源电路，再修理其他电路。对于 12 V 电源取自行输出级的电视机来说，如果出现无光栅、无伴音的故障，既可能是行扫描故障引起的，也可能是电源故障造成的。这时，应首先检查电源输出电压，若在接上假负载后仍不正常，则应检修电源,待电源输出电压正常后,再检修行扫描电路。

在检修电源时,首先应检查交流供电电路,其次检查整流滤波电路,然后检查稳压电路(对于开关电源,应先检查开关振荡电路,再检查稳压电路)。

(2) 修理和排除光栅故障。

光栅是电视机显示图像的前提。没有光栅,即使图像信号完全正常也不能显示出图像。所以在电源电路工作正常的情况下,第二步就应修理和排除光栅的故障。光栅正常与否,是由行扫描电路、显像管及其附属电路共同决定的。当无光栅时,首先应检查行扫描电路。因为行扫描电路正常工作,才能为显像管各极提供工作电压。其次检查显像管及其附属电路,测量显像管各极电压,用以判断是显像管故障还是附属电路的故障。若光栅出现一条水平亮线,则应检修场扫描电路。

(3) 修理和排除图像故障。

电视机光栅正常以后,才能检修图像故障。图像故障包括元图像、图像不稳、图像质量差等。它所涉及的电路较广,不仅包括高频头、预选器或遥控选台电路、图像中频通道、亮度通道、末级视放等整个图像通道,还包括 AGC、ANC、AFT、同步分离和行场同步控制等有关图像质量和图像稳定的电路。检修时应先检修图像通道,使屏幕上能出现图像。然后再检修图像稳定电路,使图像稳定。最后再检修有关图像质量方面的电路,如 AGC、AFT 等,直至获得良好的图像。

(4) 修理和排除彩色故障

彩色故障主要表现为无彩色、彩色失真、彩色爬行等。彩色解码电路中设有自动消色电路,当接收信号弱、色不同步、色副载波振荡器停振、PAL 开关错误动作时,都会引起自动消色。所以检修时应打开消色门,根据打开消色门后出现的现象,再进一步缩小故障范围。无彩色故障既与色度解码电路有关,还与公共通道有关。如果黑白图像质量良好,一般是色度解码电路故障。

(5) 修理和排除伴音故障。

伴音故障主要表现为无伴音、伴音小和伴音失真等。因为伴音信号也要通过公共通道,所以伴音电路的故障宜在图像检修完毕后进行。

伴音电路包括伴音中放、鉴频电路、音频电压放大与功率放大电路,检修时一般从后级向前级逐级检查。

6.1.4　彩色电视机的检修方法和技巧

1. 直观检查法

直观检查法是指不借助仪器仪表,仅凭检修人员的视觉、听觉、触觉和经验来找出故障的一种方法。

(1) 看:首先看电视机外部的各种开关、按键、旋钮、天线等有无损坏。然后打开机壳,看天线插孔与机内的连接线有无断线,印制板有无断裂,元件是否相碰、断脚、发霉、爆裂、烧焦的现象,看插头、插座是否松动,电阻、电容、电感、晶体管、行输出变压器等有无烧坏的痕迹。通电试机后,看机内有无打火、冒烟等现象,如果有异常,应立即切断电源进行检查。

有些损坏元件有明显的外表特征。如高压包损坏时,其周围及导线上会有黑色的灰尘，塑封有裂纹等；电解电容器损坏时，常会出现漏液、塑皮脱落、密封垫胀出壳外，甚至外壳爆裂；电阻损坏时，会变黑，有烧焦现象；显像管灯丝断时，则点不亮。

（2）听：开机后听机内有无打火声或其他异常响声，扬声器中有无杂声、哼声、交流声。

（3）闻：闻机内有无烧焦或其他异味。

（4）摸：首先在不加电的情况下，触摸有关元器件来发现有无松动、虚焊。按一下印制电路板，观察铜箔是否断裂。通电后，摸低压部分（必须加隔离电源）被怀疑的晶体管、集成电路、电阻、电容等，看是否过热。然后关机（拔下电源插头），摸被怀疑的整流管、滤波电容、开关管、行输出管、行 S 校正电容、行输出变压器、场输出管、场输出集成电路等，看有无过热现象。如果发现某个元件过热，则此元件或与此元件工作状态有关的元件、电路可能损坏。

2. 模拟试探法

模拟试探法是指对怀疑有故障的大致范围用比较、分割、模拟、替代的方法进行试探检查。这种方法贯穿于维修工作的始终。

（1）比较：用一台同型号的正常电视机与有故障机进行同部位或相同点对照测量，把测量数据进行比较来确定故障点。

（2）分割：在寻找故障点中，根据电路工作原理，通过拔掉部分电路板、接插件，或用切断印制板的方法，使被怀疑的部分电路独立出来，然后再通电进行电压测量。用这种方法可以逐步缩小故障范围。

（3）模拟：此法常用于疑难的软故障。一是采用温度模拟，即对被怀疑的元器件进行局部加热（用电烙铁，应慎重），使故障现象出现，然后用酒精棉球进行冷却，若故障现象随之消失，则故障元件得以确认。二是振动模拟，即用绝缘棒来敲击或摇动元器件，根据现象的变化来判断元器件是否正常。

（4）替代：用好的元器件或电路组件来替代被怀疑的元器件或电路组件，以此来判断元器件或电路组件是否正常。这一方法对于难以鉴别好坏的集成电路、声表面波滤波器、延迟线、小电容、晶振、高频头、行输出变压器等故障的判断，是十分有效的。

3. 万用表检测法

万用表检测法是指用万用表进行电阻、电压和电流三大测量。

1）电阻测量

电阻测量是在关机状态下进行的，该测量对于无光无声和熔丝烧断以及机内冒烟、打火、光声异常等故障的判断具有十分重要的作用。

电阻测量的主要内容有：

（1）测量电源插头两端、稳压电源直流电压各输出端对地电阻，以检查有无短路现象。

（2）测量电源开关管、行输出管、伴音功放管、场输出管、末级视放管等中、大功率管的集电极对地电阻，以检查这些晶体管或其集电极的元器件是否对地短路。

（3）测量集成电路各脚对地电阻，并与维修资料上的数据对照，以判断集成电路和外围元件是否损坏。

（4）直接测量被怀疑的元器件，以判断这些元器件是否损坏。

2）直流电压测量

用万用表测量晶体管各极、集成电路各引脚对地的直流电压并与正常值相比较来判断故障部位或元器件，可以说是最简捷、最常用的方法。

3）直流电流测量法

用直流电流测量法最常检查的是开关电源输出的直流电流和各单元电路的工作电流，尤其是输出级，如行输出级、视频输出级等工作电流。检查行输出变压器输出的各直流电压的负载是否短路，也常采用电流测量方法。

测量电流时可以直接把万用表电流挡或电流表串在电路中直接测量，也可以测量电路中电阻两端的电压降，通过计算求得电流值，这称为间接测量。

4. 测量仪器检测法

1）波形检测法

用示波器测量波形来检修电视机的方法称为波形检测法。经分析故障现象，选择信号通路上有关的测试点进行波形测量，将所测得的波形（形状、幅度、宽度、周期、相位等）与电路图上该点的波形进行比较，就可以判断该点前面的电路有无故障。此法主要用来检测视频检波之后的彩色全电视信号、亮度信号、色度和色同步信号、色差信号、基色信号、音频信号、行场同步信号、行场振荡波形、开关电源波形、遥控信号波形等。

用示波器检修彩色电视机的主要优点是直观、精确、快捷。通过检测波形和分析波形畸变的原因，就能判断出故障部位，进而找到故障元件。例如，行、场均不同步的故障，根据原理可知是同步分离或 AGC 电路的故障，通过测量同步分离电路的输入、输出波形，就能进一步判断故障所在。如测得的全电视信号波形中同步头被压缩，就说明是中放或高放的 AGC 电路有故障；若分离出来的复合同步脉冲不正常或混有图像信号，则故障出在同步分离级。又如行扫描电路造成的无光栅故障，通过测量行振荡级、行激励级和行输出级的电压波形，就可判断出到底是哪一级电路有故障。

2）频率特性检测法

频率特性检测法是利用扫频仪测试电路的频率特性曲线，来分析判断故障，并进行必要调试的检测方法。

使用扫频仪可以直观地看到被测电路的频率特性曲线，将其与正常时的频率特性曲线进行比较，就可判断电路是否有故障。使用扫频仪也便于在电路工作的情况下对频率特性进行调整，使其符合要求。扫频仪除了用来测试和调整高频头和图像中放、第二伴音中放、色度通道等电路的频率特性外，还可以测试有关电路的增益、本振频率以及信号传输中的损耗等技术数据。

5. 信号注入法

1）低频信号注入法

低频信号注入法是将低频信号注入待检修的电视机的某些电路中，通过荧光屏或扬声器中的反应来判断故障部位的方法。例如：

（1）在亮度通道故障检修中，将低频信号从后至前逐级注入亮度通道中，若电路正常则荧光屏上应有黑白相向的横带；若信号输入至某点黑白带消失，则故障在该点后面的电路中。可再用万用表检查故障电路来确定损坏的元器件。

（2）在伴音电路故障检修中，将低频信号从后至前逐级输入至鉴频以后的电路，若电路正常，则扬声器中应有低频声。采用低频信号注入法检修伴音电路，对较难检修的声音轻的故障是十分有效的。

（3）对于一条水平亮线的故障，在场输出级信号输入端注入 50 Hz 的低频信号，根据屏幕上的水平线是否展宽，就可判断场输出电路是否正常。

2）干扰信号注入法

低频信号注入法对于检修亮度通道、伴音通道以及场扫描电路是比较有效的，但对于频率很高的图像中频通道就不适用了。对图像中频通道，经常采用的是用万用表电阻挡作为干扰信号源的信号注入法。

用万用表 $R \times 10\ \Omega \sim R \times 10\ k\Omega$ 挡，红表笔接地，用黑表笔（内接 1.5 V 电池正极）触碰中频集成电路中频电视信号输入端，观察荧光屏上有无噪波干扰及扬声器中有无噪声，如果有反应，则说明中频集成电路部分是好的。可再从高频头的 IF 输出端进行干扰，以判断预中放和声表面波滤波器部分的好坏。这是因为，用表笔触碰某点时，则在该点产生一系列干扰脉冲信号，这种脉冲的谐波分量频率范围很宽，某些频率成分可以通过图像中频通道，使荧光屏和扬声器中有反应。此外，由于干扰脉冲的基波分量及低次谐波分量的频率较低，故还可以用这种方法检修亮度通道、音频通道及场输出电路。

6.2　I^2C 总线控制 CRT 彩色电视机的故障分析与检修

本节以厦华 XT—2196 型 CRT 彩色电视机为例，说明 I^2C 总线控制彩色电视机的故障分析与检修方法。

6.2.1　高频调谐器的检修

彩色电视机中电子高频调谐器的作用是接收电视台发出的各频道电视节目信号，并对这些信号进行预置和选出。遥控彩色电视机将各频道所需的调谐电压及频段控制电压以数字信号的形式存储在可改写的只读存储器中，选台时再从存储器中将对应的调谐信号与频段控制信号经过 D/A（数字/模拟）转换变成直流控制电压，加到电子高频调谐器的对应脚上，实现数字式存储、自动搜索选台等功能。

在国产彩色电视机中，常用的电子高频调谐器型号有 TDQ－1 型、TDQ－2 型和 TDQ－3 型。

1. 高频头各引出脚功能及电路工作状态

在检修工作中，需要检测高频头各引出脚的电压来判断其工作状态是否正常。

2. 电子调谐器的常见故障现象及故障检修

1）电子调谐器的常见故障现象

电子调谐器的常见故障现象有：

（1）无图像，无伴音，各个波段都收不到信号。

（2）整机灵敏度低，荧光屏上噪波点很严重。

（3）某一频段收不到电视节目。

（4）某一频段中的高端或低端收不到电视节目。

（5）开机一段时间后，彩色、图像及伴音逐步消失（逃台）。

2）电子调谐器的常见故障检修

若调谐器内确实出现故障，一般采用更换的方法解决，而不予修理。因为更换元件后的调谐器往往很难达到原来的技术标准，尤其是 UHF 频段采用谐振腔电路，元件的形状、安放的位置、引线的长短均会对频率特性产生严重的影响。但是，有时买不到同型号的高频调谐器，经仔细检查后有一定的维修可能性，操作时应持特别谨慎的态度，烙铁头应改制成尖头状，焊接要格外小心，尤其是不能改变电感线圈的形状和位置。

6.2.2　公共通道的检修

公共通道出现故障时一般表现为：无图像、无伴音、有光栅，图像弱、雪花重、噪声大，图像扭曲、AGC 失控等。上述故障涉及的部分包括从天线至视频检波输出电路以及调谐电路，因此，在分析这些故障时要仔细观察故障现象，注意找出故障的特征并缩小故障的范围。

1. 无图像、无伴音、有噪波的检修步骤

从前边的分析可以知道造成这一故障的原因很多，检修时一般采用检测调谐电路，再检查 AGC 电路、相位检波，最后检查预中放和声表面波滤波电路以及天线的好坏。

2. 雪花重、伴音噪声大的检修步骤

根据分析可以看出这种故障主要的检修对象是天线、预中放及声表面波滤波器和 AGC 电路三个方面，在检修这类故障时，应先检查天线是否正常，有条件的可用别的电视机判别信号场强是否足够，再检查 AGC 电路是否正常，最后检查预中放电路是否正常。如果都正常，则应检查电调谐高频头。

3. 图像扭曲或白光栅的检修步骤

对于图像扭曲的故障，检修时的重点有两个电路：一是 AGC 电路，二是 38 MHz 压控振荡器的振荡频率是否正常。由于 38 MHz 压控振荡器检修难度较大且故障率较低，因此，在检修时应先对 AGC 电路进行检查，再对 38 MHz 压控振荡器进行检查。

4. 公共通道常见故障检修

（1）有光栅、无图像、无伴音，可能的原因和位置：

① 高频头无信号输入：天线是否插好？

② 高频头信号输出被切断：若 C108 开路，则信号不能传输到预中放（用碰触法检查）。检查 5 V 电压是否供给高频头 BM 脚，或者 C114、C115 是否短路。

（2）频道不能切换，可能的原因和位置：CPU 的 41、42 脚是否有电压输出，测 R752、R754 后面电压是否为 0 V 或 3 V～5 V。

（3）频漂（逃台），可能的原因和位置：

① 33 V 的稳压管不能稳压。

② R101 开路，B+（110 V）电压无法供给高频头 BT 脚。

③ CPU 的 8 脚输出被切断。

6.2.3 伴音电路的检修

伴音电路的故障主要表现为无伴音有噪声和无伴音无噪声两种故障现象。检修伴音电路故障时可根据有无噪声缩小故障的范围。如果出现无伴音有噪声的故障，则只需检查伴音制式切换控制电路、带通滤波器以及伴音鉴频解调电路；如果出现无伴音无噪声的故障，则需检修整个伴音电路。

检修时可按如下步骤进行：

(1) 直接检查扬声器是否损坏，因为扬声器是伴音电路中的一个易损件。

(2) 如果扬声器正常，可用镊子触击 LA4285 的第 3 脚听扬声器上是否发出声音。

伴音电路常见故障检修方法如下：

(1) 有图像、无伴音，可能的原因和位置：

① 扬声器不响：扬声器连线或内部有断线。

② 伴音功放集成电路 IC402 的 9 脚输出开路：电解电容 C615 开路或失效。

③ 无伴音信号输入：LA76810 的 1 脚输出第二伴音信号，经过 C237、C634、R227 到达 IC402 的 3 脚，若其中有某一元件开路，或者 C233、C644 短路，则会造成伴音集成功放无输入。

④ 无供电电压：18 V 供电线路断或者 C630、C631 短路，引起伴音集成功放 LA76810 的 10 脚无 18 V 供电。

(2) 图像正常，伴音大小不能调整：检查 CPU 是否正常。

6.2.4 末级视放电路和显像管附属电路的检修

末级视放电路与彩色显像密切相连，末级视放电路能否正常工作，直接关系到显像管能否正确显示图像。末级视放电路损坏，可能出现的故障现象有：图像偏色；关机有亮点；呈现出单色光栅。底色偏色故障检修流程如图 6-1 所示。

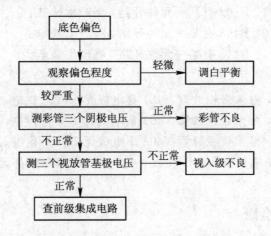

图 6-1 底色偏色故障检修流程图

1. 单色光栅的检修方法

对于单色光栅的故障，既有可能无回扫线，也有可能伴随出现回扫线，检修时首先应确定是红、绿、蓝中的什么色光栅，再对该色的末级视放电路进行检修。对于单色光栅的故障，一般应从三个方面进行检查：一是 LA76810 某一基色信号输出脚电压升高导致视放管集电极电压变低；二是末级视放电路的偏置电路损坏导致视放管集电极电压变低；三是显像管阴极与灯丝或栅极碰极造成阴极电压降低。

2. 缺基色光栅检修方法

缺基色光栅这一故障产生有三方面的原因：一是显像管某电子枪有故障；二是由于末级视放电路故障造成或某电子枪的阴极电位升高；三是某末级视放电路的激励信号丢失或 LA76810 无某基色信号激励电压输出。

3. 缺基色光栅检修方法

缺基色光栅这一故障产生有三方面的原因：一是显像管某电子枪有故障；二是由于末级视放电路故障造成或某电子枪的阴极电位升高；三是某末级视放电路的激励信号丢失或 LA7688 无某基色信号激励电压输出。

4. 显像管附属电路的检修

显像管附属电路出现故障时一般表现为无光栅、光栅过亮有回扫线、散焦等。显像管附属电路主要由中高压供电电源和阴极供电、加速极、聚焦极供电电路组成。若高压、加速极电压丢失，一般会造成无光故障；聚焦极电压异常，表现为散焦现象。上述故障一般均需对行输出变压器进行检查。阴极电压是由末级视放电路决定的，阴极电压不对故障在末级视放电路。

5. 末级视放电路常见故障检修

1）缺某一三基色

LA76810 的 19、20、21 脚送出 R、G、B 三基色信号分别经过 R203、R204、R205 到达末级视放的 R401、R410、R414，经末级视放管，再经 R402、R408、R412 最终进入显像管的阴极 KR、KG、KB。

（1）若 R203、R401、R402 有某一元件开路，将产生缺红。

（2）若 R204、R410、R408 有某一元件开路，将产生缺绿。

（3）若 R205、R414、R412 有某一元件开路，将产生缺蓝。

2）显示某一单色

（1）若 R407 开路，红末级视放管 V401 集电极无 190 V 供电，显像管屏幕出现全红。

（2）若 R409 开路，绿末级视放管 V403 集电极无 190 V 供电，显像管屏幕出现全绿。

（3）若 R413 开路，蓝末级视放管 V405 集电极无 190 V 供电，显像管屏幕出现全蓝。

（4）若 L402 开路，末级视放管 V401、V403、V405 集电极都无 190 V 供电，显像管屏幕出现白屏。

6.2.5　扫描电路的检修

1. 行扫描电路故障分析

行扫描电路的故障现象主要有："三无"(无图像、无伴音、无彩色)、行场不同步、一条竖直亮线、有声无光等。在检修时应根据不同的现象，确定检修的范围和对象，进行有针对性的检修。

行扫描电路损坏造成"三无"故障，一般有两种原因：一是行输出电路有交直流短路故障，使电源负载过重，行输出管集电极电源电压 B＋下降到 0～30 V；二是行振荡停振、行激励损坏、行输出有开路性故障，这一结果会使电源因负载减轻而升高。

判别行输出电路是否存在短路故障，可采用测量行管集电极或 B＋对地电阻的方法，正常时行管集电极对地电阻一般为 15 kW 左右，反接表笔后阻值为 4 kW 左右。若测量结果明显小于正常值，则说明行输出级和行输出管集电极电源电路有直流短路或过流故障。引起行过流的原因无非是行输出电路中某元件击穿短路或严重漏电，因此应重点检查行管、行逆程电容、行输出变压器及偏转线圈等元件。

若测得行输出管集电极电源电压 B＋为 110 V 或大于 110 V，这时可以通过测量灯丝电压是否为交流 3 V～6 V，或者测量判别行扫描电路是否工作。

行扫描电路是否工作可检查信号处理器的 LA76810D 的 27 脚有无行脉冲输出。若无行脉冲输出，则说明故障在信号处理器；若有行脉冲输出，则应检查行推动级及行输出级是否工作。

2. 场扫描电路故障分析

场扫描电路易产生两种故障现象：一种是水平亮线现象；另一种是场幅不足或场幅变大现象。

（1）水平亮线故障检修。水平亮线故障多为场扫描电路不工作或损坏引起。

（2）场幅不足或变大。出现这种故障时，可先进入维修模式，适当调一下场幅，看能否排除故障。若未能排除故障，则检查 LA7840 的 2 脚外围电容及场输出电路与枕校电路之间的反馈网络。实践证明，场幅故障往往伴随着场线性不良的现象。

3. 行扫描电路常见故障检修

1）出现"三无"故障

（1）从供电考虑，B＋（110 V）电压经过 R402 供给行激励管 V401 的集电极是否有？B＋（110 V）电压经过 R403 供给行输出管 V432 的集电极是否有？若没有，则会出现"三无"故障。

（2）从信号考虑，若 R267 被断开，则 LA76810 的 27 脚输出行脉冲信号不能经 R267 到达行激励管 V401，因此，V401 无信号输入，会出现"三无"故障。

（3）用示波器或万用表测行输出管 V432 基极，看是否有电压（约 0.1 V～0.2 V），若没有，则会出现"三无"故障。

2）一条竖直亮线

若行偏转线圈有断线，或 C402 失效、断开，将出现一条竖直亮线。

4. 场扫描电路常见故障检修

1）一条水平亮线

（1）检查场输出电路供电 25 V 和 12 V 是否存在。VD412 和 VD451 开路，引起无 25 V 供电；R453 断开，引起无 12 V 供电。

（2）若 R451 开路，那么 LA76810 的 23 脚送出场锯齿波电流被切断。

（3）场偏转线圈连线或内部有断线。

2）图像颠倒

出现图像颠倒故障可能是场偏转线圈接反了。

6.2.6 彩色解码电路的检修

1. 色度通道的故障检修

色度通道故障表现出的现象为无彩色、彩色偏淡或偏浓、单基色光栅和缺基色等。

1）无彩色故障的检修

无彩色的故障是指彩色电视机在接收彩色电视节目时，色饱和度调至最大，屏幕上只有稳定的黑白图像而没有彩色的现象。引起无彩色故障的主要原因一是 LA76810 与色度有关的引脚外接元件故障，二是 LA76810 内部与色度有关的电路出现故障。检修时应重点检查 LA76810 的 38 脚的 4.43 MHz 振荡波形、39 脚外接的 APC 滤波元件。彩色图像偏淡或偏浓的检修方法与无彩色故障相同。

2）单色光栅的检修

所谓单色光栅，是指屏幕上出现了红、绿、蓝三基色之一的光栅。出现故障的原因有以下几个方面：一是 LA76810 损坏，使得某一色差信号输出端的直流电压变高，使对应的末级视放管的集电极电压变低，而出现某一基色的单色光栅；二是显像管某阴极与灯丝碰极；三是末级视放管损坏，或白平衡严重偏离正常状态，使只有一路的基色信号有较大的输出。

3）缺基色的故障检修

缺色是由于显像管某电子枪截止或某枪激励不足而引起的，主要原因有三个方面：一是显像管某电子枪有故障，二是某电子枪的偏置电压不正确，三是某电子枪激励信号丢失。

2. 亮度通道

亮度通道出现故障时一般表现为无光、光暗、亮度失控、对比度失控等现象。

如果出现的故障是图像正常、亮度调节失效、无回扫线，则说明故障出在亮度通道，应检修亮度控制电路，这一故障检修的关键是 LA76810 相关引脚上的电压。

6.2.7 开关电源的检修

在彩色电视机中，电源电路是整机正常工作的能源供给中心，是整个维修工作过程中关键性的一步。开关电源是彩色电视机中故障率最高的电路，损坏后常见的现象有："三无"、小光栅、电源烧毁等。上述故障现象的共同点是均会造成电源输出电压的变化。

1. 开关电源的检修注意事项

（1）注意人身、仪器及彩色电视机的安全。

为了避免事故的发生，检修时必须采取隔离措施，在电视机电源进线端外接隔离变压器，隔离变压器的初次级间应有良好的绝缘，匝数比例为 1∶1，目的在于将整机与电网火线隔断。

（2）避免扩大故障。

为了避免彩色电视机内部的短路故障、烧坏机内保险丝或危及其他元件，可在交流电源的输入端串接一个开关，在开关两端并接一个 220 V、100 W～200 W 的白炽灯泡。

（3）特别注意负载的异常变化。

在检修"三无"故障时，又常常需要暂时断开负载，以判断故障是在负载的行输出级还是在开关电源部分。这时，必须在开关电源的输出端接上一个假负载，才能开机。

2. 开关电源的检修要点及一般检修程序

1）检修要点

（1）输入端的"交—直变换"及检修要点。

检修过程中的第一步，就是通过检测开关管集电极上有无 250 V～340 V 的直流电压，来判断交流供电、整流或滤波电路工作是否正常。

（2）间歇振荡部分的"交—直变换"及检修要点。

可通过检测开关管基极有无矩形脉冲电压来判断整个间歇振荡电路工作是否正常。

（3）输出端的"交—直变换"及检修要点。

用万用表检测滤波电容两端的电压，即可判断有无输出及输出是否正常。

（4）稳压调节及检修要点。

用万用表检测输出端的电压，然后微微调节稳压电路中的可调电阻，看输出端的电压能否变化，能否重新稳住，从而判断整个稳压环路中是否出现故障。

2）一般检修程序

开关电源"三无"故障的一般检修程序如图 6 - 2 所示。

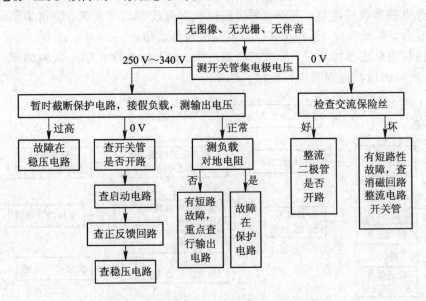

图 6 - 2　开关电源"三无"故障一般检修程序

3. 开关电源常见故障检修

1）"三无"故障的可能原因和位置

（1）检查电源插头、电源线是否正常。

（2）一开机，保险丝断：抗干扰滤波元件 R509、C501、T501，消磁电阻 RT501，整流二极管，滤波电容 C506，开关管 V504 短路都有可能引起"三无"故障。

（3）保险丝没断：滤波电容 C506 开路，测不到 300 V 电压；开关变压器次级主电压无输出 110 V；开关管 V504 开路或者 R515 开路。

（4）启动电阻 R503 开路，300 V 电压不能供给开关管 V504 工作。

2）图像 S 形扭曲的可能原因和位置

（1）滤波电容 C506 失效，引起 300 V 电压降低，纹波系数过大。

（2）整流二极管有一对开路，变成半波整流，引起纹波系数过大。

6.2.8　遥控电路的检修

1. 遥控电路检修的注意事项

由于遥控电路是以微处理器为核心，对数字编码信号进行处理来完成各种功能操作的，所以它的工作方式、电路结构与我们熟悉的模拟电路截然不同。因此，在检修遥控电路时应注意以下事项：

（1）掌握遥控电路的工作原理。

（2）注意遥控电路的特点，正确使用测量方法。

（3）分清故障的部位。

① 分清故障的部位在微处理器还是在外围电路。

② 分清故障的部位是在控制电路还是在受控电路。

（4）按一定程序进行检修。

当遥控电路出现故障时，主要表现为遥控和面板按键功能丢失、字符显示异常、自动搜索不能存台、不能收台、遥控失灵、模拟量失控等故障。

在对遥控电路进行检修时，应根据故障现象，按一定程序来缩小故障的部位。通常可按图 6-3 所示的检修流程图进行检修。

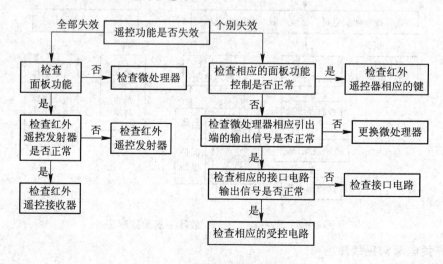

图 6-3　红外遥控器的检修流程图

2. 遥控电路各部分的检修方法

1) 红外遥控发射器的检修

(1) 检查红外遥控发射器的电池是否有足够的电压、电流输出，可用代换法检查。

(2) 将红外遥控发射器接近收音机，按下某一按键时，收音机应发出"嘟嘟"的脉冲调制叫声，证明遥控振荡编码电路完好。

(3) 检查红外发光二极管两端电压是否正常：当按下某一按键时，应有 2.5 V 左右电压。

(4) 检查红外发光二极管是否脱焊或损坏：可将红外遥控发射器尾部对准电视机面板进行控制，如果有控制作用，而用正常发射端却不能遥控，则说明发光二极管脱焊或损坏。

(5) 检查驱动三极管的基极与集电极是否有信号：按下某一按键时，电压应有变化；还可用示波器观察有无信号输出。

(6) 检查红外遥控器各按键的导电橡胶表面与印制板表面是否因不清洁或镀金层脱落而造成接触不良，可进行清洁处理或更换导电橡胶片或印制板。

2) 检修红外遥控接收器和面板按键

遥控和面板按键功能丢失的故障主要表现有：一是不能遥控开机；二是开机后为白光栅、暗白光栅或光栅，所有功能丧失；三是开机后有噪波或有图像，但某些或全部遥控和面板按键功能丢失；四是面板键控正常，遥控功能丢失。下面介绍其检修方法。

(1) 不能遥控开机。遥控彩色电视机不能开机的原因除了电源、行扫描电路之外，还应包括遥控电路。在检修时区分故障部位的关键测试点是：110 V 电源输出电压、ST6383B4 的脚电压。

(2) 白光栅、无字符、面板和遥控功能丧失。这一故障区别于亮度通道故障的关键是屏幕上无字符出现、面板和遥控功能丧失。因此，在遇到白光栅故障时应仔细观察故障现象以准确判别故障的部位。造成这一故障的原因与上一故障相似，如果电视机是在开机状态下遥控电路出现 CPU 电源丢失、时钟振荡电路故障或 CPU 芯片损坏，则会造成此故障。另外需要注意的是，当场频反馈脉冲中断时也会造成这类故障。

(3) 某些或所有键功能丢失，但屏幕上能出现字符。这一故障产生的原因有两个：一是面板键控电路某个按键短路锁死；二是 CPU 损坏。

3) 字符显示电路的检修

字符显示电路出现故障时，一般表现为无字符、字符缺色、字符变形或字符显示位置变化几种现象。下边分别介绍各故障检修方法。

(1) 无字符显示的检修。屏幕无字符产生有两方面的原因：一是字符振荡电路停振或异常；二是行、场字符定位脉冲中断；三是字符消隐信号中断。

(2) 字符缺色的检修。本机字符分为红、绿、蓝单色字符和青色组合字符显示。LC863324 的 22、23、24 脚分别输出红、绿、蓝色字符，如果出现缺某种颜色字符，屏幕上该颜色的字符将变为黑色字符，而这种颜色字符与另一种颜色字符的组合色字符将变成单色字符。这类故障检修时较为直观，缺什么颜色的字符只需检查该颜色字符的输出电路即可。

(3) 字符变形或字符显示位置变化的检修。字符变形的故障一般是由于字符振荡器振荡频率不正确所造成的,因此,在检修这类故障时主要是对字符振荡器进行检查。

4) 自动调谐选台电路的检修

自动调谐选台电路包括频段切换、调谐电压形成、AFT 电压形成输入和电台识别信号电压输入四个电路。在检修这一故障时区分故障部位有两种方法。一是在自动搜索选台出现图像时观察搜索选台是否减速来区分故障部位。如果不能减速,则说明是电台识别信号的故障;如果能减速,则说明是 AFT 电压形成输入电路的故障。二是通过在有图像时测量 LC863324 的 14 脚电压来判别故障范围。若 14 脚为 2.5 V 左右的电压,则说明故障在 AFT 电压形成输入电路;若 14 脚为 0 V 左右的电压,则说明故障在电台识别信号输入电路。

3. 微控制器的检修特点与方法

如果遥控和本机键控均失效或控制失常(可通过测试应有的输出或显示功能进行验证),则可判断为微控制器的故障。对微控制器的检修,首先要检查微控制器的工作条件是否正常,若所有工作条件均正常,则更换微控制器芯片。

1) 微控制器基本工作条件的检查

(1) 检查供电电压。微控制器集成电路的供电电压一般是 +5 V。测量微控制器供电脚 +5 V 电压是否正常,若为 0 V 或很低,可将该脚与供电电路断开。断开后如果供电端电压恢复正常,则可判定微控制器集成电路损坏;如果断开后供电端电压仍不正常,则故障在供电电路。

(2) 检查时钟振荡。时钟振荡器为微控制器提供时钟信号,进行工作节拍控制和充当计数脉冲。时钟振荡如果不正常,则微控制器不能正常进行控制。

对时钟振荡的检查最有效的办法是用示波器测量振荡脚振荡信号波形的幅度和周期,如果无振荡信号或振荡不正常,可更换晶振及电容,如果还不正常,则说明集成电路损坏。

(3) 检查复位电路。复位电路如果不正常,微控制器就不能正常工作,会出现不能控制或控制失常的故障。复位过程是一个短暂的过程,在接通电源后瞬间完成。有的微控制器采用低电位复位,复位完成后复位端为高电平 5 V;有的微控制器则采用高电位复位,复位完成后复位端为低电平 0 V。

用万用表测量微控制器复位端的电压实际是复位完成后的电压,它如果不正常,则会出现一切控制失效的故障。如果测量的复位端电压正常,但没有复位过程,则会出现功能紊乱、控制失常的故障。这时可以用模拟复位过程的方法进行判断,方法是:对于低电平复位的微控制器,可以将复位脚与地瞬间短路;对于高电位复位的微控制器,可以将复位脚与 +5 V 电源瞬间短接。模拟复位过程后,若微控制器控制正常,则复位电路有故障;否则就不是复位电路的问题。

2) 微控制器集成电路的测试和更换

(1) 电压测试。测试微控制器集成电路引出脚的电压,主要测供电脚、复位脚、表现为高电平或低电平的控制信号输出脚、电压随调节而变化的脉宽调制信号输出脚等。测试这些引出脚的电压,对判断故障是非常有意义的。而测试键盘矩阵接口、数据传递接口和脉冲信号输出接口的电压是没有意义的。

在测量微控制器引出脚电压时,万用表表笔引线不得接近高压部位(如行输出变压器附近及荧光屏屏面),以防感应电压损坏被测集成电路。

用万用表测微控制器工作电压时，有时会出现功能紊乱现象，这时可重新开机一次，经过清零复位后，使功能恢复正常。

（2）电阻测试。测量微控制器引脚对地电阻时，要用 $R \times 1$ kΩ 挡，而不要使用 $R \times 10$ kΩ 挡，因该挡表内电压大于 10 V，易损坏集成电路。

（3）波形测试。用示波器可观测微控制器时钟脉冲和字符振荡信号波形；在转换频道或进行模拟量调节时，可测到微控制器与存储器数据线上的数据传递信号波形以及字符发生器输出的屏显脉冲信号波形；按面板上的操作键时，可观测到本机键控矩阵接口处的键盘扫描脉冲信号；按遥控器上的功能键时，在微控制器遥控信号输入脚可测到遥控编码指令信号；用示波器还可观测到输入到微控制器的行同步信号及行、场逆程脉冲等。

（4）微控制器集成电路的更换。微控制器一般采用 CMOS 集成电路，其输入电阻很高，应防止静电造成击穿。更换时的注意问题与更换 MOS 场效应管相同。

6.2.9　数字化 I²C 总线控制彩电检修方法

新型数码彩电大都使用 I²C 总线控制技术。总线本是指计算机用来传输信息的公共通道，后随电子技术的不断发展，它被逐步用于家电领域。

1. I²C 总线彩电与普通遥控彩电的区别

I²C 总线彩电与普通遥控彩电的区别有两点：一是控制方式不一样，普通遥控彩电采用独立端子控制方式，每一控制量必须对应一个控制端子，而 I²C 总线只有两根控制线，在 CPU 上只占两个引出端子，这样不管电视机功能如何增多，被控电路如何增加，CPU 的引出端子始终不变；二是控制信号不一样，普通遥控彩电的控制量属模拟信号，各被控电路可以直接使用，无需接口电路进行转换，而 I²C 总线系统中的控制信号属数字信号，各被控电路不能直接使用，必须由接口电路进行"翻译"和转换，方能使用。

2. I²C 总线彩电工作模式

I²C 总线彩电所用的 CPU 具有编程能力，芯片内含有 ROM 和 8 位数据编码器（这一点不同于普通 CPU）。在正常工作状态下，CPU 不会运行调整软件，只有在维修模式下，CPU 才会运行调整软件进行数据编码，它也只在维修模式下起作用。

1）I²C 总线彩电的维修模式

I²C 总线彩电都有两个工作模式，一个是正常收视模式，另一个是维修模式（有的厂家将其称为工厂模式、工场模式或白场模式等），电视机的调整必须在维修模式下进行。

不同的彩电，其进入维修模式的方法不一定相同，大多数国产彩电使用密码进入法，只要键入相应的密码，就可进入维修模式。还有的彩电需先改装遥控器，再键入密码才能进入维修模式。极少数彩电使用工厂专用遥控器进入维修模式。

2）I²C 总线彩电调整步骤

普通彩电的调整方法比较简单，每一调整项目都对应一个可调电阻，调整时，只需用改锥缓缓旋转可调电阻，直到画面、声音最佳即可；但 I²C 总线彩电的调整就没有这么简单了，其内部没有直接用于调整的元件（硬件），整个调整工作皆由软件来完成。

另外，在调整的过程中要注意两点：一是调整前，要记下原始数据，以便调整失败后能够复原；二是不到万不得已，不要改变模式数据，以防丢失功能或出现意想不到的后果。

3. I²C 总线彩电的检修

1）I²C 总线彩电的特殊故障现象

（1）总线保护。总线保护是 I²C 总线彩电的一种特殊现象。当 CPU 检测到系统有严重问题时（如总线短路、输出端口与电源开路等），CPU 便会执行总线保护程序，系统进入保护状态，此时彩电可能会出现一些特殊的故障现象，例如不能开机、白净光栅、按键失灵、黑屏现象、电源继电器"嗒嗒"响等。当碰到这些现象时，可按普通故障进行处理，若未能找到故障点，就应转换思路，查一查是否总线系统不正常而引起总线保护。转换思路后，有时很容易找到故障所在。

当挂在 I²C 总线上的任何一个被控器损坏时，系统都有可能进入总线保护状态，引起有违常规的故障现象，这一点应引起维修人员的高度注意。

（2）软件错误。软件错误所引起的故障现象是 I²C 总线彩电的又一特殊现象。在普通遥控彩电中，一台彩电所能实现的功能只与这台彩电所采用的电路有关，例如电路中设有 TV/AV 输入功能。但在 I²C 总线彩电中，彩电所能实现的功能不仅与电路（硬件）有关，还与 I²C 总线系统中的设置数据（软件）有关，即硬件电路的存在必须与软件数据的设置相对应；否则，即使设有双路 AV 输入电路，也不一定具有双路 AV 输入功能，也就是说，当软件设置不正确时，电路就难以实现相应的功能。维修人员常会碰到这样的情况，有时电视机出现了故障，查遍所有电路也找不到故障，但检查软件后，立即发现了问题。

2）总线器件上的特殊引脚

许多 I²C 总线彩电的 CPU 及被控器上设有特殊功能引脚，这些引脚的电压对 I²C 总线的控制功能有较大的影响，只有当这些引脚的电压正常时，I²C 总线系统才能正常工作。

3）如何判断总线系统是否正常

检修 I²C 总线彩电时，可通过测量总线电压及波形来判断总线控制系统是否正常。

（1）CPU 的总线输出端与被控器的总线输入端都为高电平（3 V～5 V，根据机型而异），且二者数值一样或非常接近。

（2）在操作键盘或遥控器时，总线电压明显抖动。

也可用示波器进行测量，如果在 SDA 及 SCL 线上能看到一片一片的脉冲波，峰峰值约为 5 V，且操作键盘或遥控器时 SDA 线上的脉冲增多，则说明总线系统基本正常。

4）总线系统不正常如何检修

（1）检修时，若发现 CPU 的总线输出端与被控器的总线输入端电压相差很大，则说明总线有开路现象，应检查总线上的串接电阻。

（2）若检修时，发现总线电压低于正常值，则应检查总线供电电源及上拉电阻。因总线输出电路属开路形式，当供电电源丢失或上拉电阻断路时，总线输出端会得不到供电，而使总线电压下降。

（3）若检修时，发现总线电压为高电平，操作遥控器及本机键盘时，电压又不抖动，且总线上也无波形存在，则说明故障很可能发生在 CPU 或存储器上，应重点检查 CPU 的工作条件及存储器的外围元件，若未发现问题，可试着更换 CPU 或存储器。

（4）若总线电压及波形正常，只是个别功能丢失，或图像不能达到最佳状态，则应检查软件设置，一般通过重新调整后，即可排除故障。

值得注意的是，在操作本机键盘或遥控器时，不可能所有的按键都能引起 I²C 总线电压抖动或波形变化，一些键的控制过程不需要 I²C 总线来完成，I²C 总线的电压和波形自然也就不会变化。

最后，特别说明三点：

① 检修 I²C 总线彩电时，首先要熟悉机器进入维修模式的方式和软件调整清单；

② 当图像质量不能达标时，不妨先调后修；

③ 碰到彩电某功能丢失或故障时，不妨从 I²C 总线系统入手，查一查软件设置。

5）CPU 及存储器的更换

I²C 总线彩电所用的 CPU 不同于普通遥控彩电所用的 CPU，其芯片内 ROM 中写有控制软件，有些厂家还专门以软件号来对 CPU 进行命名。当 CPU 损坏后，必须选用厂家提供的原型号 CPU 进行更换。另外，同一硬件型号的 CPU 一般会在不同厂家所生产的电视机上应用，尽管它们在图纸上所标的型号一样，但它们彼此之间一般不能相互替换。

在 I²C 总线彩电的存储器中存有控制信息和用户信息，当存储器损坏后，整机就不能正常工作，因此必须对存储器进行更换。现在市售的存储器都是空白的，里面未存控制信息，即使换上了新存储器，整机也不一定能正常工作，还必须对新换上的存储器进行初始化。这个过程又称拷贝，只有通过拷贝后的存储器才存有控制信息，才能确保整机正常工作。

自动拷贝方式是指更换存储器后，只要重新开机，CPU 就会对存储器中的数据进行检查，若发现存储器是空的，CPU 就执行拷贝程序，将内部 ROM 中的控制信息自动写入新存储器中，并使整机处于正常工作状态。半自动拷贝方式是指更换存储器后，只需将彩电置于维修模式，再执行约定的操作，便可将 CPU 内部 ROM 中的控制信息写入新存储器中。

6.3　液晶电视机的保养与维修

6.3.1　LCD-TV 的保养

液晶电视机是家电中的新宠，只有受到很好的保养，才能长期正常工作。

（1）正确清除 LCD-TV 屏幕表面的污垢。液晶屏是液晶电视的核心部分，如果发现液晶屏表面有污垢，应当使用正确的方法将污垢清除。液晶表面的污迹大体分为两种，一种是日积月累所留下的空气灰尘，一种是使用者在不经意中留下的指纹和油污。想要除去液晶屏的污垢，最好使用柔软的材料，比如脱脂棉、镜头纸或柔软的布等，然后用少许玻璃清洁剂轻轻地将其擦去（擦拭时力度要轻，否则屏幕会因此而短路损坏），禁止使用酒精一类的化学溶液，不要用硬质毛巾擦洗屏幕表面，因为这类物质容易产生划痕。要特别注意的是，不要将清洁剂直接喷到屏幕表面，它很容易流到屏幕里导致 LCD 屏幕内部出现短路故障，造成不必要的损失。清洁屏幕还要定时定量，频繁擦洗也是不好的，那样同样会对液晶屏造成一些不良的影响。

（2）杜绝一些不良习惯。当不观看电视节目时，应关闭 LCD 屏幕电源（不要仅限于遥控器的关闭状态）以防止灰尘的堆积；不要用指尖（经常用手对屏幕指指点点）或尖物在

LCD 表面上滑动，以免划伤表面。

（3）保持使用环境的干燥，远离一些化学药品。不要把液晶电视实验装置放在潮湿的地方，如果湿气已经进入了液晶电视，就必须将其放到比较温暖的地方，以便让其中的水分挥发掉。现在的液晶屏，都在屏幕上涂有特殊的涂层，使屏幕具有更好的显示效果。平常大家使用的发胶、酒精等喷洒到屏幕上，会溶解这层特殊的涂层，对液晶分子乃至整个屏幕造成损伤，导致整个实验装置寿命的缩短。因此，尽量避免与水分和化学药品的接触。

（4）环境温度。液晶电视机长时间存储时的温度范围为 0～40 ℃，不要暴露在阳光下，不要将显示屏放置在高温和高湿环境下，也不要将液晶屏贮存在低温环境下。

6.3.2　LCD-TV 常见故障维修

1. 液晶电视机维修注意事项

（1）移动液晶屏之前应拔掉电源线及液晶屏与面板的连接线。

（2）即使被调整的亮度不符合白平衡的规格，也不要改变主板的原来设置。

（3）长时间的使用其辐射在常温时比低温时要大。

（4）在长时间显示同一画面后关机，原来的图像信息可能还保持在上面。

（5）避免手机对实验的影响，以免损坏实验台。

（6）当把液晶屏外壳拆开后，即使电源已关闭了很长时间，其背景照明组件中的 CCFL 换流器仍可能带有大约 1000 V 的高压，这种高压能够导致严重的人身伤害。因此，在维修液晶屏时应极其小心。

（7）指针式万用表的 $R\times10$ kΩ 电阻挡具有 9 V～15 V 直流电压，这是一个高阻挡，可以查测出影响显示的各种通、断情况。但是，由于万用表输出的是直流电压，故最好检测时间不要过长，以免发生电化学反应。

2. 液晶电视机故障检修的一般方法

液晶电视机的故障现象种类繁多，但在修理时，只要诊断方法正确得当、思路正确，是不难排除故障的。与 CRT 彩电的检修相似，液晶彩电的检修也常采用感观法、经验法、万用表测试法、信号波形测试法、代换法、拆除法、人工干预法等，下面仅介绍模块代换法。

代换法是液晶电视机维修中十分重要的维修方法。根据代换元器件的不同，代换法又分为模块代换法和元器件代换法两种。所谓模块代换法，是指采用功能、规格相同或类似的电路板进行整体代换。因为液晶彩电主要由电源板（电源模块）、高压板（高压模块）、驱动板（驱动模块）、液晶屏（面板模块）等组成，若怀疑哪一部分有问题，直接用正常的替换件进行代换即可，这种维修方法就是常说的"板级"维修。模块代换法的好处是维修迅速，排除故障彻底。需要说明的是，对内含程序和数据的 CPU、存储器等元件进行更换时，不但要注意硬件一致，还须注意软件一致。

3. 液晶电视机典型故障分析与排除

下面以创维 32 寸液晶电视机为例，说明液晶电视机的典型故障分析与排除方法。

1）稳压电源故障分析与排除

（1）故障现象：插上电源，屏幕呈"三无"状态，待机指示灯不亮。

故障分析：屏幕呈"三无"状态，主要是无供电原因造成的。

故障排除：首先检查供电电源是否有＋5 V，然后再检查是否有＋12 V。

（2）故障现象：插上电源，屏幕白屏，待机指示灯红色亮。

故障分析：根据现象可以分析出屏幕白屏主要是无屏电压，这时就要检查屏电压供给电路。

故障排除：先检查＋12 V 是否正常，如果正常再检查 Q102、Q105、U101 及外围电路是否正常。

（3）故障现象：插上电源，待机指示灯绿色亮，键及遥控都无反应。

故障分析：根据现象可以分析出键及遥控都无反应主要是 MST9E19B 控制没有输出或电路有断路，检查 MST9E19B 是否正常工作，检查其外围电路的电压，如 3.3 V、1.26 V。如果电压都正常，则检查 MST9E19B 芯片的输出线路是否有断路。

故障排除：检查电压是否正常，再检查控制输出脚外围电路是否断路。

2）有图像无音频信号故障分析与排除

（1）故障现象：TV 状态下有图像无音频输出。

故障分析：TV 状态下无音频信号的主要原因有三种。① 一体化高频头无伴音输出；② 音频处理芯片不工作；③ 音频传输线路有故障。

故障排除：① 首先把制式设置为 AV 状态，输入 AV 信号检查是否有音频信号输出，如果有音频信号输出，那么可以判断故障主要出现在高频头到音频处理芯片之间的电路上。② AV 信号输入后，如果还是没有音频信号输出，那么故障分析里的三种原因可能都有，这时可根据线路检查音频处理单元。

（2）故障现象：AV 状态下，无音频信号输出。

故障分析：AV 状态下无音频信号的主要原因有三种。① MST9E19B 的 AV 音频输入脚无音频信号输入；② MST9E19B 音频处理部分不工作；③ 音频输出线路有问题。

故障排除：① 首先把制式设置为 TV 状态，这时看是否有音频输出。如果有音频输出说明音频处理芯片一般不会有问题，这时用万用表测量 TP8、TP9 与对应的 AV 插口连接是否正常。② 如果在 TV 制式下也没有音频输出，则用万用表测量检查 TP18、TP19 音频输出是否正常。如果连接正常，此时要检查音频功放单元电路。

（3）故障现象：TV 状态下显示蓝屏。

故障分析：TV 状态下蓝屏说明无视频信号。其主要原因有：① 高频头无工作电压；② 一体化高频头无视频输出。

故障排除：首先检查高频头的 3、13 脚的电压是否为＋5 V，如果有电压，再检查高频头的 12 脚是否有视频信号输出。

（4）故障现象：开机声音正常，屏幕出现白屏现象。

故障分析：开机声音正常，屏幕出现白屏故障，90％都是由于排线接触不良引起的，这主要是由于排线插在槽内，在长时间高温的工作环境下而导致接触不良。

故障排除：拔出排线，重新插好排线。

（5）故障现象：开机有声音，图像太暗。

故障分析：液晶屏本身是不发光的，是由灯管照射而发光的，所以首先检查亮度调节是否妥当，如果亮度调节到最大都没有反应，则说明逆变器背光驱动无工作。这时要检查逆变器的工作控制电压是否正常。

　　故障排除：检查电源的＋12 V 电压和提供背光驱动的芯片工作电压＋5 V。

本 章 小 结

　　1. 电视机故障的检修步骤是：① 确认故障现象；② 判断故障范围；③ 确定故障部位；④ 查找故障元件；⑤ 修理和排除故障。

　　2. 根据电视机各部分电路的作用及其电路间的联系，一般是按照电源、光栅、图像、彩色、伴音的顺序来修理和排除故障。

　　3. 彩色电视机采用的检修方法有：① 直观检查法；② 模拟试探法；③ 万用表检测法；④ 测量仪器检测法；⑤ 信号注入法。

　　4. 液晶屏（LCD）和 CRT 显像管在结构、性能参数、电路组成、工作原理方面都有较大的差别，因此学习液晶电视机维修技术相当于学习一门新的技术。

　　5. 液晶电视机典型故障现象有：无显示、黑屏、白屏、亮线等。维修时不能碰触高压板的高压电路；更换元器件时必须使用同类型、同规格产品；更换元器件、焊接电路时，都必须在断电的情况下进行。

思考题与习题

　　1. 检修彩色电视机的基本条件是什么？

　　2. 检修彩色电视机的主要注意事项是什么？

　　3. 检修彩色电视机的基本步骤和故障排除顺序是什么？

　　4. 试述检修彩色电视机的基本方法和技巧。

　　5. 说明万用表在检修彩色电视机中的作用。检修彩色电视机的常用仪器有哪些？各有什么作用？

　　6. 怎样检修彩电开机烧熔断器的故障？

　　7. 怎样检修无光栅、无伴音但不烧熔断器的故障？

　　8. 开关稳压电源输出直流电压偏低应怎样检修？

　　9. 若彩色电视机的行扫描电路出现故障，能造成无光栅、无伴音吗？若能造成应怎样检修？

　　10. 怎样检修一条水平亮线的故障？

　　11. 怎样检修光栅出现回扫线的故障？

　　12. 怎样检修有图像、无彩色的故障？

　　13. 彩色解码电路出现故障会造成无光栅吗？为什么？

　　14. 怎样检修缺少某一基色的故障？

　　15. 遥控系统故障检修的特点与方法是什么？

　　16. 微控制器输出的控制信号有哪几种？怎样判断微控制器是否损坏？

　　17. 怎样检修液晶电视机的 CCFL 背光板电路？

　　18. 怎样检修液晶电视机的 LED 背光板电路？

第 7 章　彩色电视机检修与组装实训

学习目标：

（1）掌握电视机实训设备、仪器和工具的使用方法。

（2）掌握电视机各单元电路的测试和维修方法。

能力目标：

（1）能够正确应用电子仪器对 CRT 彩色电视机进行故障检测和电路维修。

（2）能够正确判断液晶电视机的故障部位，并进行维修。

彩色电视机是技术相当成熟的无线电整机。通过实训可进一步理解教材内容，了解电视信号，熟悉彩色电视机的电路，掌握电路的分析方法；通过实训可以掌握彩色电视机的调试技术、检修技术、故障分析方法和故障排除方法。

7.1　多功能电视实训设备的使用

1. 实训目的

（1）学会彩色电视机的正确使用。

（2）熟悉多功能电视实验台的正确使用方法。

（3）熟悉电视机的内部结构，了解电视机主要部件的名称、形状及作用。

（4）了解常用电视测试信号。

2. 实训器材

彩色电视机 1 台/室；多功能电视实验台 1 台/组；万用表 1 块；常用电子工具 1 套/组。

3. 实训内容及步骤

1）彩色电机接收机的整机及内部结构观察与认识

（1）介绍多功能电视实验台各模块结构，认识电视机整机的组成。

（2）熟悉多功能电视实验台的正确使用方法。

（3）拆开一台电视机，认识内部主要部件及有关注意事项。

2）电视机的正确使用

（1）接通电视机电源线，开机。

（2）按照电视机使用说明书，进行自动搜索电视节目的操作。

（3）练习频道转换、音量、亮度、对比度、色饱和度等调节。

（4）使电视机接收到电视信号发生器发送的标准彩条信号，并储存到节目号 1 中，观察屏幕上的彩条图案。

（5）使电视机接收到电视信号发生器发送的黑白交错的棋盘格信号，观察图像是否出现几何失真。

（6）如一切正常则关机，并拔掉电源线。

3）常用电视测试信号的观察

（1）使用 RF 信号输入电视机。

（2）使用 AV 信号输入电视机。

（3）切换电视信号发生器的各信号键，观察相应图像。

4. 实训报告要求

（1）你是通过怎样的操作，使电视机接收到标准彩条图案并储存到节目号 1 中的？

（2）谈谈观察到电视机内部结构后的体会。

5. 多功能电视实验台简介

1）实验台主要组件配置

（1）彩色、黑白电视信号发生器（可方便地直接选择测试信号）。

（2）安全隔离调压变压器（内置式）。

（3）彩色、黑白 14 英寸显像管。

（4）便携式 500 型万用表。

（5）内置式 5.1 声道扬声器。

（6）电压电流指示表。

（7）空气开关，带短路和漏电保护。

（8）隔离电源输出插座。

（9）有线电视信号输出结构。

（10）立体声耳机插座及耳机。

2）主要技术参数

工作电源：AC220$\times$（1$\pm$10％）V, 50 Hz。

环境温度：-5℃$\sim$40℃。

相对湿度：$\leqslant$85％（25℃）。

整机功耗：$<$200 W。

外形尺寸：1600 mm$\times$850 mm$\times$960 mm。

3）实训机种配置

本实训采用彩色三洋（A12 机芯）单片电视机（I^2C 总线控制）。

4）实验单元板配置

（1）遥控键和红外发射实验线路板。

（2）彩电高频调谐中放伴音实验线路板。

（3）彩电解码、亮度、视频放大实验线路板。

（4）I^2C 彩电单片主控及音视频处理实验板。

（5）I^2C 彩电总线控制遥控板。

（6）I^2C 彩电微处理电路实验板。

（7）I^2C 行场扫描实验板。

（8）I^2C 彩电开关电源实验线路板。

7.2　常用电视实训仪器的正确使用

1. 实训目的

（1）学会双踪示波器的正确使用方法。

（2）学会频率计的正确使用方法。

（3）学会扫频仪的正确使用方法。

2. 实训器材

电视机实训设备 1 台/组；双踪示波器 1 台/组；频率计 1 台/组；BT－3C 扫频仪 1 台/组；MF47 万用表（可用内阻 20 kΩ 以上的其他型号万用表）1 块/组。

3. 实训内容及步骤

1）双踪示波器的正确使用

（1）学会双踪示波器的正确使用方法。

（2）测量全电视信号。用 AV 线输入彩条信号，将示波器探头置于×10 位置，接通电视机电源线，开机，测 LA76810 的 42 脚全电视信号波形并将其绘制出来，记录幅度、周期。

（3）测量三基色波形、幅度、周期。红基色测 LA76810 的 19 脚，绿基色测 LA76810 的 20 脚，蓝基色测 LA76810 的 21 脚。

2）频率计的正确使用

用频率计测行频和场频。

3）扫频仪的正确使用

略。

7.3　高频调谐器实训

1. 实训目的

（1）学会高频调谐器有关直流参数及幅频特性曲线的测试方法。

（2）进一步熟悉扫频仪的使用方法。

（3）通过对高频调谐器各端子电压的测试，进一步理解频段选择和频道搜索的工作原理，掌握分析高频调谐器故障的方法。

2. 实训器材

电视机实验设备 1 台/组；BT－3C 扫频仪 1 台/组；双踪示波器 1 台/组；MF47 万用表（可用内阻 20 kΩ 以上的其他型号万用表）1 块/组。

3. 实训内容及步骤

1）静态电阻的测试（此项可选）

用 MF47 万用表测量高频调谐器各引脚的对地正、反向电阻（规定黑表笔接地时为正向电阻，红表笔接地时为反向电阻）。

2）直流电压和波形的测试

（1）接收一个频道的电视节目，测量高频头各端子对地的直流电压。

（2）使电视机工作在自动搜索状态，用示波器观测微处理器（LC863320）第 8 脚（TUNE）的脉宽调制信号波形，同时用万用表观测高频头 BT/TU 端的直流电压变化情况，找出二者的变化规律及其与接收频道的对应关系。

（3）分别使电视机工作在 U_L、U_H、U 频段，测量 CPU 频段选择脚 41、42 对地的直流电压及高频头 BL、BH、BU 端对地的直流电压。

3）高频调谐器幅频特性曲线的测试

（1）将扫频仪输出信号加至高频头天线输入端，扫频仪的检波输入探头接高频头 IF 输出端，探头"地"与高频头"地"相连。

（2）使电视机工作于 U_L 频段。现以测量 2 频道为例，由于 2 频道的频率范围为 56.5 MHz～64.5 MHz，因此调节扫频仪的中心频率度盘，当调到 50 MHz～70 MHz 范围时，屏幕上就会显示高频调谐器的幅频特性曲线，增益应在 20 dB 以上。绘出所测特性曲线。

（3）用上述方法观测高频头 U_H 和 U 频段的幅频特性曲线。

（4）在电视机某频段内进行手动调谐，观测曲线在横轴上的变化，由此可确定该频段的接收频率范围。

4．实训报告要求

（1）整理并记录所测电阻、电压的数值，填入自己设计的表格中。

（2）绘出实测的高频头幅频特性曲线。

（3）在自动搜索过程中，如果 CPU 第 8 脚的输出波形或直流电压在变化，而高频头的调谐电压却不变化，试判断是哪部分电路有问题。

（4）在自动搜索过程中，高频头调谐电压的变化与频段电压的改变是怎样的对应关系？

7.4　图像中频通道实训

1．实训目的

（1）通过对预中放管各极、集成电路有关引脚电压的测试，获取图像中频通道电路正常工作时的电压数据。

（2）验证 AGC、AFT 电路的特性，进一步理解电路的工作原理。

（3）学会对中放幅频特性曲线的测试方法。

2．实训器材

多功能电视实训设备 1 套/组；BT-3 扫频仪 1 台/组；MF-47 万用表 1 块/组；常用电子操作工具 1 套/组。

3．实训内容及步骤

（1）对照厦华 XT—2196 型彩色电视机原理图及多功能电视实验设备说明，熟悉图像中频通道部分实际电路结构及元器件位置。

（2）在路电阻测试：测量预中放管 V702 各极、集成电路有关引脚的在路正、反向电阻

（AGC：3、4 脚；IF 输入：5、6 脚；AFT：10 脚；视频输出：46 脚；PLL：47、48、49、50 脚）。

（3）直流电压的检测：测量预中放管 V702 各极、集成电路 LA76810 有关引脚（同上）的静/动态直流电压值。

（4）AGC 电压测试。

① 使彩色电视机接收到彩色电视信号发生器发出的射频电视信号。

② 用万用表测量并记录集成电路 LA76810 中频 AGC 滤波端及高频头 AGC 输入端的电压值。

③ 关闭信号发生器，重复步骤②。

（5）AFT 电压测试。

① 使彩色电视机接收到彩色电视信号发生器发出的射频电视信号。

② 用万用表测量并记录集成电路 LA76810AFT 输出端电压值。

③ 使电视机处于自动搜索状态，观察屏幕出现节目时 AFT 电压的变化情况。

（6）中频通道幅频特性曲线的测试。

① 将扫频仪的扫频信号输出端经输出探头连接电视机高频头 IF 输出端，该接地线连接高频头的地。

② 将扫频仪的开路线输入探头连接电视机视频信号输出端，即集成电路 LA76810（46 脚），探头接地线就近找接地点连接。

③ 使电视机工作于 PAL-D 制，仔细调节扫频仪的响应旋钮，使荧光屏上显示出中频通道幅频特性曲线。

4. 实训报告要求

（1）将所测各点的在路电阻（黑笔、红笔测两组数据，并记下所用万用表型号、量程）和动、静态电压值填入自己设计的表格中。

（2）绘出测得的中频通道幅频特性曲线，粘贴在实训报告中，并与理论中频幅频特性曲线相比较。

（3）指出在所测各点中，哪些点动、静态电压值差别较大，简述其原因。

（4）判断多功能电视实训设备 LA76810 的 RF AGC 电压是正向的还是负向的。

7.5　伴音通道实训

1. 实训目的

（1）进一步熟悉伴音通道的信号流程和各功能电路的工作原理。

（2）学会伴音通道幅频特性曲线的检测方法。

2. 实训器材

多功能电视实验设备 1 台/组；BT-3 扫频仪 1 台/组；万用表 1 块/组；常用电子操作工具 1 套/组。

3. 实训内容与步骤

（1）对照厦华 XT—2196 型彩色电视机原理图及多功能电视实训设备说明，熟悉伴音通道实际电路结构及元器件位置。

（2）用万用表测试伴音通道有关集成电路各引脚（伴音中频：52、54 脚；音频锁相环：53 脚；外部音频输入：51 脚；FM 滤波：9 脚；去加重：2 脚；音频输出：1 脚；伴音功放：AN5265 各脚）的对地正、反向电阻和直流电压。

（3）用万用表测量 AN4285 5 脚直流电压，将电视机音量由最小调到最大时，观测该脚电压的变化范围。

（4）使电视机处于空频道，选用万用表 $R \times 10$ 挡（数字表 200 Ω 挡），将红表笔接地，在伴音信号通路中鉴频前、后各选择几个点（LA76810 的 1、2、52、54 脚，AN5265 的 2 脚），用黑表笔在这些点上轻轻触碰（注入信号），倾听扬声器中是否发出噪声，并记录触碰哪些点时噪声较大。

（5）将扫频仪输出信号加至 LA76810（54 脚）的信号输入端，扫频仪的 Y 轴输入由开路电缆接至 LA76810（1 脚），测试伴音鉴频的幅频特性曲线。

4. 实训报告要求

（1）整理所测量的各种数据，填入自己设计的表格中。

（2）绘出不同制式下实测得到的 S 形鉴频特性曲线。

7.6　解码电路实训

1. 实训目的

（1）进一步加深对彩色解码电路工作原理的理解。

（2）进一步熟悉示波器、彩色电视信号发生器等仪器设备的使用方法。

（3）掌握解码电路测试与故障分析的方法。

2. 实训器材

多功能电视实验设备 1 台/组；双踪示波器 1 台/组；MF47 型万用表 1 块/组；常用电子操作工具 1 套/组。

3. 实训内容与步骤

（1）对照厦华 XT—2196 型彩色电视机原理图及多功能电视实训设备说明，熟悉彩色解码实际电路结构及元器件位置。

（2）用万用表测试 LA76810 解码有关引脚（三基色 RGB 部分：18、19、20、21 脚；行延时电路：31、32、33 脚；VCO 外围电路 36、37、38、39、41、42、43、44、45、46 脚）的对地正、反向电阻和直流电压，记录测量数据，填入自拟表格中。

（3）解码电路有关波形的测试。打开实验台的电视信号发生器，选择彩条信号视频输出，用视频连接线接入解码模块的 AV 输入（控制模块选择 AV 输入）。用示波器分别测量 LA76810 相关引脚（38、42、44、46 脚）的电压波形，记录各波形，并标出其周期及幅度。

（4）改用接收某一电视节目（来自天线），然后重复步骤（3）对 LA76810 相关引脚进行测量与记录。

4. 实训报告要求

（1）整理所测量的各种数据，填入自己设计的表格中。

（2）将所测电压值与电视机原理图中给出的数值进行比较，看哪些引脚数值差别较大，分析其原因。

（3）画出本次实训内容步骤（3）、（4）所测各点电压波形，说明在接收标准彩条信号时和接收电视节目时波形为什么不同。

7.7　显像管电路实训

1. 实训目的

（1）熟悉显像管及附件的基本结构。

（2）学会显像管电路的测试方法，进一步理解显像管电路的工作原理。

（3）掌握白平衡的调整方法。

2. 实训器材

多功能电视实验设备 1 台/组；双踪示波器 1 台/组；MF47 型万用表 1 块/组；常用电子操作工具 1 套/组。

3. 实训内容与步骤

（1）对照创维 4Y01 型彩色电视机原理图及多功能电视实训设备说明，熟悉视放末级与显像管电路结构及元器件位置。

（2）找到并熟悉显像管上偏转线圈、色纯磁环、静会聚磁环、消磁线圈及显像管接地线。

（3）在显像管管座上找到与原理图对应的电极，注意聚焦极、高压阳极的位置及连接方式。

（4）电压测量：有条件可以测量相关引脚，如灯丝电压、末级视放管供电电压、阴极电压、加速极电压。

（5）波形测量：接收彩条信号，测末级视放管基极和集电极电压波形。

（6）白平衡调整（I^2C 总线需进入总线调整）。

4. 实训报告要求

（1）画出显像管管座各引脚，并标出所对应的电极。

（2）将所测电压数值填入自己设计的表格中。

（3）绘出所测出的电压波形，指出波形名称，标出其幅值、周期。

（4）在进行白平衡调整时，当荧光屏出现一条水平线时为什么要将其调暗？

7.8　扫描电路实训

1. 实训目的

（1）进一步加深对扫描电路工作原理的理解。

（2）熟悉扫描电路的基本结构及主要部件。

（3）学会扫描电路的测试方法。

2. 实训器材

多功能电视实验设备 1 台/组；双踪示波器 1 台/组；MF47 型万用表 1 块/组；常用电

子操作工具 1 套/组。

3. 实训内容与步骤

1) 测直流电压

(1) 对照厦华 XT—2196 型彩色电视机原理图及多功能电视实验设备说明,熟悉扫描实际电路结构及元器件位置。

(2) 用万用表测试 LA76810 与行扫描有关引脚(22、23、24、25、26、27、28、29、30 脚)的对地直流电压,记录测量数据,填入自拟表格中。

(3) 用万用表测试 LA76840 与场扫描有关引脚(1、2 、3、4、5、6、7 脚)的对地直流电压,记录测量数据,填入自拟表格中。

(4) 测行激励管及行输出管的各脚直流电压。

2) 波形的观测

(1) 测 LA76810 引脚(23、27、28、30 脚)的波形。

(2) 测行激励管的基极和集电极波形。

(3) 测行输出管的基极波形。

(4) 观测场输出电路,包括场输出脉冲锯齿波(即 LA76810 2、5 脚的波形)、场激励脉冲 K1 及场逆程脉冲 K3。

3) 用频率计测量

(1) 测行输出 LA76810 的 30 脚频率。

(2) 测行触发脉冲 LA76810 的 27 脚频率和行输出极的 K1。

(3) 测场激励脉冲 K1 和 LA76810 的 23 脚频率。

7.9　开关电源电路实训

1. 实训目的

(1) 进一步加深对开关电源电路工作原理的理解。

(2) 熟悉开关电源电路的基本结构及主要部件。

(3) 学会开关电源电路的测试方法。

2. 实验器材

多功能电视实训设备 1 台/组;双踪示波器 1 台/组;MF47 型万用表 1 块/组;常用电子操作工具 1 套/组。

3. 实训内容与步骤

1) 电压参数的测量

(1) 用万用表的交流电压挡测交流输入电压。

(2) 用万用表的直流电压挡测整流、滤波后的输出电压。

(3) 用万用表的直流电压挡测 STR5412 的 1~5 脚的直流电压,表格自拟。

(4) 测量三极管 V800、V801 各脚的直流电压。

2）波形观测

(1) 观测 300 V 的纹波。

(2) 观测 STR5412 的 2 脚波形。

(3) 观测输出电压 STR54124 脚的纹波。

(4) 观测逆程脉冲的波形。

7.10　电视机常见故障的观测实训

1. 实训目的

通过对电视机几种常见故障的观测，分析引起故障的原因，进一步理解电视机整机的工作原理。

2. 实训器材

多功能电视实验设备 1 套/组（三洋 A12 机芯部分）；示波器 1 台/组；MF - 47 万用表 1 块/组；常用电子操作工具 1 套/组。

3. 实训内容与步骤

1）高频头的故障

(1) K1：BT 电压正常与否。故障现象：搜索无节目，噪波点密。测试特征：U_T（调谐电压）。

(2) K2：频段缺失，检查相应频段电压（U_L、U_H、U）。

2）中频通道的故障

(1) 预中放 K 断。故障现象：搜索无节目，噪波点疏。测试方法：用注入信号法。

(2) 中放供电开关 K3 断。故障现象：白光栅。

3）彩色解码电路的故障

(1) 三基色 R、G、B 供电开关 K2 断。故障现象：无光栅。

(2) 晶振开关 K5 断。故障现象：黑白信号（无彩色）。

4）行扫描电路的故障

(1) 行供电开关 K1 断。故障现象："三无"。检查电压值正常和异常情况。

(2) 行触发脉冲开关 K1 断。故障现象："三无"。检查 LA76810 的 27 脚 K1 电压。

5）场扫描电路的故障

(1) 场输出供电开关 K2 断。故障现象：一条水平亮线。检查电压值正常和异常情况。

(2) 场激励输入开关 K1 断。故障现象：一条水平亮线。检查电压值正常和异常情况。

6）控制电路的故障

(1) 遥控输入开关 K3 断。故障现象：不能遥控。

(2) 键盘输入开关 K10 断。故障现象：本机键控失效。

(3) 屏幕菜单 K6、K7、K8、K9、K12（场同步）和 K13（行同步）分别通断时观察屏幕的现象。

7.11 "三无"故障的检修实训

1. 实训目的

(1) 熟悉 I^2C 总线控制彩色电视机出现"三无"故障的原因。

(2) 掌握对"三无"现象的分析和检修方法。

(3) 进一步理解电源电路、行扫描电路和控制电路的工作原理。

2. 实训器材

多功能电视实验设备 1 套/组(三洋 A12 机芯部分);示波器 1 台/组;MF-47 万用表 1 块/组;常用电子操作工具 1 套/组。

3. 故障分析方法

对 I^2C 总线控制彩色电视机造成无图像、无伴音、无光栅故障的原因涉及 220 V 整流滤波电路、开关电源电路、行扫描电路以及 CPU 的相关电路。检修时应首先判断故障的发生部位。

4. 实训内容及步骤

(1) 对照厦华 XT—2196 型彩色电视机原理图及多功能电视实验设备中 I^2C 总线控制彩色电视机部分的说明,加之前面对电源电路、行扫描电路和控制电路的实验观测和了解,可以进一步对电视机的常见故障进行排除实验。

(2) 本实验主要进行预设"三无"故障排除,可依照图 7-1 所示的故障分析图来锁定故

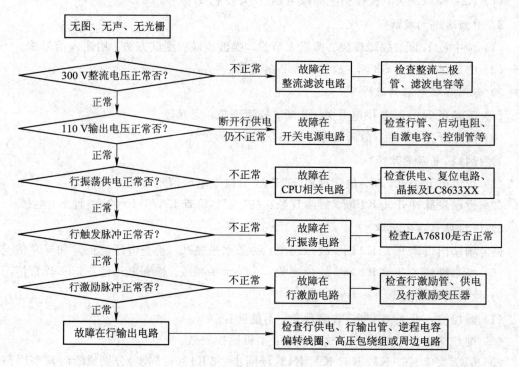

图 7-1　"三无"故障分析流程图

障发生部位，然后通过示波器对相关电路的波形观测及万用表对相关器件的电压、电阻测量来准确定位故障点所在。

（3）本电视实验设备故障采用跳线的通断来模拟，所以操作比较方便。与"三无"故障相关的跳线位置共 6 处，它们分别是：

① 开关电源 2 处：待机控制 K2 及同步控制 K1。

② LA76810 板 1 处：行振荡电源供电 K1。

③ 行扫描板 1 处：行激励输入 K1。

④ 控制电路板 2 处：复位电路 K11 及晶振电路 K9。

要求每个学生检查出两个预设故障点并能正常开机使用。

5. 实训报告要求

（1）确定故障点所在的关键测试点有哪些？

（2）按表 7-1 所示写出检修报告。

表 7-1　检修报告表

机　型		编　号	
故障现象			
分析判断			
检修方法及测量数据			
排除方法			
安全操作 注意事项			
检修所用时间			

7.12　液晶电视机的调制与拆卸实训

1. 实训目的

训练液晶电视机的调整与拆卸方法。

2. 实训器材

液晶电视机 1 台，拆卸工具一套。

3. 实训内容与步骤

1）液晶电视机使用调整

通常按 MENU 键以显示或退出 OSD 菜单，按节目（CH）键以选择功能项目，按音量（VOL）键来完成调整。液晶电视机通常有下列使用调整：

（1）频道调整：彩色制式选择、声音制式选择、自动搜索、手动搜索、频道微调、频道互换以及频道跳跃等。

（2）图像调整：亮度调整、对比度调整、色饱和度调整、色调调整、黑色级调整、清晰度调整和蓝背景开启/关闭选择等。

（3）伴音调整：音量调整、低音调整和高音调整等。

（4）色温调整：选择冷色温、色温或用户模式。

2）液晶电视机维修调整

欲进行维修调整，应先进入工厂模式。LCD-TV 机型不同，进入工厂模式的方法不同。例如，对于 TCL-LCD27B03 液晶电视机，依次按数字键１００９９６，可进入工厂模式，再按一下 MENU 键就会出现 OSD 菜单。

维修调整内容通常有：白平衡调制、背光调制、色温调整、ADC 校准、行场位置调整及伴音调整等。

3）液晶电视机的拆装

打开液晶电视机的后盖，观察内部结构，寻找重要器件。

注意：内部显示器高压是由电源升压产生的，操作时不要接触到高压，否则可能被严重电击。

7.13　液晶电视外部音视频输入操作实训

1. AV 音视频信号输入操作

（1）插上液晶电视的电源，开机后，按 TV/AV 键，弹出视频选择菜单，按节目加减键让黄色条停留在"视频或视频 2"位置，然后按音量加减键确认。

（2）将左右喇叭线分别插在音频输出的 LEFT、RIGHT 端子上。

（3）用 AV 线从 AV1-V 或 AV2-V 端输入视频信号，从 AV1-L 或 AV2-L、AV1-R 或 AV2-R 端输入音频信号。

2. S 端子音视频信号输入操作

（1）在关掉电源的情况下，用 S 端子线将液晶模块的 S 端子输入接口 S-Video 与外界 S 端子的输出接口对接，从外界输入 S 端子视频信号，音频信号从 AV1-L、AV1-R 端输入。

（2）打开电源，按 TV/AV 键，弹出视频选择菜单，按节目键让黄色条停留在"S-Video"位置，然后按音量键确认。

3. YPbPr 音视频信号输入操作

（1）在关掉电源的情况下，用 AV 线分别将外部的 Y、Pb、Pr 信号与液晶功能模块上的 Y、Pb、Pr 输入端子对接，从外界输入分量视频信号，音频信号从液晶功能模块的AV1-L、AV1-R 端输入。

（2）打开电源，按 TV/AV 键，弹出视频选择菜单，按节目加减键让黄色条停留在"分量"位置，然后按音量加减键确认。

4. PC 的音视频输入操作

（1）在电脑自带的显示器界面下，按鼠标右键，然后单击属性，在弹出的对话框里单击"设置"菜单，在"设置"菜单的界面下单击"高级"，弹出另一个对话框，单击"监视器"标题，将屏幕刷新频率改为"60 赫兹"，单击"确定"，然后关闭电脑。分辨率不能超过 1280×1024。

（2）用电脑视频连接线将电脑主机的显示器接口与液晶功能模块的 VGA 接口对接。

（3）打开电源，按 TV/AV 键，弹出视频选择菜单，按节目加减键让黄色条停留在"电脑"位置，然后按音量加减键确认。

（4）拔掉 AV 音频信号输入线，将计算机的音频输出与液晶模块的计算机音频输入接口对接。

（5）先关电视电源，再关主机。

5. TV 信号的输入操作

（1）打开电源，按 TV/AV 键，弹出视频选择菜单，按节目加减键让黄色条停留在"电视"位置，然后按音量加减键确认。

（2）在高频头的输入接口接上天线。

（3）按菜单键，出现菜单一览表，然后按音频加减键，找到"频道"一栏，再按节目加减键让黄色条停留在自动搜台位置，按音量加减键确认，等待搜台成功。

注：对 HDMI 接口不作实训要求。

7.14　液晶电视机的典型故障与检修实训

1. 实训目的

掌握液晶电视机的常见故障现象及板级维修方法。

2. 实训器材

液晶电视机、示波器、万用表、拆卸工具。

3. 实训内容

（1）电源板的故障现象及代换检修。

（2）高压板的故障现象及代换检修。

（3）按键板的故障现象及代换检修。

（4）驱动板的故障现象及代换检修。

（5）灯管的故障现象及代换检修。

（6）软件不匹配的故障现象及检修。

4. 实训报告要求

根据本次所做的实训，写出液晶电视机典型故障与检修实训的体会。

7.15　液晶电视机组装实训

1. 实训目的

学习液晶电视机的组装方法，了解液晶屏与驱动板在硬件和软件上的匹配要求，并掌握常见的驱动板的驱动程序的选择和写入方法。

2. 实训器材

液晶屏及三合一液晶电视相关配件、编程器、拆卸工具。

3. 操作要点

为一块液晶屏选择相匹配的配件和软件，组装成一台 TV、AV、VGA 三合一的液晶电视。

4. 实训内容

（1）液晶屏相关接口的观察与确认。

（2）屏线的选择。

（3）驱动板的选择。

（4）高压板的选择。

（5）驱动程序的选择与写入。

用液晶屏组装液晶电视机或者计算机液晶显示器的过程可简称为点屏配板。所谓点屏，即点亮液晶屏；所谓配板，即根据液晶屏来配备驱动板（主板）。因为不同型号的液晶屏的接口差别较大，需要根据液晶屏型号来选择驱动板。下面简要介绍点屏配板的方法与技巧。

5. 液晶屏的相关接口的观察与确认

液晶屏常见的接口有 TTL 接口和 LVDS 接口两种，TTL 接口主要用于 15 in(1 in＝2.54 cm)以下的液晶屏，LVDS 接口则涵盖了 14 in 以上 80％的液晶屏。两种接口的驱动方式、屏线形状都不一样，且不兼容。判断液晶屏是哪种接口，主要是通过查阅此型号液晶屏的技术手册。有经验的维修人员也可以通过接口形状或液晶屏的型号直接判断。

LVDS 接口引脚数在 30 个以下，常见的有 20 脚和 30 脚，单路 LVDS 采用 20 脚，双路 LVDS 采用 30 脚，其液晶屏与驱动板上的两种接口如图 7 - 2 所示。

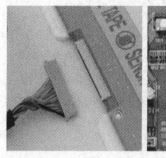 

(a)LVDS接口　　　　　　　　(b)驱动板上的两种接口

图 7 - 2　液晶屏的 LVDS 接口和驱动板上的两种接口图

TTL 接口的液晶屏以拆旧笔记本电脑液晶屏来组装的居多，这种接口引脚一般在 41 个以上，大多数要通过专用的转接板与驱动板相连。

6. 配件的选择

1）液晶屏

液晶屏是核心部件，可选购一块便宜的、旧的笔记本电脑液晶屏，以节约成本。

2）驱动板

驱动板的作用是把外部主机送来的信号进行处理和控制，然后送给液晶屏，在液晶屏上显示出图像。目前，市场上常见的驱动板主要有乐华、鼎科、凯旋等品牌。驱动板上面比较重要的集成电路是主控芯片，一般以主控芯片的型号来表示驱动板的型号，常见的有

GM2221 - TV 板、RTD2033V - TV 板、PT361 - TV 板、RTD2523 板等。驱动板配上不同的程序，就可以点亮不同的液晶屏。若组装计算机液晶显示器，就需要液晶显示器驱动板；若组装液晶电视，就需要电视驱动板。图 7 - 3 所示是一种 VGA、TV、AV 三合一驱动板，该驱动板可输入 VGA、TV、AV 这三种信号，带遥控。若把液晶显示器改成具有电视和AV 输入功能的液晶彩电，可采用这种驱动板。

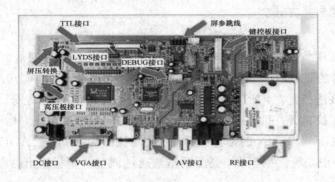

图 7 - 3　鼎科 2221 V3.3B 三合一驱动板

选用驱动板时要注意与液晶屏的型号和接口类型相符，另外还要注意程序的匹配性。

需要注意的是，在通用驱动板上一般都设有 3.3 V、5 V 电压跳线，以便灵活选择液晶屏的供电，不要弄错。

3）屏线

屏线是用来连接驱动板和液晶屏的，屏线的种类很多，按接口分有 TTL、LVDS、RS-DS、TMDS、TCON 等。屏线接口必须和液晶屏配合。图 7 - 4 为几种屏线示例。

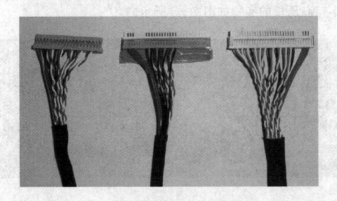

图 7 - 4　屏线示例

另外，在选用屏线时要注意，屏线一般不要过长，特别是 TTL 类的，如果太长，会造成信号衰减过大。

4）按键板

按键板一般是根据所选择的机壳和驱动板来搭配。按键板一般有 4~7 个键，以 5 个键居多。功能按键的多少与烧录的程序有关，与驱动板按键接口的引脚数无关。5 个键的按键板功能包括 MENU（菜单）、DOWN（减小）、UP（增加）、POWER（电源）和 AUTO（自动）键，6 个键的按键板增加了 ENTER（进入）键，维修时可以灵活应用。例如，某液晶显示器是 6 个键的，使用只有 5 个功能键被程序定义的按键板，可将 ENTER 键空置不用；又如，某液晶显示器是 4 个键的，使用有 5 个功能键被程序定义的按键板，可以不接 AUTO 键的针，这样并不影响实际使用。

另外要注意的是，通用驱动板的按键板都采用对地短接的方式，而很多品牌液晶显示器的按键板采用的是电阻分压的方式，代换时，要把原机按键板的相关电阻去掉，通过跨接线改成电阻对地短接方式。

5）高压板

高压板又称高压条、逆变器、Inverter，其作用是把电源提供的低电压（12 V）转换为 CCFL 背光源所需的驱动高压。通常液晶屏的灯管有 1 个、2 个、4 个、6 个甚至 8 个，这就需要高压板也应该适当配对，所以高压板有单灯、双灯、4 灯、6 灯之分。

在高压板输入接口旁，凡是标注有 VCC 或 VDD 的是电源电压，标注有 GND 的是地端，标注有 ON、OFF、BLON 的是背光开启、关断控制端，标注有 ADJ、BRIGHTNESS、DIM 或 VBR 的一般是亮度调整端，亮度调整端通过调整高压板输出的电流改变背光灯的发光强度。

市场上销售的通用驱动板的高压接口多为 12 V 双针、GND 双针、BLON 和 ADJ，大多数 ADJ 功能是虚设的，即此脚电压是固定的，不随亮度调节而变化，亮度控制完全是通过软件在主控芯片内部完成的，实际上相当于只有 3 条线与高压板相连。这种接法虽然简单，但可能会存在有的高压板与之不兼容的问题。常见问题是：开机后液晶屏只亮一下就熄灭，或者亮度无法调高等。前者的解决方法是，把原高压板亮度控制端直接接地，后者则需要通过一只适当的电阻连到＋5 V 电压端和原高压板亮度调节端。所谓适当，是因为其阻值随高压板参数变化要灵活调节，而不是一成不变，此电阻的阻值一般为 2.2 kΩ 左右。

常见的 4 灯小口高压板的实物如图 7-5 所示。

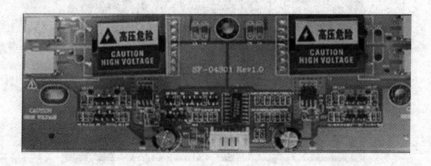

图 7-5　4 灯小口高压板

6）电源适配器

电源适配器实际上是一个开关电源，其功能是把交流 220 V 电转换成液晶驱动板所需要的 12 V 直流电压。选择电源适配器时，要注意看清楚上面标的输入电压、输出电压和输出电流的数值。输入电压一般应为 AC 100 V～240 V，输出电压和电流值一般为 12 V/ 3 A 或 12 V/4 A。

7. 点屏前的检查

在点屏前，应对配件就以下几个方面进行核查。

（1）确认液晶屏是正常的，查到液晶屏型号，并做好记录，检查液晶屏的接口是 TTL 还是 LVDS，最好查阅液晶屏的资料，并了解接口的引脚功能。

（2）检查屏线是否和液晶屏一致，与驱动板、液晶屏的连接是否正确、可靠。

（3）检查高压板是否和液晶屏的灯管数量一致，检查高压板输出口和灯管插头连接是否正确、可靠，检查高压板输入口与驱动板连接是否正确、可靠。

（4）弄清驱动板接口的功能，与按键板、屏线、VGA 线、电源适配器、高压板连接时不能接错，特别是电源的正端和地线绝对不能接反。

（6）根据驱动板的情况，检查电源适配器的输出电压和输出电流是否符合要求。

（7）检查 VGA 线的类型是否符合驱动板的要求。

（8）检查按键板和按键板连线是否正确，确认按键个数是否正确，确认按键结构是否和机壳的配套结构一致。

以上检查如有问题，应及时纠正；如无问题，可进行下一步操作。

8. 烧写驱动板的程序

一般以驱动板上主芯片的型号来代表驱动板的型号，如 RTD2023，通用驱动板写入配套的驱动程序后，驱动板才能够驱动液晶屏工作。驱动板的程序写入有以下三种途径。

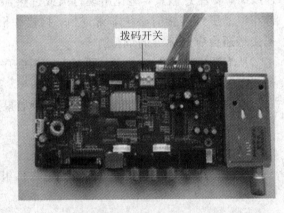

图 7-6　利用拨码开关选择驱动程序的驱动板

（1）由厂家或者经销商写入程序，常见的是驱动板上带有跳线或拨码开关，用于选择不同的驱动程序，例如 2621 板。这类驱动板一般不须用户写入程序，可以兼容约 80% 的液晶屏，如图 7-6 所示。

（2）用升级头烧写驱动程序。先用编程器把程序从计算机写入升级头，然后拔下升级头，插到驱动板的升级口上，通电后再把程序由升级头写到驱动板上。例如，对于 CPU 型号为 SM5964 的驱动板就采用该方式，如图 7-7、图 7-8 所示。

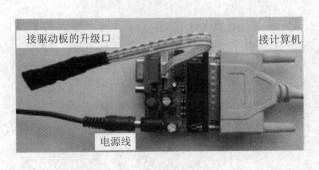

图 7-7　升级头

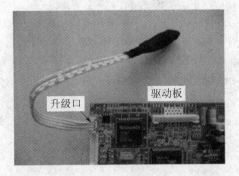

图 7-8　驱动板的升级口

（3）通过 VGA 口烧写驱动程序，如图 7-9 所示。需要注意的是，每种微控制器对应的烧写软件有所不同。

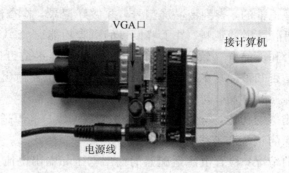

图 7 - 9　通过驱动板的 VGA 口烧写驱动程序

9. 连接和通电点屏

　　程序写好后，就可以将各部件进行连接。需要注意的是，因为高压板所需电流较大，连线时，要注意插紧，避免出现打火或过热，导致故障发生。在将驱动板 LVDS 接口各插针与液晶屏线连接时必须非常谨慎，接错一根线都不能正常显示，尤其是电源正端和地线若接错还会有烧坏屏的危险。

　　所有连线都连接完毕后，再核对一遍线序定义是否正确，面板电压跳线帽位置是否正确，检查无误后就可以通电点屏。

　　点亮屏后，还要进行信号测试，一般如果连续使用 4 小时没有问题，说明液晶屏代换与点屏成功。

10. 实训报告要求

　　根据本次所做的实训，写出液晶电视机组装实训的体会。

附录 1　厦华 XT—2196 型彩色电视机电路原理图

　　注：因原电路图很大，本书版面放不下，故以二维码的形式呈现此图。附录 2 相同，不另注。

附录 2　MST9E19B 电路图

参 考 文 献

[1]　张新芝. 电视技术. 北京：高等教育出版社，2003.

[2]　肖运虹. 电视技术. 西安：西安电子科技大学出版社，2000.

[3]　何祖锡. 彩色电视机原理与维修. 北京：电子工业出版社，2006.

[4]　黄永定. 彩色电视机原理与维修技术. 北京：机械工业出版社，2005.

[5]　刘南平. 彩色电视机原理与维修. 北京：电子工业出版社，2006.

[6]　罗惠明. 电视技术基础. 广州：华南理工大学出版社，2006.

[7]　刘守义. 电视技术. 北京：电子工业出版社，2006.

[8]　刘午平. I^2C 总线彩色彩电视机维修精要·实例·密码与数据. 北京：人民邮电出版社，2004.

[9]　李雄杰，施慧莉，韩包海. 电视技术. 北京：机械工业出版社，2007.

[10]　李雄杰平板电视技术. 北京：电子工业出版社，2007.

[11]　韩广兴. 液晶和等离子体电视机原理与维修. 北京：电子工业出版社，2007.

[12]　金明. 数字电视原理与应用. 南京：东南大学出版社，2005.

[13]　刘修文. 数字电视技术实训教程. 北京：机械工业出版社，2008.

[14]　张建国. 电视技术. 北京：北京理工大学出版社，2008.